Jessica Pierce

# Hundsein *heute*

## Plädoyer für ein gutes Leben

Titel der engl. Originalausgabe: Who's a good dog?
And how to be a better human.



Aus dem amerikanischen Englisch übersetzt von Cäcilie Föhrenbach


KYNOS VERLAG Dr. Dieter Fleig GmbH
Konrad-Zuse-Straße 3
D - 54552 Nerdlen / Daun
www.kynos-verlag.de

ISBN: 978-3-95464-334-9

Gedruckt in Lettland

Titelbild: YiuCheung-stock.adobe.com und adogslifephoto-stock.adobe.com

KYNOS STIFTUNG

Mit dem Kauf dieses Buches unterstützen Sie die Kynos Stiftung Hunde helfen Menschen.
www.kynos-stiftung.de

# Inhaltsverzeichnis

# Einleitung

## Wir-Hund

Zuallererst muss ich Ihnen meine hündische Begleiterin Bella vorstellen. Bei den Recherchen und dem Schreiben dieses Buches war sie meine Mitarbeiterin, und mehr als jeder andere Hund, mit dem ich zusammengelebt habe, hat sie mich dazu gebracht, anders über den Begriff „guter Hund“ zu denken und darüber, wie ich in der Beziehung mit einem Hund ein guter Mensch sein kann. Sie werden im Laufe des Buches mehr über Bella erfahren, aber hier sind ein paar erste Informationen.

Wenn Bella zusammengerollt schläft, sieht sie aus wie eine schwarze Bohne. Aber wenn sie aufsteht, erkennt man die charakteristische dreifarbige Fellzeichnung ihrer Australian-Shepherd-Erbanlagen (37,5 Prozent, laut den Ergebnissen ihres Hunde-DNA-Tests) – die Pfoten weiß beschuht mit braunen Söckchen, eine weiße Brust, einen weißen Bauch und weiße Schwanzspitze. Wenn sie entspannt ist, stehen ihre großen, samtigen Ohren seitlich von ihrem Kopf ab, was ihr eine verblüffende Ähnlichkeit mit Yoda aus Star Wars verleiht. Seit einigen Jahren ist ihre Schnauze grau gesprenkelt, ebenso die Spitzen ihrer Ohren und die Außenlinien ihrer Hinterbeine. Zu dem Zeitpunkt, an dem dieses Buch hier erscheint, wird Bella fast dreizehn Jahre alt sein. Eine Tatsache, die mir kalte Schauer über den Rücken jagt. Ein Leben ohne Bella kann ich mir gar nicht vorstellen.

Bella hält mein Herz und meine Seele besetzt.

Wenn Bella einen anderen Hund kennenlernt – und bei den meisten neuen Hunden genießt sie das –, dann stellt sich ein Haarbüschel an ihrem Rückenende, direkt am Schwanzansatz, auf. Wir nennen das ihre Haifischflosse.

Bellas beste Hundefreundin ist Poppy.

Bella hat ein ohrenbetäubendes Bellen, das mich, wenn ich es nicht erwarte, zusammenzucken lässt und einen Adrenalinstoß durch meine Adern schickt. Zum Glück geht sie mit dem Bellen sparsam um –

nur, wenn eine Elster oder ein Eichelhäher auf der Veranda ist, wenn der UPS-Lieferwagen die Einfahrt herunterfährt oder wenn jemand das Haus betritt. Sie bellt auch immer sofort und sehr eindringlich nach dem Frühstück, wenn sie auf dem Weg zur Tür ist, um ihr morgendliches Geschäft zu erledigen. Einen besonderen Stil zu Jaulen hat sie sich bei Aufregung im „Bett" reserviert. Und wenn sie etwas will, dann knurrt sie ihre Bitte.

Seit wir sie kennen, hinkt Bella leicht auf dem linken Bein. Kurz nachdem wir sie aus dem Tierheim nach Hause geholt hatten, brachten wir Bella zu einem Gesundheitscheck zum Tierarzt und erkundigten uns wegen des Hinkens. Die Tierärztin sagte, sie gehe davon aus, dass das Bein in der Vergangenheit verletzt worden und schlecht verheilt sei. Vielleicht sei das von einem Auto verursacht worden, überlegte sie. Oder auch von einem Menschen. Bellas ernsthafte Mobilitätsprobleme begannen im Juli 2020, als sie sich das rechte Kreuzband riss. Das Band war wahrscheinlich schon seit einiger Zeit in einem sich verschlechternden Zustand. Schließlich riss es, als Bella eines Tages unvermutet von der Ladefläche unseres Geländewagens sprang, um einen an der Einfahrt vorbeilaufenden Hund zu checken.

Wir wussten sofort, dass etwas nicht stimmte: Sie belastete ihren rechten Hinterfuß nicht mehr. Wir gingen mit ihr zum Tierarzt, um sie röntgen zu lassen und erhielten die erschreckende Nachricht, dass sie einen kompletten Bänderriss hatte. Wir sollten dringend eine Operation in Betracht ziehen. Dabei müsste ihr Schienbein durchtrennt, gedreht und eine Platte eingesetzt werden, um es zu fixieren. Wir entschieden uns dafür. Ungefähr zwei Monate nach der Tibia-Plateau-Leveling-Osteotomie (TPLO)-Operation, als Bella endlich von der Halskrause befreit war und wir dachten, dass alles gut lief, ging sie in den Vorgarten, um zu pinkeln. Dabei sprang ihr die Kniescheibe heraus.

Uns wurde angeraten, Bellas Kniescheibe unbedingt operativ korrigieren zu lassen. Nach einem weiteren anstrengenden Monat der schmerzhaften Genesung kam Bellas Gips ab und wir sahen, dass die Kniescheibe immer noch ausgerenkt war. Der Chirurg bot an, es noch einmal zu einem ermäßigten Preis zu versuchen, aber wir nahmen davon Abstand.

Bellas „schlechtes" linkes Bein ist jetzt ihr gutes Bein; ihr rechtes Bein beugt sich nach vorne und knickt dann ein, und bei jedem Schritt neigt sich ihr Körper hin und her wie ein Schiff im Sturm. Obwohl Bella sage und schreibe vier verschiedene Schmerzmittel einnimmt, ist das Gehen immer noch schmerzhaft für sie. Und doch kommt sie zurecht. Ihre Anpassungsfähigkeit überrascht mich.

Bella hasst es, wenn ich niese. Sie lässt sich auf den Boden fallen, als würde sie ihren Kopf mit den Händen bedecken und sich auf einen Schlag vorbereiten. Für diese Niesphobie habe ich keine Erklärung.

Etwa alle dreißig Minuten, wenn ich an meinem Schreibtisch sitze und Bella an ihrem Schreibtisch (ihrem blauen Hundebett), dreht sie sich auf den Rücken und legt sich mit dem Bauch nach oben. Mein Blick fällt dann immer auf die kleine grüne Tätowierung auf ihrem Bauch, die besagt, dass sie während ihrer Zeit im Tierheim kastriert wurde.

Wir wissen sehr wenig über ihr erstes Lebensjahr, nur, dass sie als Streunerin von der Tierschutzbehörde in Longmont, Colorado, von der Straße aufgesammelt und ins Longmont Humane Society Tierheim gebracht wurde. Am selben Tag, an dem wir auf der Suche nach einem möglichen Hund für uns im Tierheim waren, war Bella gerade in die Vermittlungsstation gebracht worden. Vielleicht weil sie besonders süß war – mit ihren riesigen Ohren, weißen Socken und tiefbraunen Augen mit den kleinen braunen, augenbrauenähnlichen Flecken – befand sie sich direkt in einem freistehenden Zwinger neben der Rezeption und wir sahen sie sofort beim Eintreten. Ich setzte mich auf den Boden neben dem Zwinger und versuchte, mich mit Bella anzufreunden, indem ich leise mit ihr zu reden begann. Sie blickte mich schief an und knurrte. Ja, so war das damals.

In den Notizen, die zur Begutachtung von Bellas Gesundheit und Verhalten im Tierheim gemacht wurden, während wir zuhause unsere alte Hündin Maya pflegten, beschrieb man sie als "aktiv". „Aktiv“ scheint ein tiermedizinsicher Euphemismus für „braucht sorgfältige Führung“ zu sein, was wiederum eine euphemistische Art ist, Hunde zu beschreiben, die den normalen Erwartungen der menschlichen Gesellschaft nicht entsprechen können oder wollen und in bestimmten Situationen beißen oder sich auf andere Weise „unangemessen“ verhalten können. Bella ist kein großer Fan von Menschen, es sei denn, diese gehören ihrem sehr kleinen inneren Kreis an, der derzeit aus sieben Leuten besteht. Wenn eine unbekannte Person in die Nähe ihres Kopfes gelangt oder sie zu berühren versucht, hebt sie die Lefze, und falls diese Person sich weiter nähert, versetzt Bella ihr einen warnenden Kniff. Aus Sorge um Bellas Benehmen haben wir daher selten jemanden zu Gast. Wenn Gäste hereinkommen, bellt sie mehrere Minuten lang. Während dieser Zeit versuchen wir unbeholfen, uns über den Krach hinweg zu unterhalten, was uns allerdings auch ein wenig peinlich ist. Bella verfällt dann in eine unruhige Wachsamkeit, bleibt in meiner oder meines Mannes Nähe und beäugt unsere Gesellschaft misstrauisch. Sie springt auf und bellt weiter, wenn jemand aufsteht und sich bewegt. Ich fühle mich nie völlig entspannt, wenn andere Menschen in Bellas Umfeld sind. Aber es fällt mir auch schwer, andere Leute zu besuchen oder auszugehen, weil ich Bella nicht gerne zurücklasse. Es ist, als würde ein Teil von mir fehlen, wenn ich von Bella getrennt bin, und ich fühle ich mich ängstlich und unentschlossen.

Bella ist eine knallharte Mikromanagerin, die alle Aktivitäten im Haus sorgfältig überwacht. Wir stehen unter ständiger Beobachtung. Sie folgt mir von Raum zu Raum. Wenn ich nach draußen gehe, wartet sie an einer von drei Stationen (Haustür, Glasschiebetür, Sofa), bis ich sicher zurück bin. Wenn mein Mann und ich beide zu Hause sind, aber unterschiedliche Dinge tun, teilt sie ihre Zeit zwischen meinem und seinem Aufenthaltsort auf, indem sie in regelmäßigen Abständen zwischen uns hin und her wechselt.

Bella hat eine tiefe Wertschätzung für Spielzeug. Auf unseren kurzen Spaziergängen und wenn wir mit dem Auto unterwegs sind nimmt sie immer ein Stofftier mit. Meistens trägt sie ihr Spielzeug nur im Maul herum, aber hin und wieder führt sie eine, glaube ich, genetisch kodierte Todesbiss-Sequenz aus, indem sie das Spielzeug kräftig schüttelt, knurrt und dabei kleine Hüpfbewegungen macht. Die Zuneigung für ihre bevorzugten Spielzeuge rotiert nach einem Zeitplan, dem ich nicht folgen kann. Irgendwann wird ein bestimmtes Spielzeug hervorgeholt, klein gerupft und aufgegeben, sobald die Teile zu klein zum Tauziehen-Spielen werden. Aktuell sind da ein flauschiger blauer Yeti, ein Floh mit großen gelben Augen und neongrünen Fühlern, ein Chuckit! Würfel, der größer ist als Bellas Kopf, ein rosa Quietsche-Krokodil und die lila Haut eines Dinosauriers (das von ihm übrig gebliebene Stück Stoff).

Hundetrainer würden Bella als „hochgradig futtermotiviert“ beschreiben. Sie frisst fast alles; besonders gerne Erdnussbutter, Bananen, Wassermelonen und gefrorene grüne Bohnen. Salat ist eines der wenigen Lebensmittel, das sie anscheinend nicht mag – außer, dieser ist mit Saladressing angemacht. Sie frisst auch gern Schnee, wobei sie im Winter beim Spazierengehen mit dem Kopf hineintaucht und wie ein Minibagger Ladungen von Schnee in sich hineinschaufelt.

Genau wie ich ist Bella ein Wesen mit einer starken Bindung an Gewohnheiten und Rituale.

Bella ist ein Hund, den manche als behandlungsbedürftig bezeichnen würden. Sie ist sehr aktiv und reaktiv. Als ich einer (ehemaligen) Freundin erzählte, dass Bella mir im Bett in die Füße beißt, wenn ich sie versehentlich trete, rief sie aus: „Unglaublich, dass du das mitmachst! Wenn das mein Hund wäre, würde ich sie auf dem direktem Weg zurück ins Tierheim!“

Meine bisherige Einstellung zu Hunden hat sich durch Bella verändert, besonders meine Ansicht darüber, was man sich unter einem „braven Hund“ vorstellt. Eben, weil Bella nach objektiven Maßstäben kein braver Hund ist. Sie ist unnachgiebig und widerspenstig. Sie ist launisch und bringt Menschen nur begrenzte Toleranz entgegen. Sie stiehlt Essen von der Anrichte und wirft die Mülleimer um. Sie tut nicht, was ich verlange, es sei denn, es entspricht ihren eigenen Vorstellungen oder ich habe eine angemessene Entschädigung angeboten.

Bella ist perfekt, so wie sie ist – und es gibt noch etwas Luft nach oben.

Katie, die Tierärztin, erklärte uns Bellas „Themen“. Sie meinte, Bella habe nur einen kleinen Kreis von Vertrauenspersonen und betrachte es als ihre Lebensaufgabe, diesen zusammenzuhalten und zu schützen. „Sie ist eben ein „Wir-Hund.“ Ich wiederum bin ein Wir-Mensch, wenn es um Bella geht.

# Kapitel eins

## Ein (Haus-)Hund hat es schwer

*Der Hund, Tag 751.*
*Meine Entführer quälen mich weiterhin mit bizarren Gummiquietschespielzeugen. Sie essen in meiner Gegenwart üppige Mahlzeiten, während ich gezwungen bin, mich von trockenem Getreide zu ernähren. Das Einzige, was mich durchhalten lässt, ist die Hoffnung auf eine eventuelle Flucht ... das und die Befriedigung, die ich daraus ziehe, wenn ich gelegentlich ein Möbelstück ruiniere.*
*Ich fürchte, verrückt zu werden.*
(Aufschrift auf der Fußmatte meines Nachbarn)[1]

In diesem Buch geht es um den ethischen Umgang mit Hunden, die wir in unsere häusliche Umgebung aufnehmen und als Haustiere und Gefährten halten. Von den Milliarden an Hunden auf der Welt leben etwa zwanzig Prozent als Haus- oder Begleithunde, wobei sie – in den vier Wänden eines Hauses eingesperrt – in Bezug auf die Erfüllung ihrer Grundbedürfnisse funktionell abhängig vom Menschen sind. In den letzten Jahrzehnten ist die Population der Haushunde – derzeit rund 180 Millionen – gewachsen, als würden sie wie Pilze aus dem Boden schießen; und es zeichnet sich keine Verlangsamung dieses demografischen Trends ab. Nicht nur schaffen sich immer mehr Menschen einen Hund an, sondern es hat sich auch die Art und Weise verändert, wie Menschen und Hunde in Häusern zusammenleben. Diese Veränderungen stellen beide Arten, Menschen wie Hunde, vor neue Herausforderungen.

Ich habe das Gefühl – und teile es mit vielen anderen Menschen aus der Hundewelt – dass es den Haushunden nicht gut geht. Die Millionen von Hunden, die in enger Verbindung mit Menschen leben, befinden sich in einer Krise. Dies steht im Widerspruch zu den Geschichten und Berichten in den Medien, die das Leben von Hunden als Haus- und Begleithunde im 21. Jahrhundert als wunderbar und voller Annehmlichkeiten darstellen. Diese Berichte lobpreisen den Zugang zu Tierarztleistungen, hochwertigem Futter, bequemen Schlafplätzen, Schutz vor Wettereinflüssen sowie Parasiten und Krankheiten. Aber diese äußerlich sichtbaren Anzeichen einer guten Versorgung verschleiern die tatsächlichen Leiden, die viele Hunde erfahren.

Obwohl sie gut versorgt werden, leben viele, möglicherweise sogar die meisten Begleithunde mit einem hohen Maß an Angst. Eine im Jahr

2020 in *Scientific Reports* veröffentlichte Studie, die die tiermedizinischen Patientenakten von fast vierzehntausend Hunden auswertete, ergab, dass drei Viertel dieser Hunde unter einem Angstproblem leiden. Etwa ein Drittel der Hunde litt unter Geräuschempfindlichkeit, die unter anderem die Angst vor Gewittern und Feuerwerk umfasste.[2] Angst ist eine normale physiologische Reaktion und hat sich entwickelt, um das Überleben zu sichern. Das Ausmaß des Angsterlebens bei Hunden reicht jedoch weit über eine adaptive Reaktion auf die Umwelt hinaus. Es ist leicht, die Auswirkungen dieser Erkenntnis zu übersehen. Aber halten Sie einen Moment inne und denken Sie darüber nach. Unsere Hunde leiden seelisch, jeden Tag.

Ein weiterer Indikator für eine Krise der Hunde ist die epidemieartige Zunahme von Verhaltensproblemen. In einer großen Umfrage, die von dem Datenanalytiker Ian Dinwoodie und seinen Kollegen in einem Zentrum für Hundeverhaltensforschung durchgeführt wurde, gaben etwa 85 Prozent der Hundehalter an, dass ihre Hunde Verhaltensprobleme haben.[3] Eine ähnliche Studie von Ryoko Yamada und Kollegen am Veterinärlabor für Ethologie in Tokio zeigte, dass 86 Prozent der Befragten unerwünschte Verhaltensweisen bei ihren Hunden angaben.[4] Dieses hohe Maß an Unzufriedenheit mit dem Verhalten von Hunden wurde durch etliche weitere Studien bestätigt.

Insgesamt weisen diese Ergebnisse auf zwei miteinander verbundene Probleme hin: Hunde haben es schwer mit Menschen, und Menschen haben es schwer mit Hunden. Hunde scheinen unter extremem Stress zu stehen und tun sich schwer damit, sich in das für sie ziemlich unnatürliche „Ökosystem“ des modernen menschlichen Lebensraums im 21. Jahrhundert einzufügen und sich den damit verbundenen künstlichen Anforderungen anzupassen. Menschen wiederum haben Schwierigkeiten damit, harmonisch mit Hunden zusammenzuleben. So sehr wir Hunde auch lieben, gibt es doch auch Verhaltensweisen an ihnen, die uns missfallen. Wenn die Forschung die menschliche Erfahrung korrekt wiedergibt, so neigen wir Menschen dazu, das meiste, was Hunde so tun, als störend oder inakzeptabel zu empfinden. Dabei scheint besonders das Verhalten von extrem gestressten oder auch leicht unausgeglichenen Hunden eine besondere Herausforderung darzustellen. Hunde benehmen sich eben nicht wie von uns geplant.

Eine komplexe Kombination aus demografischen, kulturellen, ästhetischen, historischen und wirtschaftlichen Faktoren wirkt sich auf Hunde und ihre Menschen aus und erschwert das Zusammenleben beider. Ich möchte hier nur einige Beispiele dafür nennen, was dabei passiert, wobei es wahrscheinlich noch mehr geben wird. Im weiteren Verlauf des Buches werden wir auf jedes einzelne Beispiel eingehen und Sie werden feststellen, dass diese Faktoren zusammenwirken und sich überschneiden.

1. Mehr Hunde als je zuvor werden als Haustiere gehalten. Seit etwa zweihundert Jahren nimmt die Zahl der Haushunde weltweit jährlich zu, und die Zuwachsrate stieg in den letzten zehn Jahren an. Alleine in den Vereinigten Staaten, in denen in zwei Dritteln aller Haushalte mindestens ein Hund als Haustier gehalten wird, leben an die 83 Millionen Haushunde. Mit größerer Dichte der Hundepopulation wächst auch das Bedürfnis, dass die Hunde gut unter Kontrolle gehalten werden.

2. Es gibt auch mehr Menschen, denn die menschliche Populationsdichte hat ebenfalls zugenommen. Für Hunde bedeutet dies weniger Freiheit, denn mit zunehmender Dichte der Menschen- und Hundepopulation sinkt die Toleranz gegenüber „freilaufenden" Hunden und das Konfliktpotenzial zwischen Hunden und Menschen steigt.

3. Hunde werden unter intensiveren Bedingungen als je zuvor gehalten und erfahren ein extremes Maß an körperlicher und sensorischer Einschränkung. Viele Haushunde verbringen fast ihre gesamte Zeit innerhalb der vier Wände eines Hauses oder einer Wohnung mit nur begrenzten Möglichkeiten, dieses häusliche Umfeld zu verlassen – eine Wohnsituation, die ich als „intensive Heimhaltung" bezeichnen möchte. Wenn Hunde aus ihrer häuslichen Situation in die äußere Umgebung kommen, so werden ihre Bewegungen in und ihre sensorischen Interaktionen mit dieser Umgebung durch Halsbänder, Leinen und Zäune begrenzt. Der Wortbestandteil „Haus" in „Haushund" könnte implizieren, dass Hunde, die nicht mit dem Menschen in dessen Haus wohnen, praktisch „kein Zuhause" haben und „heimatlos" sind. Dabei besiedeln freilaufende Hunde tatsächlich recht weitläufige Territorien, in denen sie heimisch sind. Zutreffender wäre es daher eigentlich, freilaufende Hunde als die wirklich heimischen Hunde zu bezeichnen, denn sie haben die Freiheit, ihren eigenen Lebensraum innerhalb eines bestimmten

Ökosystems zu wählen und zu verteidigen. Hunde, die als Haustiere gehalten werden, müssen sich dagegen vorübergehend an dem Ort niederlassen, an dem ihr menschlicher Besitzer sie unterbringt. Wenn ich den Begriff „häuslich" verwende, meine ich ihn im engeren Sinne und beziehe mich auf einen Hund, der derzeit im Ökosystem eines menschlichen Zuhauses lebt.

4. Intensiv gehaltene Haushunde leiden unter sozialer Isolation, insbesondere der Isolation von selbstbestimmten sozialen Interaktionen mit anderen Hunden.

5. In der menschlichen häuslichen Umgebung sind Hunde einer Reihe von Reizen ausgesetzt, die unnatürlich, unangenehm und angstauslösend für sie sind und denen sie nicht entkommen können. Darunter fallen zum Beispiel stark duftende Putz- und Reinigungsmittel sowie laute Geräusche von Fernsehern, Mikrowellen und Sirenen. Gleichzeitig bietet die häusliche Umgebung keine ausreichende sensorische Stimulation für den Hund, was zu Langeweile, Frustration und Stumpfsinn führt.

6. Hunde werden übermäßig „ent-hundet". Man erwartet von ihnen, dass sie viele ihrer natürlichen Instinkte und artspezifischen Verhaltensweisen unterdrücken, wie zum Beispiel das Setzen von Duftmarken, Umherstreifen, Graben, Kauen und Aasfressen. Sie werden auch häufig aufgefordert, unnatürliche Dinge zu tun, wie zum Beispiel „brav" an der Leine zu gehen, einen Keks auf der Nase zu balancieren oder auf einem Skateboard zu fahren.

7. Wir haben unsere Hunde zur Verrichtung emotionaler Arbeit auf eine nie zuvor dagewesene Weise „angeheuert". Dies hat ein bisher ebensowenig dagewesenes Ausmaß erreicht. Hunde sind nicht mehr nur Begleiter oder Arbeitspartner. Sie sind Therapeuten und dienen als kuschelige Antidepressiva. Menschen schaffen sich Hunde zu ihrer emotionalen Unterstützung an und nutzen dabei nicht nur die tiefgehende emotionale Synchronizität zwischen Mensch und Hund, sondern auch die empathischen Fähigkeiten von Hunden. Hunde saugen menschliche Verzweiflung wie Schwämme in sich auf. Diese emotionale Arbeit kann einen hohen Tribut von den Hunden fordern.

8. Unsere Erwartungen an Hunde haben sich geändert. Wir möchten Hunde, die nicht bellen, nicht haaren, nicht sabbern – alle diese Eigenschaften werden uns von Züchtern versprochen. Wir wollen, dass Hun-

de „perfekt erzogen" sind – was in nur sieben Tagen möglich sein soll, wie Hundetrainer und Erziehungsratgeber uns versprechen. Und wir wollen unkomplizierte, liebe und gefügige Hunde.

9. Viele der Methoden und Technologien, die wir bei der Ausbildung und zur Verhaltensänderung von Hunden nutzen, verursachen anhaltende psychische Schäden.

10. Hunde haben durch die Isolation und Gefangenschaft, kombiniert mit unseren Erwartungen an ihr gutes Verhalten, meist nur eine begrenzte Autonomie und wenig Wahlmöglichkeiten und Kontrolle über ihr Leben.

Nicht nur die Hunde befinden sich in einer unhaltbaren Situation. Auch Menschen, die ihren Hunden ein gutes Leben bieten möchten, haben Schwierigkeiten, ebenso die Experten, die direkt mit Hunden und den Menschen, die sich um sie kümmern, arbeiten, wie zum Beispiel Trainer, Verhaltensforscher und Tierärzte. Was können wir also dagegen tun?

Wir können die Mensch-Hund-Beziehungen unter die Lupe nehmen und erkennen, wo etwas schiefläuft. Und wir können Forschungen dazu anstellen, wie wir Erwartungen und Annahmen ändern und es damit besser machen können. Jeder von uns, der sein Zuhause mit einem vierbeinigen Begleiter teilt, kann sich so besser auf die Komplexität des Zusammenlebens einstellen.

### *Exkurs zum Thema COVID-19*

Es lohnt sich, COVID-19 als einen zusätzlichen und möglicherweise bedeutenden Faktor in Bezug auf die Beziehung zwischen Mensch und Hund zu berücksichtigen. Noch ist es zu früh, um genau sagen zu können, wie sich die Situation der Haushunde aufgrund der Pandemie verändert und ob COVID-19 Einfluss auf die die langfristige Entwicklung in der Hundehaltung hat. Deshalb werde ich dazu nicht viel sagen. Aber es scheint wahrscheinlich, dass die Pandemie diesbezüglich mehr als nur ein kurzes Intermezzo darstellt.

Was wissen wir mit Sicherheit? Viele Haushunde erlebten tiefgreifende Veränderungen in ihrem Alltag, genau wie die Menschen auch. Die

Tagesstrukturen im Leben der Hunde änderten sich abrupt und parallel zu den Veränderungen im Tagesablauf der Menschen. Hunde, die es gewohnt waren, alleine zu sein, wenn ihre Besitzer zur Arbeit gingen, waren plötzlich zu keinem Zeitpunkt mehr alleine; Hunde, die an ihren täglichen Spaziergang im Park gewohnt waren, wo sie mit ihren Hundefreunden gespielt haben, befanden sich im Lockdown. Die Menschen litten sowohl emotional als auch physisch, und die Hunde bekamen das mit Sicherheit zu spüren.

Auch die Vorgehensweisen bei der Anschaffung eines Hundes veränderten sich abrupt. Zu Beginn der Pandemie gab es einen regelrechten Ansturm auf Hunde aus Tierheimen, von Züchtern, von Internetanbietern und anderen Quellen. Zwei Jahre nach Ausbruch der Pandemie hat sich das Blatt gewendet. Viele Tierheime in den Vereinigten Staaten und der ganzen Welt sind plötzlich überfüllt mit abgegebenen Hunden. Das Tierheim in Denver, um ein Beispiel aus meiner unmittelbaren Umgebung zu nennen, verzeichnete im ersten Halbjahr 2022 einen Anstieg von abgegebenen Hunden um fünfunddreißig Prozent im Vergleich zum gleichen Zeitraum des Jahres 2019. Nicht nur kommen mehr Hunde ins Tierheim, sondern ihre Verweilzeit, bevor sie ein neues Zuhause finden, ist ebenfalls gestiegen. Wie viele andere Tierheime und Rettungsorganisationen ist auch das Tierheim in Denver alarmiert und vermeldet eine „Kapazitätskrise“.[5]

Was wissen wir noch nicht genau? Wie hat sich die Situation auf während der Pandemie angeschaffte Hunde im Vergleich zu denen ausgewirkt, die davor schon Teil eines Haushalts waren? Leiden Hunde, die während der Lockdown-Phase der Pandemie Welpen waren, danach unter einer mangelnden Sozialisation in Bezug auf andere Hunde und fremde Menschen? Wie könnte sich das äußern? Löste die Pandemie eine Epidemie von Trennungsangst bei Hunden aus, die nicht gelernt haben, alleine zu sein? Sind die Verhaltensprobleme, die wir jetzt sehen, qualitativ anders als die Probleme vor der Pandemie? Hat sich das Wohlergehen der Hunde während der Pandemie verbessert, weil die Menschen mehr zu Hause waren und mehr Zeit und Energie in ihre Beziehung zu ihren vierbeinigen Freunden investiert haben? Oder hat es sich verschlechtert, weil es, wenn die Menschen mehr zu Hause sind, mehr Anlässe für Konflikte zwischen Hund und Mensch gab? Haben die Hunde darunter gelitten, mit ihren einsamen und verängstigten Menschen eingesperrt zu sein? Oder hat die emotionale Arbeit, die Hunde während der Pandemie geleistet haben, ihnen ein Gefühl von Sinn gegeben? Es wird faszinierend sein, mitzuverfolgen, wie die Forscher die Geschehnisse zu entschlüsseln und herauszufinden versuchen, was sich wie verändert hat und ob die Veränderungen von Dauer sein werden.

## Leben mit Hunden

Hunde und Menschen teilen sich einen ethischen Raum und verhandeln gemeinsam Regeln, Grenzen und angemessene Verhaltensweisen. In diesem Buch geht es um die Erkundung dieses gemeinsamen Raums – wenngleich natürlich vor allem aus der menschlichen Perspektive. Mein erklärtes Ziel ist es, den Leser in eine neugierigere und hoffentlich bewusstere und lohnendere Beziehung mit seinem eigenen Hund zu führen. Ich postuliere nicht den „richtigen Weg", mit Hunden zu leben – den gibt es meiner Meinung nach gar nicht. Es gibt viele mögliche Mensch-Hund-Beziehungen, die eine gegenseitige Bereicherung darstellen und allen Beteiligten ein erfülltes Leben ermöglichen. Ein Leben, in dem Erfahrungen, Empfindungen und Interessen insgesamt reich, befriedigend und faszinierend sind. Und wie bei jedem gemeinsamen Lebensweg gibt es auch dabei Kompromisse, Misserfolge und Herzeleid. Das gehört einfach zum Paket dazu. Und ärgerlicherweise sind viele Dinge in unserem Leben mit Hunden gleichzeitig gut und auch nicht gut, wie zum Beispiel Leinen. In den nachfolgenden Kapiteln wollen wir diese Ambivalenzen gemeinsam erkunden.

Dieses Buch behandelt also den konkreten Fall, dass sich unser Leben mit dem eines Hundes überschneidet und verzahnt, indem wir ihn in unser Zuhause aufnehmen. Ja, ich meine damit auch Sie und das vierbeinige, pelzige, nassnasige Wunder, das Sie möglicherweise erwartungsvoll anstarrt und hofft, dass Sie dieses Buch endlich weglegen und etwas Interessantes mit ihm zusammen unternehmen.

# Kapitel zwei

## Mensch-Hund-Beziehungen

Was bedeutet es eigentlich, mit einem Hund gut zusammenzuleben?

Ich frage nicht, ob es ethisch vertretbar ist, Hunde als Haustiere zu halten, obwohl das eine gute Frage ist. Auch möchte ich mich nicht mit den vielen ethischen Fragen befassen, die mit der Anschaffung von Hunden einhergehen, wie zum Beispiel der Frage nach der Kommerzialisierung dieser empfindungsfähigen Wesen, nach der Grausamkeit beim Auseinanderreißen von Hundefamilien oder nach den ausbeuterischen Zuchtpraktiken. Lassen Sie uns diese Schwierigkeiten erst einmal außer Acht lassen und da anfangen, wo wir gerade stehen.

Wie können wir am besten mit den sehr chaotischen Umständen in unserem Leben mit Hunden umgehen, insbesondere mit den Hunden, die wir in unsere Häuser holen und unsere Gefährten nennen?

Wenn wir als Individuen uns dazu entschließen, Hunde in unser Leben aufzunehmen, verpflichten wir uns dazu, die Verantwortung dafür zu übernehmen. Wie sich dies gestaltet, ist schwer zu sagen, da jede Mensch-Hund-Beziehung einzigartig ist und jedes Zuhause eines Menschen ein eigenes Ökosystem darstellt. Doch ganz allgemein können wir Schäden, die durch die Haltung von Haustieren entstehen, minimieren und abmildern und unser Bestes tun, um Freundlichkeit zu praktizieren und das Gedeihen zu fördern. Es gibt zwar nicht den „perfekten Hundehalter“, aber bei fast allen von uns ist in der Hinsicht noch Luft nach oben.

Das moralische Ökosystem von Mensch und Hund ist reichhaltig, komplex und dynamisch. Hunde sind nicht bloß passive Objekte unseres ethischen Interesses und unserer Fürsorge, sondern Mitgestalter einer (hoffentlich) reichen und bedeutungsvollen gemeinsamen Erfahrung. Die feministische Gelehrte Donna Haraway weist darauf hin, dass bei der Begegnung von Arten die Möglichkeit für gegenseitigen Respekt, Achtung, Wahrnehmung und Aufmerksamkeit entsteht.[6] Wir können einander höflich achten, aufeinander reagieren, Gegenseitigkeit erleben. Eine stärkere Achtsamkeit in unseren Beziehungen zu Hunden kann dazu beitragen, Gewohnheiten höflicher Wertschätzung zu fördern, die unsere Interaktionen mit unseren Hunden auf positive Weise gestalten können. Das Ziel dabei ist, unser Verhalten zu ändern, indem wir unsere Sichtweise verändern.

Dieses Kapitel regt mittels allgemeiner Überlegungen zum Nachdenken über unsere individuellen Beziehungen zu Hunden an. Diese dienen als Orientierung für die gezielte Erforschung spezifischer Aspekte unserer täglichen Pflege und Interaktion mit Hunden, die in den Kapiteln 3-7 folgen. Ich schlage folgende Punkte vor:

- Zwei allgemeine moralische Prinzipien als Leitlinie für Mensch-Hund-Beziehungen: Schadensvermeidung und Freundlichkeit.
- Zwei Möglichkeiten, unsere Einstellung zu ändern und die richtige mentale Haltung einzunehmen: Staunen und Anfängergeist.
- Einige Ideen, wie man es schafft, achtsamer zu sein: Stellen Sie sich vor, Sie wären ein Hund. Erstellen Sie Ethogramme und üben Sie das „Hundwerden".
- Drei Regeln für die Mensch-Hund-Beziehung: Zusammenarbeit, Neugier und Fürsorge.

## Moralische Grundsätze

Gibt es allgemeine moralische Grundsätze, die uns bei unseren Überlegungen zu Mensch-Hund-Beziehungen helfen können? Ja, und es sind die gleichen grundlegenden Prinzipien, die auch den zwischenmenschlichen Umgang bestimmen und die gleichen, die in philosophischen und theologischen Traditionen auf der ganzen Welt und überall und immer wieder auftauchen.

Einer der Grundsätze ist negativ formuliert: Du sollst keinen Schaden anrichten. Und einer, die goldene Regel, ist eine positive Formulierung: Behandle andere so, wie du selbst behandelt werden möchtest – mit Freundlichkeit und Respekt.

## Schadensvermeidung üben

Negativ formulierte moralische Anforderungen üben eine gewisse Anziehungskraft auf uns aus. Anstatt (oder zusätzlich zu) einer Liste mit „Du sollst dies oder jenes tun“ können wir die Absicht verfolgen, keinen Schaden zu verursachen. Das Prinzip der Schadensvermeidung (das Philosophen manchmal auch als Prinzip der Nonmalefizien oder als gewaltfrei bezeichnen) ist trotz seiner negativen Formulierung ein aktives Prinzip, das konzertierte und anhaltende Aufmerksamkeit und Entscheidungen erfordert. Denn es kann zu erheblichen Schäden führen, wenn man nichts tut, passiv und ohne Bewusstheit ist.

Der Satz „Sei nicht grausam zu Tieren“ kommt einem allgemein akzeptierten moralischen Grundsatz nahezu gleich. Aber das Hauptproblem, mit dem Hunde konfrontiert sind, ist nicht die direkte Grausamkeit durch einen Menschen – obwohl auch das ein Problem ist –, sondern dass wir ihnen wehtun, ohne es zu beabsichtigen. Und da wir unsere Hunde lieben, schmerzt uns die Erkenntnis, dass wir selbst es sind, die Schaden anrichten. Je genauer wir darauf achten, desto mehr potenzielle Schadensquellen können wir erkennen. Die Gefangenschaft, in der wir Hunde halten, birgt viele unsichtbare Gefahren. Wir selbst sind unvollkommen, und unser Verständnis davon, wer unser Hund ist, was er erlebt und was er braucht, ist ebenso unvollkommen.

Wir schaden unseren Hunden, wenn wir ihre Wünsche ignorieren und ihre Autonomie nicht anerkennen. Wir üben viele verschiedene kleine Aggressionen gegen unsere Hunde aus (ein Klaps auf die Nase mit einer Zeitung, Verweigerung von Zuneigung, wenn wir verärgert oder abgelenkt sind), vernachlässigen sie ein bisschen oder sind ein wenig unachtsam ihnen gegenüber (wir vergessen den Wassernapf aufzufüllen; den Hund zur gewohnten Zeit zum Pinkeln nach draußen zu bringen oder spielen laute Musik, während wir mit unserem Hund im Auto sitzen). Wir sind uns vielleicht nicht bewusst, dass unseren Hunden Gewalt widerfährt, beispielsweise bei einem Tierarztbesuch, bei dem unser verängstigter Hund einen Maulkorb trägt und festgehalten wird, während der Tierarzt ihm Blut abnimmt oder eine Spritze gibt. Oder wir sind uns dessen sehr wohl bewusst, glauben aber, dass dieses Leid unvermeidbar ist oder dass wir die Autorität eines Experten nicht in Frage stellen können. Was also sollten wir tun?

Ist es möglich, unseren Hunden jegliches Leid zu ersparen? Sicherlich nicht. Aber wir können viel tun, um die kleinen Momente der Gewalt und die Quellen an Leid im Alltag unserer Hunde zu verringern, insbesondere, indem wir achtsamer werden. Eine Ethik der Schadensvermeidung ist gleichzeitig Theorie und Praxis. Wir können uns zu dem allgemeinen Prinzip verpflichten, nicht zu schaden, und wir können uns dazu verpflichten, dieses Prinzip täglich in die Tat umzusetzen, indem wir durch ständige Übung eine nachhaltige Geistes- und Herzenshaltung pflegen.

## Freundlichkeit üben

Ein Autoaufkleber, den man oft an den hinteren Stoßstangen von Subarus in Boulder, Colorado, sieht, erinnert: „Üben Sie Freundlichkeit" („Practice Kindness"). Diese Ermahnung hat in der Beziehung zwischen Mensch und Hund durchaus ihre Berechtigung. Um Freundlichkeit zu üben, sind zwei Dinge wichtig: Erstens Freundlichkeit als grundlegendes ethisches Prinzip anzuerkennen und zweitens die Gewohnheit zu entwickeln, Freundlichkeit tatsächlich auszuüben.

Freundlichkeit als ethisches Prinzip ist der verkörperte Wunsch, Schaden zu verhindern oder zu lindern und das positive Wohlbefinden eines anderen zu fördern. Freundlich zu sein bedeutet, in seinen Gefühlen und Handlungen großzügig, rücksichtsvoll und mitfühlend zu sein. Es bedeutet, sanft zu sein und keinen Schaden zu verursachen. Das englische Wort „kind" für „freundlich" ist etymologisch mit „kin" verwandt, was „Verwandte" oder „Familie" bedeutet. Tiere sind evolutionär gesehen unsere Verwandten, und Hunde werden fast zu unseren tatsächlichen Verwandten, wenn wir sie in die häusliche Sphäre unserer Familie aufnehmen.

Wenn wir uns in einer Verhaltensweise üben, dann ist das wie eine Gewohnheit oder eine Art des Seins. Wir entwickeln Gewohnheiten durch tägliche Wiederholungen. Aus kleinen, freundlichen Gesten heraus (einen Käfer nicht zerquetschen, nicht wütend auf einen Autofahrer reagieren, der uns den Weg versperrt) entwickelt sich die Gewohnheit der Freundlichkeit. Die Beherrschung von Freundlichkeit ist vergleichbar mit der Beherrschung eines Musikinstruments wie dem Klavier: Man übt jeden Tag ein bisschen. Man zerlegt das Ganze in kleine Abschnitte und erarbeitet sich Stück für Stück, bis man es beherrscht. Dabei baut man seine Fähigkeiten aus. Schließlich geht man so weit, dass man auf die Qualität jeder einzelnen Note achtet. Und man übt, fehlerfrei zu spielen. Wenn man einen fehlerhaften Abschnitt mit einem Fehler übt, verstärkt man den Fehler bloß. Um den Fehler auszumerzen, muss man herausfinden, warum der Fehler auftritt und die Schritte rückgängig machen, die einen zu diesem Fehler geführt haben. Freundlichkeit funktioniert auf ähnliche Weise: Sie müssen eine tägliche Gewohnheit kultivieren. Wenn Sie kleine Unfreundlichkeiten wiederholt praktizieren, werden diese zur Gewohnheit. Ebenso führt das Üben von Freundlichkeit zu positiven Gewohnheitsmustern und die Freundlichkeit erfordert immer weniger Aufwand. Wir werden zu freundlichen Hundehaltern, indem wir immer wieder freundliche Entscheidungen treffen, bis sie immer mehr zur Gewohnheit werden.

Freundlichkeit muss auf dem Wissen über das Verhalten und die Biologie von Hunden beruhen. Mangelnde Kenntnisse stehen der Freundlichkeit im Wege oder führen sogar zu Situationen, in denen unbeabsichtigter Schaden entsteht, wie zum Beispiel, wenn wir einen Hund anhaltendem Lärm aussetzen, weil wir nicht wissen, wie empfindlich Hundeohren sind. Im Gegensatz dazu (siehe dazu unten die Ausführungen über „Anfängergeist“) ist die Anhäufung von wissenschaftlichen Erkenntnissen über Kognition und Emotionen von Hunden kein Erfolgsrezept für eine freundliche Behandlung oder befriedigende Beziehungen. Besessenheit von der Hundewissenschaft kann vielmehr sogar das bloße Zusammensein mit Hunden beeinträchtigen. Das liegt zum Teil daran, dass die Hundewissenschaft Unterschiede tendenziell ausnivelliert: Aus dem Verhalten von zwanzig Hunden – oder wie viele es auch immer sein mögen – wird ein Mittelwert berechnet, woraufhin das Verhalten der Ausreißer verschwindet und wie unsichtbar in den Hintergrund tritt.[7] Die Ent-Individualisierung führt zu einer Verringerung der Empathie.[8] Außerdem objektiviert die Wissenschaft, indem sie bewusst eine emotionale Distanz zwischen uns und dem Untersuchungsobjekt herstellt.

Hunde sind weder passive Objekte wissenschaftlicher Studien noch sind sie passive Objekte unserer Fürsorge und Erziehung – sie sind aktive Mitgestalter einer gelebten Gemeinschaft. Hunde üben sich in Freundlichkeit uns gegenüber, und zwar oft konsequenter, als wir das ihnen gegenüber tun.

## Einstellung

Freundlichkeit und Schadensvermeidung sind gelebte, verkörperte Prinzipien, keine Abstraktionen. Um eine tägliche Praxis des guten Zusammenlebens mit unseren Hunden zu kultivieren, kann es helfen, die richtige innere Haltung einzunehmen. Wir sollten empfänglich und offen für Neues sein. Sicher gibt es unzählige Möglichkeiten, unsere Einstellung zu ändern. Ich möchte nur zwei davon erwähnen, die ich besonders nützlich finde: Erstaunen und Anfängergeist.

### Erstaunen

*Anleitung zum Leben:*
*Seien Sie achtsam.*
*Seien Sie erstaunt.*
*Erzählen Sie davon.*

Mary Oliver, „Manchmal“

Ich finde, dass Mary Olivers Worte auch eine sehr weise Anleitung für das Leben in der Gesellschaft eines Hundes sind. In Gesellschaft von Bella bin ich nicht immer achtsam, aber ich versuche es. Ich bin ständig erstaunt, nicht nur über Bella, sondern über jeden Hund, dem ich begegne. Das englische Wort für „Erstaunen“, „astonishment“, hat seine Wurzel im lateinischen „tonare“, donnern. Erstaunen bedeutet, überwältigt zu sein, plötzlich von dem Wunder und der Ehrfurcht vor dem, was uns begegnet ist, getroffen zu sein.

## Anfängergeist

Wir werden von menschengemachtem Fachwissen über Hunde geradezu überschwemmt. Ständig erhalten wir Ratschläge von Trainern, Verhaltensforschern, Ernährungsberatern, Tierärzten und anderen „Hundeexperten" darüber, wie Hunde sind und was sie brauchen. Wir werden pausenlos mit Informationen über das Verhalten und die Wahrnehmung von Hunden überflutet, von denen viele faszinierend und lehrreich sind. In der Tat sollten wir alle, die wir versuchen, aufmerksamer mit Hunden zu leben, so viele Informationen wie möglich aufnehmen, denn das Wissen über Hunde hilft uns dabei, ihnen das zu geben, was sie brauchen, um gesund und glücklich zu sein. Wie der Ethologe Marc Bekoff sagt, sollte jeder, der mit einem Hund zusammenlebt, auch hundefachkundig werden.

Wenn wir aber die Verantwortung für unsere Beobachtungsgabe, unser Verständnis und unser Mitgefühl an andere abgeben, besteht auch die Gefahr, dass wir uns zu sehr auf Hundeexperten verlassen. Es gab eine Zeit in meiner Karriere, in der ich so sehr damit beschäftigt war, mit der Flut neuer Forschungsergebnisse zu Kognition und Verhalten von Hunden Schritt zu halten, dass ich das, was Bella mir in den Momenten unserer täglichen Interaktionen beizubringen versuchte, aus den Augen verlor. Ich versuchte, Bellas Verhalten durch Schichten von Komplikationen und Daten hindurch zu verstehen. Was ich brauchte, war aber nicht mehr Fachwissen, sondern weniger. Ich musste die Geisteshaltung und Einstellung eines Anfängers kultivieren: offen, frei von Vorannahmen und Erwartungen.

Das Buch *Zen-Geist – Anfänger-Geist* des Zen-Mönchs und Lehrers Shunryu Suzuki besteht aus einer Sammlung seiner Vorträge, die er in den 1960er Jahren vor Schülern der Los Altos Zen-Gruppe gehalten hat. In der Einleitung des Buchs sagt Richard Baker: „Zen-Geist ist einer der rätselhaften Ausdrücke, die Zen-Lehrer verwenden, um Sie dazu zu bringen, sich selbst wahrzunehmen, über die Worte hinauszufühlen und sich zu fragen, was Ihr eigener Geist und Ihr eigenes Wesen sind." Die Praxis des Zen-Geistes ist der „Geist des Anfängers" oder, nach Shoshin: „Die Unschuld der ersten Frage – was bin ich? ... Der Geist des Anfängers ist leer, frei von den Gewohnheiten des Experten, bereit zu akzeptieren, zu zweifeln und offen für alle Möglichkeiten zu sein."[9]

Zu Beginn des ersten Vortrags in diesem Buch erklärt Suzuki: „Im Geist des Anfängers gibt es viele Möglichkeiten, aber im Geist des Experten gibt es nur wenige." Das Ziel der Zen-Praxis ist es, den Geist des Anfängers zu bewahren und durch Wiederholung, Übung und Erfahrung „die grenzenlose Bedeutung des ursprünglichen Geistes" nicht zu verlieren.[10] „Der Geist des Anfängers", so fährt er fort, „ist der Geist des Mitgefühls. Wenn unser Geist mitfühlend ist, ist er grenzenlos."[11]

Der Anfängergeist kann uns in Bezug auf unsere Hunde zwei miteinander verbundene Vorteile bieten: Er kann uns erstens dabei helfen, uns von unseren Vorurteilen darüber zu lösen, was einen Hund ausmacht und vor allem, was einen Hund „gut" macht, und zweitens kann er uns dabei helfen, unseren Hunden in jedem Augenblick aufgeschlossener und mitfühlender zu begegnen.

Was ich versucht habe – und immer noch versuche – ist, Annahmen, Vorurteile und Vorwissen fallen zu lassen, wenn ich Bella oder anderen Hunden begegne. Das ist harte Arbeit.

In den westlichen Traditionen der Moralphilosophie wird Ethik oft als eine Fähigkeit betrachtet, die mit „Expertenverstand" verknüpft ist –mit Wissen, Rationalität und autonomer Entscheidung. Je mehr wir wissen, desto besser sind unsere ethischen Entscheidungen, so die Logik. Ethischer zu werden bedeutet, rationaler und kenntnisreicher zu werden, mehr und mehr Fachwissen zu sammeln, um bessere, fundiertere Entscheidungen zu treffen. Aber das ist vielleicht nicht der erfolgreichste Ansatz. In seinem Buch *Von Menschen und anderen Tieren* stellt der Philosoph John Gray die Fetischisierung von Rationalität und Wahlmöglichkeiten in der westlichen Moralphilosophie der taoistischen Auffassung vom guten Leben gegenüber. Aus der taoistischen Perspektive, schreibt Gray, ist Ethik einfach eine praktische Fähigkeit wie Angeln oder Schwimmen. Der Kern der Ethik ist nicht die Wahl oder das bewusste Bewusstsein, sondern die Fähigkeit, zu wissen, was zu tun ist. Es ist eine Fähigkeit, die sich mit Übung und einem leeren Geist einstellt."[12]

Wenn wir einen Schritt davon zurückzutreten, uns auf Experten zu verlassen, übernehmen wir mehr Verantwortung für unser eigenes Verhalten und unsere Entscheidungen. Wir werden uns unseres eigenen inneren Zustands, unserer Grenzen und unserer Selbstgerechtigkeit bewusst. Wir sind alle Anfänger. Es gibt keine echten Hundeexperten – außer den Hunden selbst.

Die amerikanische buddhistische Nonne Pema Chödrön erzählt eine Lehre über die Übernahme von Verantwortung für uns selbst: „Es ist wie das, was der Zen-Meister Suzuki Roshi einmal sagte. Er schaute seine Schüler an und sagte: „Ihr seid alle vollkommen, genau so wie ihr seid, und ihr könntet ein bisschen Verbesserung vertragen."[13]

## Aufmerksamkeit

Wenn wir freundlich zu unseren Hunden sind und sie vor Schaden bewahren wollen, müssen wir aufmerksam wahrnehmen, wer sie sind, was sie erleben und was sie brauchen. Weil das Leben unserer Hunde so eng mit unserem Leben verwoben ist und weil sie sich so sehr wie eine Erweiterung von uns anfühlen, kann es sein, dass wir aufhören, sie wirklich wahrzunehmen. Wir halten die tägliche Ebbe und Flut unseres gemeinsamen Lebens für selbstverständlich. Wie also können wir ihnen mehr Aufmerksamkeit schenken?

### Wie ist es, ein Hund zu sein?

Der französische Wissenschaftsphilosoph Georges Canguilhem schreibt in seinem Buch *Die Erkenntnis des Lebens*: „Welches Licht betrachten wir denn so sicher, dass wir alle anderen Augen als die des Menschen für blind erklären? Welchen Sinnes sind wir so sicher, dem Leben in uns gegeben zu haben, dass wir jedes Verhalten außer unseren eigenen Gesten für dumm erklären? Zweifellos kann das Tier nicht alle Probleme lösen, die wir ihm vorlegen, aber das liegt daran, dass diese Probleme unsere sind und nicht die seinen."[14] Canguilhems Beschwerde gegen die moderne Biologie ist sowohl wissenschaftlich als auch moralisch: Eine eng auf den Menschen ausgerichtete Forschungsrichtung versäumt es, das wahre Wunder anderer Lebensformen zu enthüllen; eine Privilegierung der menschlichen Erfahrung und eine nicht hinterfragte Wertschätzung des menschlichen Lebens gegenüber dem Leben anderer Kreaturen führen zu einer Erstarrung des Mitgefühls.

Die Herausforderung, die menschliche Erfahrung zu dezentrieren, wurde zumindest teilweise durch die Arbeit von Ethologen wie Jakob von Uexküll bewältigt. Diese bestanden darauf, dass wir, um andere Lebensformen zu studieren, imaginativ aus unserer eigenen Lebenswelt heraustreten und jede Spezies aus ihrer eigenen ökologischen Lebenswelt oder, in Uexkülls Formulierung, ihrer Umwelt heraus betrachten müssen. Auf wunderbar paradoxe Weise können wir bei der Erforschung anderer Lebewesen objektiver werden, indem wir subjektiver werden: Indem wir versuchen, die Welt mit ihren Augen (oder Nasen oder was auch immer) zu sehen, indem wir versuchen, ihre Gesten in ihrer eigenen Sprache zu interpretieren, und indem wir zu verstehen versuchen, mit welchen evolutionären Problemen sie konfrontiert waren und welche sie zu lösen versucht haben.[15]

Wissenschaftliche Untersuchungen – wenn sie im Sinne eines „Hinein-Suchens" – *in-vestigare* durchgeführt werden – haben das Potenzial, Neugierde zu wecken und unseren Sinn für Empathie zu erweitern. Die wesentliche Frage eines umweltorientierten Ansatzes mit einer neugierigen Haltung lautet: „Wie ist es, eine ... zu sein?" Wie ist es, eine Fledermaus zu sein, eine Rauchschwalbe, eine Zecke? Und natürlich, wie ist es, ein Hund zu sein? Wir müssen keine professionellen Wissenschaftler sein, um diese Frage zu erforschen. Ich glaube sogar, dass es für alle Hundebesitzer von großem Nutzen wäre, wenn sie gedanklich mehr Zeit in der Haut ihres pelzigen Begleiters verbringen würden. Wir können und sollten uns täglich und sogar stündlich fragen: Wie ist es, ein Hund zu sein? Und vor allem: Wie ist es, *mein* Hund zu sein?

Wenn ich mir vorstelle, wie es ist, ein Hund zu sein, werde ich, wie Mary Oliver, von einem Gefühl des Erstaunens überwältigt. Der Geruchssinn ist die offensichtlich erstaunlichste Fähigkeit von Hunden. Könnten wir riechbehinderten Menschen einen Geruch aus Hunderten von Metern Entfernung wahrnehmen, während er durch unsichtbare Luftströme wirbelt? Könnten wir die Spur einer anderen Person verfolgen, indem wir ihre Fußspuren erschnüffeln und anhand der Stärke des Geruchsverlaufs feststellen, in welche Richtung sie zuletzt gegangen ist?[16] Wie ist es überhaupt, eine solche Nase zu haben? Ich bin erstaunt und neidisch zugleich.

Je mehr ich mich fragte: „Wie ist es, ein Hund zu sein?", desto fremder erschienen mir diese Tiere. Sie wurden immer mehr zu andersartigen Wesen. Dieses Gefühl der Fremdheit kann, vielleicht kontraintuitiv, eine Quelle für mehr Empathie sein. Die gängige Meinung ist: „Größeres Verständnis von Gleichheit = größere Empathie". Die Empathie gegenüber Hunden wird jedoch oft durch vorgefasste Meinungen über die Bedeutung ihres Verhaltens behindert – sei es, weil uns ein Hundeexperte erklärt hat, dass „x" die Bedeutung von „Verhalten y" hat, oder weil wir schlichtweg nie neugierig genug waren. Tatsächlich habe ich es als hilfreich empfunden, Hunde auf die gleiche Weise zu beobachten wie Wildtiere: Wie den Fuchs, der den Durchschlupf am Ende unserer Einfahrt erkundet. Oder die Kleiber, die um den Stamm der Ponderosa-Kiefern vor unserem Fenster herumflattern. Oder das Eichhörnchen, das mich gelegentlich von hoch oben aus den Baumkronen herab beschimpft, wenn ich auf einem der hiesigen Wanderwege unterwegs bin. Wenn ich diese Tiere entdecke, halte ich instinktiv inne und bin ganz still, um sie nicht zu verscheuchen und sie so lange wie möglich beobachten zu können. Ich habe das Gefühl, durch ein kleines Fenster in eine Welt voller Geheimnisse und Wunder zu blicken.

Es gibt viele Möglichkeiten, unsere Hunde zu betrachten. Mit den Augen eines Wanderers, der durch die Wildnis streift, die Schönheit der Natur in sich aufnimmt und sie mit Ehrfurcht betrachtet. Oder mit dem Blick der zielgerichteten Liebe und Zuneigung in einer engen Beziehung. Und mit dem objektiveren Blick eines Wissenschaftlers oder angehenden Naturforschers – eine Rolle, die wir alle unabhängig von unserem Bildungshintergrund einnehmen können.

In seinem wunderschönen Leitfaden über Vogelwelt, *What It's Like to Be A Bird* („Wie es ist, ein Vogel zu sein"), schreibt David Allen Sibley: „Sie werden schneller lernen, wenn Sie ein aktiver Beobachter sind – zeichnen Sie Skizzen, machen Sie Notizen, schreiben Sie Gedichte, fotografieren Sie – was immer Sie dazu bringt, etwas genauer und etwas länger hinzuschauen. Je mehr Sie bemerken, desto mehr werden Sie lernen."[17] An Sibleys Anleitung gefällt mir, dass er uns einlädt, das Wissenschaftliche mit dem Kreativen zu verschmelzen, sowohl Beobachter als auch Teilnehmer, Naturforscher und Geschichtenerzähler zu sein. Ein narrativer wissenschaftlicher Bericht ermöglicht es den Lesern, sich vorzustellen, wie es ist, ein … was auch immer zu sein.

## Ethogramme als Ethik

Eines der Instrumente, die Ethologen bei der Beobachtung von Tierverhalten einsetzen, ist ein Ethogramm. Dabei handelt es sich um einen Katalog von Verhaltensweisen. Wenn Sie in Tierverhalten (Ethologie) promovieren würden, würden Ihnen sicherlich gute und schlechte Ethogramme begegnen. Aber für unsere Zwecke gibt es keinen richtigen oder falschen Weg, um ein Ethogramm zu erstellen. Jedes Ethogramm ist wertvoll – und mit etwas Übung werden Ihre Ethogramme wahrscheinlich immer besser. Ethogramme sind Übungen in Achtsamkeit, Aufmerksamkeit und Gegenwärtigkeit. Betrachten Sie ein Ethogramm als eine Möglichkeit, Ihren Hund kennenzulernen und zu reflektieren, wie und was Sie beobachten. So wird es gleichzeitig auch ein Ethogramm von Ihnen selbst. Beachten Sie die gemeinsame Wortherkunft von *Ethik* und *Ethogramm*: Ethik kommt vom griechischen *ēthos*, „Natur, Veranlagung", und bedeutet „der charakteristische Geist einer Kultur, Epoche oder Gemeinschaft, der sich in ihren Überzeugungen und Bestrebungen manifestiert".[18]

Die Möglichkeiten dafür, was wir beobachten und festhalten können (mit Listen, Erzählungen, Gedichten, Fotos, Zeichnungen, Tänzen usw.) sind endlos. Hier sind einige Ideen für Sie und Ihren Hund:

- Ihr Hund im Ruhezustand (tiefer Schlaf vs. Dösen, Träumen, bevorzugte Schlafzeiten und -orte)
- Ihr Hund beim Spielen mit sich selbst oder Erkunden
- Interaktionen Ihres Hundes mit anderen Hunden (zu zweit oder in Gruppen, mit vertrauten und fremden Hunden). Gibt es Hunde, die Ihr Hund anscheinend nicht mag? Was vermuten Sie, warum?
- Interaktionen Ihres Hundes mit Menschen (mit Ihnen, anderen vertrauten Menschen, Fremden)

- Such- und Beutestrategien Ihres Hundes auf Spaziergängen und im Haus
- Das soziale Umfeld Ihres Hundes: Wichtige Menschen (beliebt und unbeliebt), wichtige Hundefreunde, -feinde und -bekannte (zu Hause, in der Nachbarschaft, im Hundepark). Kontakte zu anderen Tierarten (Eichhörnchen, Vögel, Katzen)?
- Heimatbereich und Territorium Ihres Hundes. Erstellen Sie ein Ethogramm der Verhaltensweisen, die Sie für territorial halten. Wie nutzt Ihr Hund den Raum in der Wohnung (Ruhe- vs. Aktivitätszonen)?
- Aktivitäten Ihres Hundes: Spielen, Ausruhen, Futtersuche, Geruchsmarkierung, Fressen, Trinken, Urinieren, Defäkieren, Patrouillieren, Aufmerksamkeit suchen
- Die Körperteile Ihres Hundes: Nase, Ohren, Augen, Tasthaare, Nacken, Rute, Körper, Beine, Wangen
- Lautäußerungen Ihres Hundes: Knurren, Bellen, Heulen, Winseln, Stille oder einzigartige Geräusche, wie das „fft"-Geräusch von John Steinbecks Hund Charley

## Zum Hund werden

Ethogramme sind eine Möglichkeit, unsere Hunde klarer zu sehen. Aber sie sind eine losgelöste Art des Betrachtens. Sie fordern uns auf, unsere Hunde objektiv zu beobachten. Eine alternative Herangehensweise ist der Versuch, selbst zum Hund zu werden.

In seinem faszinierenden Buch *Becoming Animal* (dt.: „Tier werden") lädt uns der Philosoph und Ökologe David Abram zu einer neuen – oder vielmehr uralten – Art des Sehens ein: dem Abbau der Trennschichten zwischen uns und der übrigen natürlichen Welt. Dies gelingt am besten, indem wir Tiere nicht als andersartig betrachten, sondern uns selbst verändern. Indem wir uns – nicht intellektuell, sondern körperlich und sinnlich – daran erinnern, dass auch wir Tiere sind.

Abram argumentiert, dass Haustiere und andere domestizierte Tiere ein Hindernis für unsere „Rückverwilderung" sein können, eine Barriere zwischen Mensch und Natur. Wahrscheinlich hat er Recht, dass Haustiere uns oft noch weiter von der Natur entfremden, aber das muss nicht zwangsläufig so sein. Vielleicht hat Abram nie mit einem Hund zusammengelebt oder die Möglichkeiten erkundet, die Hunde in unserem Bestreben, „zum Tier zu werden", bieten können. Die philosophische Autorin und Hundetrainerin Vicki Hearne erzählt in *Adam's Task*, wie ihr Hund sie über den Wind belehrte und sie dazu brachte, auf die Bewegung von Luftströmen – und Gerüchen – in einer Landschaft zu achten. Sie erweiterte ihre Sinneswelt und eröffnete gleichzeitig neue Kommunikationswege mit ihrem Hund. Ähnliche Erfahrungen einer gesteigerten sensorischen Wahrnehmung der Windrichtung berichten Menschen, die mit ihren Hunden Nasenarbeit praktizieren. Nasenarbeit ist nicht nur eine wunderbare Form der Bereicherung für Begleithunde, sondern auch eine sensorische Bereicherung für uns Menschen.

Eine weitere Übung zum „Hundwerden", die ich sehr schätze, beschreibt die Hundetrainerin Kristi Benson in ihrem Blog „The Essence of a Dog".[19] Benson beschloss eines Tages, einmal ihrem Hund Mischa auf dem täglichen Spaziergang zu folgen, anstatt ihn wie gewohnt zum Nachkommen aufzufordern. Benson erschnüffelte, was Mischa erschnüffelte (sogar das Pipi), wich aus, wo Mischa auswich, ging auf allen Vieren und spürte die kalten Stiche des körnigen Schnees an ihren bloßen Händen. Bensons Ziel war es nicht, ein Hund zu werden, sondern die Handlungsfähigkeit während eines „Spaziergangs der freien Wahl" zu erkunden (ein Punkt, auf den ich in Kapitel drei zurückkommen werde). Aber ein Nebeneffekt des Folgens von Mischa war ein Aufwachen für die Eindrücke des Waldes, ein gesteigertes Bewusstsein für Sinneserfahrungen, die von Angehörigen der Spezies *Homo sapiens* während des Verhaltens „mit dem Hund gehen" oft zu wenig genutzt werden.

## Drei Regeln für die Praxis

Wenn wir nun alles zusammenfassen und uns darauf vorbereiten, uns in den chaotischen Alltag von Menschen und Hunden zu stürzen, können wir aus unseren Grundsätzen, unserer Einstellung und unserer Aufmerksamkeit drei Regeln für unsere Beziehungen herausdestillieren, die uns dabei helfen.

Die erste und gleichzeitig am häufigsten vernachlässigte Regel ist, dass jede Mensch-Hund-Beziehung ein sensibles Werk der Zusammenarbeit ist (Regel Nr. 1). Da Hunde hart daran arbeiten, sich an unsere Lebensweise anzupassen, können wir ebenso hart daran arbeiten, uns an ihre anzupassen.

Eine von Neugier geprägte Grundeinstellung (Regel Nr. 2) begünstigt die Zusammenarbeit. Sie kann uns helfen, gut für unsere Hunde zu sorgen (Regel Nr. 3) und Mitgefühl für Tiere und Menschen gleichermaßen zu entwickeln.

## Zusammenarbeit

In ihrem Buch *Der Pilz am Ende der Welt* schreibt die Anthropologin Anna Tsing: „Um am Leben zu bleiben sind – für jede Spezies – machbare Kooperationen erforderlich. Zusammenarbeit bedeutet, über Unterschiede hinweg zu arbeiten". Die Arbeit über Unterschiede hinweg führt wiederum zu „Transformation durch Begegnung".[20] Unser Leben mit Hunden ist das Ergebnis gemeinsamer Gestaltung. Wir arbeiten in einem gemeinsamen Erfahrungsraum zusammen, um friedliche Interaktionen auszuhandeln. Viele der Hundehalter, mit denen ich gesprochen habe, berichten, dass sie durch ihre Begegnungen mit Hunden zutiefst verändert wurden, oft durch jahrelanges gemeinsames Leben.

Diese Begegnungen sind auch mit einigen Reibungen verbunden. Erinnern Sie sich an die in Kapitel 1 erwähnte Studie von Yamada und Kollegen, in der 86 Prozent der Hundebesitzer angaben, ihr Hund habe mindestens ein Verhaltensproblem.[21] Daraus könnte man ableiten, dass die meisten Hunde sehr ungezogen sind. Eine exaktere Interpretation wäre jedoch, dass Menschen das Zusammenleben mit Hunden als schwierig empfinden. (Mir sind keine Untersuchungen darüber bekannt, wie viele Hunde über Verhaltensprobleme bei ihren Menschen berichten.) Wenn etwas schiefläuft, fragen wir uns vielleicht zuerst: „Was stimmt nicht mit meinem Hund?" Wir empfinden möglicherweise Frustration und vielleicht sogar Wut auf unsere Hunde, weil sie ein Problem verursacht haben und verfolgen einen einseitigen Ansatz zur Lösung des Problems: den Hund „reparieren". Ein weitaus produktiverer Ansatz besteht jedoch darin, das Gesamtbild zu betrachten und herauszufinden, was der Hund uns mitteilen möchte, welche Bedürfnisse er zu befriedigen versucht oder welche Herausforderungen er zu bewältigen hat, welche Erwartungen Sie mitbringen und wie Sie und Ihr Hund dann einen Kompromiss finden können. Wir können auf Reibereien im Geiste der Zusammenarbeit reagieren – wir und unsere Hunde können gemeinsam an der Lösung von Meinungsverschiedenheiten oder widersprüchlichen Bedürfnissen arbeiten. Wir und unsere Hunde müssen zu dem kommen, was die Verhaltenstherapeutin Karen Overall „Verhandlungslösungen" nennt.[22] Nun könnten Sie vielleicht einwenden, dass doch wir Menschen die Problemlöser sind.

Wenn unser Hund ein problematisches Verhalten zeigt, sollen wir das Training verstärken oder unseren Hund zu einem Verhaltensspezialisten bringen. Training wird in der Tat oft als etwas verstanden, das wir aktiv an unserem Hund tun – die Informationen fließen in eine Richtung. Wenn wir aber lernen, in einem gemeinsamen Raum zusammenzuleben – insbesondere in einem Raum, der den Bedürfnissen unseres Hundes vielleicht weniger entgegenkommt als unseren eigenen –, müssen wir mit unserem Hund *zusammenarbeiten*, um Probleme und Missverständnisse zu erkennen und zu lösen. Der erste Schritt auf dem Weg zu einer gemeinsam erarbeiteten Lösung besteht also darin, zu erkennen, dass wir an einer Teamarbeit beteiligt sind.

Der zweite Schritt besteht darin, zu erkennen, dass viele der Verhaltensweisen, die wir bei unseren Hunden als problematisch empfinden, natürliche, artspezifische Verhaltensweisen sind. Es sind „gute" (für Hunde adaptive) Verhaltensweisen, die wir als „schlecht" eingestuft haben. Yamadas Definition eines „Verhaltensproblems" – und die gängigste Definition in der veterinärmedizinischen Literatur – ist „ein Verhalten, das Menschen als störend empfinden". Das ist nicht sehr wissenschaftlich, oder?

In Yamadas Studie wurden von den Haltern unter anderem Bellen, Aufmerksamkeitssuche, Angst vor lauten Geräuschen, das Jagen von Kleintieren, Ziehen an der Leine und das Verrichten von Notdurft an der falschen Stelle als schlechte Verhaltensweisen von Hunden genannt. Dies alles sind Beispiele dafür, dass Hunde eben Hunde sind. Einige Verhaltensweisen auf der Liste der bösen Hunde, wie z. B. Schwanzwedeln und Schnappen in die Luft, sind symptomatisch für psychische Probleme, ein Punkt, auf den wir in Kapitel 7 zurückkommen werden. Der Katalog der gemeldeten Verhaltensprobleme bei Hunden ist sehr umfangreich. Yamadas Liste umfasst fünfundzwanzig Punkte. Hunde haben offenbar eine Menge Probleme.

Hier ist eine schnelle Übung. Nehmen Sie Stift und Papier zur Hand, schreiben Sie die Worte „Böser Hund“ an den Anfang und zählen Sie alle Verhaltensweisen Ihres Hundes auf, die Sie als schwierig, lästig, beängstigend oder anderweitig problematisch empfinden. Sind Sie bei fünfundzwanzig angekommen? Wenn nicht, arbeiten Sie weiter.

Als Nächstes kreuzen Sie alle Einträge an, von denen Sie glauben, dass es sich um arttypisches Verhalten handelt. Wenn Sie sich nicht sicher sind, was arttypisch ist, geben Sie einfach Ihr Bestes. Sie könnten einen Blick in ein Buch über Hundeverhalten werfen, zum Beispiel Marc Bekoffs *Feldstudien auf der Hundewiese* oder John Bradshaws *Hundeverstand* oder *Decoding Your Dog* des American College of Veterinary Behaviorists. Online-Recherchen sind auch gut, aber seien Sie gewarnt: Fehlinformationen und Verwirrung über Hunde gibt es im Internet so viele wie Haare auf dem Rücken eines Hundes. (Einige Ideen, wie Sie die Spreu vom Weizen im Internet trennen können, finden Sie im Abschnitt „Ressourcen“ am Ende dieses Buches). Speichern Sie Ihre Liste. Später in diesem Buch werden wir nochmals darauf zurückkommen.

Die Tatsache, dass die meisten Punkte auf Yamadas Liste der „bösen Hunde“ entweder normales Hundeverhalten oder Anzeichen von Pathologie sind, sollte uns zu denken geben. Vielleicht sind es nicht unsere Hunde, die sich ändern müssen – wir können kaum von ihnen erwarten, ihr „Hundeverhalten“ abzulegen –, sondern wir selbst, unsere Wahrnehmungen und Erwartungen. Wenn wir Probleme als ein Missverhältnis zwischen menschlichen Erwartungen und den Verhaltensbedürfnissen von Hunden betrachten, sind wir vielleicht eher motiviert, einfühlsame, praktikable Kompromisse zu finden, denn den meisten Hundehaltern liegt das Glück und Wohlbefinden ihres Hundes sehr am Herzen.

Um beim Thema „Verhandlungslösung“ zu bleiben: Nehmen Sie sich ein paar Minuten Zeit, um über Ihr eigenes schwieriges Verhalten nachzudenken – welche Dinge tun Sie, die für Ihren Hund eine Herausforderung oder ein Ärgernis darstellen könnten? Haben Sie ein aufbrausendes Temperament? Kommen Sie ständig zu spät? Sind Sie launisch? Nehmen Sie sich ein weiteres Blatt Papier und listen Sie fünfundzwanzig Ihrer eigenen Verhaltensprobleme auf. Kreuzen Sie alle an, die bei Ihrem Hund Frust auslösen könnten.

Wenn wir über unsere eigenen Verhaltensauffälligkeiten hinausgehen, können wir untersuchen, welche Aspekte des Lebens als Haustier für Hunde schwierig sein könnten und welche Kompromisse sie bereits eingehen.

Wenn wir Hunde in unser Zuhause bringen, erwarten wir von ihnen, dass sie Verhaltensweisen unterdrücken, zu deren Ausführung sie biologisch hoch motiviert sind. Wie wir im nächsten Kapitel und im weiteren Verlauf des Buches untersuchen werden, versuchen wir systematisch, unsere Hunde zu „ent-hunden". Außerdem schränken wir ihren Handlungsspielraum drastisch ein. Wir verweigern ihnen die Möglichkeit, ihr eigenes Futter zu suchen; wir erlauben ihnen nur zu bestimmten Zeiten und an bestimmten Orten zu urinieren und zu defäkieren; wir tadeln sie, weil sie versuchen, uns zu beschützen, und weil sie Angst vor menschlichen Geräten, lauten Geräuschen und ungewohnten Oberflächen haben; wir bitten sie, nicht an Schuhen aus Tierhaut zu kauen, keine Löcher in die Erde zu graben und nicht herumzustreifen, um Freunde oder Partner zu finden. Vor allem aber reduzieren wir drastisch die Größe ihres Territoriums, die sensorische Komplexität ihrer Umgebung und den Reichtum ihrer sozialen Welten. Angesichts der vielen Kompromisse, die sie eingehen, scheint es nur fair, dass auch wir zu Kompromissen bereit sein sollten.

Wir können Kompromisse eingehen, indem wir unser Zuhause, unseren Lebensstil und unsere Erwartungen anpassen, um unseren Hunden die Befriedigung ihrer Bedürfnisse so angenehm wie möglich zu machen. Wir können ihnen natürliche Verhaltensweisen ermöglichen, die weder sie noch uns gefährden und die wir, wenn es sein muss, tolerieren können.

Der Begriff „hundesicher machen" wird oft für die Beschreibung des Prozesses verwendet, wie man ein Haus oder eine Wohnung vor dem Hund sichert und die totale Zerstörung zu verhindern versucht, wenn der Halter für den Nachmittag weggeht. Aber wie wäre es damit, ein Haus für den *Hund* sicher zu machen? Wie wir in Kapitel 4 näher untersuchen werden, können wir versuchen, unser Zuhause aus der Sicht, dem Geruchssinn und dem Gehör unseres Hundes wahrzunehmen und potenzielle Quellen der olfaktorischen und auditiven Überlastung zu entschärfen (indem wir den Lufterfrischer entfernen, der den Geruch von nassem Hund überdecken soll; indem wir laute Musik oder den Fernseher ausschalten; indem wir mehrere bequeme, mäßig schmutzige, vertraut riechende Betten für unseren Hund bereitstellen; indem wir Teppichläufer über rutschige Böden legen).

Unser Zuhause kann nicht nur sicher, sondern auch sensorisch reichhaltig und interessant sein. In ihrem Buch *Total Cat Mojo* verwenden Jackson Galaxy und Mikel Delgado den Begriff „Stadtplanung", um die Einrichtung eines Zuhauses zu beschreiben, die den Verkehrsfluss mehrerer Tierarten ermöglicht, sodass sich alle frei und ohne Konflikte bewegen können.[23] Bei Katzen bedeutet dies, nicht nur an den horizontalen, sondern auch an den vertikalen Raum zu denken und Über- und Unterführungen zu schaffen, durch die sich die Katzen um die Menschen und in Mehrtierhaushalten auch um die Hunde herum bewegen können. Die Idee der Stadtplanung lässt sich auch wunderbar auf Hunde anwenden und könnte eine Kartierung des physischen Raums einschließlich der Geräusch- und Geruchskulisse des Hauses und die Schaffung von Infrastrukturen wie Hundetüren beinhalten, welche die Autonomie der Hunde erhöhen.

Wir müssen auch unsere Denkweise und unsere Erwartungen an Hunde ändern beziehungsweise „hundesicher" machen. Wenn ich jemanden sagen höre: „Ich hasse Bellen" oder „Ich kann Hundehaare auf meiner Kleidung nicht ausstehen", dann denke ich mir: „Ich hoffe sehr, dass du keinen Hund hast." Hunde können nicht einfach aufhören zu bellen oder ihre Haare loszuwerden, und es ist auch nicht vernünftig, dies von ihnen zu erwarten. Lasst uns den Hund in unseren Hunden annehmen.

## Neugierde

Wir kennen Hunde. Aber kann es sein, dass die Vertrautheit eine gewisse Nachlässigkeit hervorruft?

Der beeindruckende Dokumentarfilm *My Octopus Teacher* von Pippa Ehrlich und James Reed begleitet den Filmemacher Craig Foster ein Jahr lang beim Freitauchen in einem Seetangwald vor der Küste Südafrikas. Während dieser Zeit entwickelte Foster eine tiefe Neugier und schloss schließlich Freundschaft mit einem gewöhnlichen Oktopus, der im Seetangwald lebte. Die Unterwasserwelt der Krake war Foster fremd, ebenso wie ihre Verhaltensweisen und Lebensweise. Doch Foster war zutiefst neugierig. Fast ein Jahr lang tauchte er täglich in den Seetangwald ein, verbrachte Stunden in der Welt der Krake und lernte ihre Lebensweise kennen. (Er gab der Krake bewusst keinen Namen, da dies sie mit einem Haustier gleichgesetzt hätte und damit eine Form der Aneignung gewesen wäre.) Er beobachtete sie bei der Jagd, wurde Zeuge eines Angriffs von Pyjamahaien, bei dem sie verwundet wurde, und verfolgte ihre Partnersuche. Foster näherte sich dem Oktopus mit Offenheit und Neugier, mit dem Geist eines Anfängers. Unvoreingenommen und ohne durch Erfahrungen gewonnenes Wissen begegnete er ihr und war von ihr fasziniert. Seine Empathie für sie wuchs bis in die Tiefen des Ozeans.

Während ich den Film schaute, wurde mir bewusst, dass ich es versäumt hatte, ähnlich neugierig auf Bella zu sein. Obwohl ich bisher mehr als viertausend Tage in Bellas Gesellschaft verbracht habe, habe ich nicht einen einzigen Tag dazu verwendet, ihre Lebensweise zu beobachten und zu versuchen, ihren Lebensraum und ihre Weltanschauung zu verstehen. Vielleicht habe ich es gerade deshalb, weil sie mir nicht fremd ist, versäumt, sie mit einem ausreichend offenen, neugierigen Geist zu beobachten.

Wir können neugierig darauf sein, was Hunde in ihrem Leben mit uns erleben. Ebenso können wir die Einladung annehmen, neugierig auf unsere emotionalen Reaktionen auf unseren Hund oder auf andere Menschen zu sein, die mit uns und unserem Hund interagieren könnten. Im Achtsamkeitstraining wird der Schüler oft angewiesen, mit Neugier auf Gedanken, Emotionen und Empfindungen zu reagieren – insbesondere auf unangenehme. Pema Chödrön spricht in ihren Lehren über dieses Thema. Wenn jemand Sie kritisiert, sagt sie, spüren Sie vielleicht ein Engegefühl in der Brust, Ihr Gesicht wird heiß, oder Sie empfinden Wut, Groll oder Angst.[24] Wir können lernen, auf diese unangenehmen Gefühle mit Neugierde zu reagieren. Dadurch verlagert sich der Verstand von „es passiert etwas Schlimmes, und ich muss kämpfen oder fliehen" zu „was genau fühle ich und warum?".

Neugier fördert eine kooperative Lebensweise zum einen dadurch, dass sie unsere Offenheit gegenüber Unterschieden erhöht, was zur Entwicklung von Empathie beiträgt; und zum anderen dadurch, dass sie uns eine Strategie für den Umgang mit negativen Gefühlen und Konflikten an die Hand gibt, die in unserem gemeinsamen Leben mit Hunden unweigerlich auftreten werden. Wenn wir den Standpunkt des anderen verstehen, sind wir besser in der Lage, Kompromisse zu schließen und zu verhandeln.

## Fürsorge

Die Domestizierung als evolutionärer Prozess kann, muss aber nicht eine besondere moralische Verantwortung des Menschen gegenüber Hunden begründen. Die individuelle häusliche Beziehung tut dies jedoch ganz sicher. In dem Moment, in dem wir uns entscheiden, einen Hund in unser Haus zu holen und ihn „bitten", unser Haustier zu sein, haben wir eine Sorgfaltspflicht übernommen.

In ihrem wegweisenden Buch von 1984 *Caring: A Feminine Approach to Ethics and Moral Education* argumentiert die feministische Wissenschaftlerin und Bildungsphilosophin Nel Noddings, dass die fürsorgliche Beziehung eine Grundlage für Ethik ist. Moralische Verantwortung wird durch unsere fürsorglichen Beziehungen geprägt und sollte zumindest teilweise im Kontext dieser Beziehungen verstanden werden, die „in Empfänglichkeit, Verbundenheit und Ansprechbarkeit verwurzelt sind".[25] „Wenn wir eine liebevolle Beziehung aufbauen", sagt sie, „werden wir das ‚Ich muss' spüren, und dann müssen wir, wenn wir ehrlich sein wollen, darauf reagieren." Wenn wir uns ein Tier als Haustier zulegen, gehen wir eine liebevolle Beziehung ein und übernehmen eine Reihe von Verantwortlichkeiten für die Pflege. „Wir könnten auch ethisch leben, ohne jemals eine Beziehung zu einem Tier einzugehen, aber wenn wir es erst einmal getan haben, erweitert sich der Kreis derer, für die wir sorgen."[26] Unser ethischer Bereich, so fährt sie fort, wird dadurch sowohl bereichert als auch komplizierter gemacht.

Allgemein umrissen gehören zur Fürsorge die Förderung des körperlichen, emotionalen und sozialen Wohlbefindens, die Vermittlung von Komfort, Zufriedenheit, Glück und Lebensfreude, das Ermöglichen reicher Erfahrungen und der Schutz des Betreuten vor Schaden. Obwohl es erhebliche Überschneidungen gibt, ist eine liebevolle und fürsorgliche Beziehung nicht dasselbe wie für jemanden zu sorgen, und es ist auch nicht gleichbedeutend damit, ein Pfleger zu sein. Als meine Mutter starb, befand ich mich in einer fürsorglichen Beziehung zu ihr. Ich kümmerte mich um sie, und sie kümmerte sich gleichzeitig um mich. Wir stellten Pflegekräfte ein, die uns in unserer fürsorglichen Beziehung unterstützten. Ich bin in einer liebevollen Beziehung mit Bella; ich kümmere mich um sie, und sie kümmert sich um mich. Als Bella sich von der TPLO-Operation erholte, war ich ihre Hauptbetreuerin.[27]

Ist die liebevolle Beziehung zwischen Mensch und Hund wechselseitig? Das kann sie durchaus sein. Ein Hund, der sich in einer liebevollen Beziehung zu einem Menschen befindet, bietet in der Tat oft verschiedene Arten von Fürsorge: Schutz vor Schaden, Versorgung von körperlichen Wunden (Lecken einer Verletzung), Versorgung von emotionalen Wunden (Trost durch körperliche Berührung bei Kummer) und so weiter. Ist es sinnvoll zu sagen, dass Hunde eine Fürsorgepflicht für uns haben? Sofern „Pflicht" als innerer Antrieb verstanden wird, als physiologische Reaktion, die aus dem Bindungsverhalten entsteht und dieses unterstützt, dann ja. Ein Hund, der liebevoll an einen Menschen gebunden ist, könnte durchaus das erleben, was Noddings das „Ich muss" nennt.

Fürsorge ist eng mit Neugier verbunden. „Fürsorge bedeutet, sich der beunruhigenden Verpflichtung der Neugier zu unterwerfen, die verlangt, am Ende des Tages mehr zu wissen als am Anfang", schreibt Donna Haraway in der aufrüttelnden Sprache, die ihr Werk so bewusstseinsverändernd macht.[28] Einige Seiten später erweitert sie diesen Gedanken in *When Species Meet*, indem sie uns zu den Möglichkeiten der Zusammenarbeit zwischen den Spezies einlädt: „Antwort und Respekt sind nur in diesen Knoten [der Arten, die sich gegenseitig formen] möglich, mit tatsächlichen Tieren und Menschen, die sich gegenseitig anschauen, mit all ihren verworrenen Geschichten."[29]

Die Fürsorge zwischen Mensch und Hund ist nicht auf den Kontext einer bestimmten häuslichen Mensch-Hund-Beziehung beschränkt, und auch unsere Verantwortung gegenüber einzelnen Hunden und gegenüber Hunden insgesamt endet nicht an der Haustür. Hunde kümmern sich oft um Fremde, genauso wie Menschen sich oft um Hunde kümmern, für die sie keine Fürsorgepflicht im Sinne von Noddings übernommen haben. Menschen fühlen sich verpflichtet, Hunde aus Missbrauchs-Situationen zu retten, sich um Hunde in Tierheimen zu kümmern und sich für Hunde einzusetzen, indem sie Tierschutzgesetze unterstützen. Fürsorge kann in großem Maßstab stattfinden. Während des besonders kalten Winters 2018 öffnete ein IKEA-Einrichtungshaus in Catania, Italien, nachts seine Türen für streunende Hunde, damit sie auf den Teppichen schlafen und warm bleiben konnten.

Haben *alle* Menschen die Pflicht, sich um *alle* Hunde zu kümmern?

Man könnte argumentieren, dass dies der Fall ist, und zwar aus folgenden Gründen: Menschen haben generell die Pflicht, sich um alle hilfsbedürftigen Tiere zu kümmern; zwischen Menschen und Hunden besteht eine besondere evolutionäre Beziehung; Menschen haben Hunde von sich abhängig gemacht; Menschen bringen Hunde oft in äußerst prekäre Situationen, daher schulden wir ihnen etwas; wir müssen unsere Neigung zu Grausamkeit und Vernachlässigung ausgleichen.

Andererseits könnte man auch argumentieren, dass dies nicht der Fall ist: Menschen tragen nur Verantwortung für die Hunde, die sie als Haustiere aufgenommen haben.

Oder etwas weiter gefasst: Wir sollten uns um alle Hunde kümmern, zu denen wir eine emotionale Bindung aufgebaut haben (z. B. könnte ich als Freiwilliger im Tierheim eine besondere Beziehung zu bestimmten Hunden entwickeln und mich für deren Wohlergehen verantwortlich fühlen).

Meine Antwort auf diese Frage wäre: Wir haben die Pflicht, uns aktiv um jeden Hund zu kümmern, den wir in unser Zuhause aufnehmen oder für den wir direkte Verantwortung übernommen haben. Bei anderen Hunden, Menschen und Tieren, die nicht in unserer Obhut sind, sollten wir uns nicht von Pflichtgefühl, sondern von Mitgefühl leiten lassen.

In den folgenden fünf Kapiteln werden wir uns eingehender mit spezifischen ethischen Fragen befassen, die sich in unseren Pflegebeziehungen zu Hunden stellen. Jedes Kapitel lädt uns auf die eine oder andere Weise dazu ein, genauer darauf zu achten, wie unsere Bemühungen, für Hunde zu sorgen, auch ihre Möglichkeiten zu einem erfüllten Leben einschränken und begrenzen können. Dieses Material hätte auf viele Arten strukturiert werden können, und Sie werden feststellen, dass Themen und sogar bestimmte Probleme miteinander verknüpft sind und an verschiedenen Stellen wieder auftauchen. Hier ist der Grundriss für die von mir gewählte Kapitelstruktur:

Kapitel 3 befasst sich mit den alltäglichen Aspekten der körperlichen Pflege, um die sich alle „verantwortungsbewussten" Hundehalter kümmern: Fütterung, Ausscheidung, Bewegung, Fellpflege und Tierarztbesuche. Diese Aspekte der körperlichen Pflege sind eng mit dem psychischen und sozialen Wohlbefinden des Hundes verbunden, was uns zu Kapitel 4 führt.

Kapitel 4 konzentriert sich direkt auf das emotionale und soziale Wohlbefinden von Hunden, darauf, wie die häusliche Umgebung sowohl förderlich als auch belastend, beruhigend und aufregend sein kann, und darauf, wie man die psychologischen Bedürfnisse von Hunden besser berücksichtigen kann.

Kapitel 5 befasst sich mit dem Einsatz von Hilfsmitteln und Technologien in unseren täglichen Interaktionen mit Hunden. Ich hielt es für sinnvoll, Hilfsmittel als einen Schwerpunktbereich herauszugreifen, da sie unsere Interaktionen mit unseren Hunden und die Interaktionen unserer Hunde mit ihrer Umwelt so stark prägen. Da Hilfsmittel in der Hundeerziehung eine so wichtige Rolle spielen, wollte ich sie vor Kapitel 6 behandeln.

Kapitel 6 befasst sich mit den Erwartungen des Menschen an das Verhalten von Hunden und damit, wie Menschen versuchen, durch die sogenannte Hundeerziehung „gute Hunde" heranzuziehen. Wir werden einige der Ziele und Methoden des Trainings erkunden, insbesondere den Einsatz von Belohnungen und Strafen, und die beträchtlichen Auswirkungen von unachtsamem oder zwanghaftem Training auf Hunde feststellen. Ich werde das enorme Potenzial für gemeinsames Lernen beim Aufbau gesunder Mensch-Hund-Freundschaften hervorheben.

In Kapitel 7 werden wir uns näher mit den menschlichen Erwartungen an das Verhalten von Hunden befassen und uns darauf konzentrieren, warum Hunde als „böse“ abgestempelt werden und warum ein Umdenken erforderlich ist. Obwohl es keine „bösen“ Hunde gibt, gibt es viele, viele Hunde mit Verhaltensstörungen. Wie können wir ihr Leiden am besten verstehen und darauf reagieren? Und wie können Menschen und Hunde zusammenarbeiten, um harmonischere Lösungen auszuhandeln?

Eine Warnung: Vielleicht stoßen Sie beim Lesen auf Informationen, die Ihnen Unbehagen, Schuldgefühle oder Scham bereiten – vielleicht gibt es Dinge, die Sie tun oder getan haben, von denen Sie nicht wussten, dass sie für Ihren Hund schädlich sind. Lassen Sie sich von mir versichern, dass ich solche Gefühle fast täglich erlebe. Ein Teil dessen, ein besserer Mensch zu werden, besteht in der Offenheit für Fehler und der Bereitschaft, uns selbst zu verzeihen. Fehler sind Gelegenheiten zum Wachstum. So wie Sie Ihrem Hund gegenüber mitfühlend sein sollten, so sollten Sie auch mit sich selbst mitfühlend umgehen. Erkennen Sie Ihre Fehler an, bekräftigen Sie Ihre guten Absichten und gehen Sie weiter. Wir alle sind vollkommen – *und* uns allen stünde eine Weiterentwicklung gut zu Gesicht.

# Kapitel drei

## Fürsorge und Einschränkung

Die alltäglichen Aufgaben der Hundepflege – Füttern, Gassi gehen, Kot- und Urinabsatz ermöglichen sowie Fellpflege – haben eine erstaunlich große ethische Tragweite. Während wir den Tag mit unseren Hunden verbringen, treffen wir unzählige kleine und große Entscheidungen und setzen uns bewusst und unbewusst mit unseren moralischen Prinzipien und den individuellen Bedürfnissen unseres Hundes auseinander. Bei jeder dieser täglichen Interaktionen treffen wir Entscheidungen oder haben bereits entschieden, was unsere Hunde brauchen und wie weit wir bereit sind, uns selbst zurückzunehmen, um diese Bedürfnisse zu erfüllen. Jede dieser Entscheidungen bietet die Chance, liebevoll und fürsorglich zu sein; jede birgt aber auch die Gefahr, Schaden anzurichten. Jede dieser Entscheidungen kann eine gewisse Ambivalenz in Bezug auf die Hundehaltung bewirken, da unsere alltägliche Handlungen der Fürsorge so eng mit Aspekten der Kontrolle und Beherrschung verwoben sind.

## Fütterung

Letztes Frühjahr begegnete ich einem Mann in einem Bioladen. Wir standen beide im Gang für Tiernahrung, trugen unsere Masken und versuchten, einander nicht zu nahe zu kommen. Als ich eine Tüte Kürbis-Beeren-Leckerlis aus dem Regal nahm, lächelte er mich an. „Was für das Fellknäuel?“ Es dauerte einen Moment, bis ich verstand, was er meinte, dann aber spürte ich ein warmes Gefühl der Verbundenheit. „Was bekommt Ihres denn?“ fragte ich und schaute auf die kleine Packung in seiner Hand. Er hielt sie mir entgegen, damit ich sie sehen konnte: Elch-Jerky für Beweglichkeit von Hüfte und Gelenken.

Futter ist Liebe. Aber auch eine sehr komplizierte Form der Liebe.

### Unfaire Dominanz?

Nahrung ist wohl das Fundament unserer evolutionären Beziehung zu Hunden. Zu Beginn lag die Bedeutung dieser Beziehung darin, dass die beiden Spezies gemeinsam Zugang zu mehr und besserer Nahrung haben konnten. Wir waren Partner, Kollaborateure. Heute haben sich die Muster des Nahrungserwerbs dramatisch verschoben, zumindest bei Haushunden, und die Situation ist sehr einseitig geworden: Wir kontrollieren das Futter.[30] Wir bestimmen, was und wann unsere Hunde fressen, wir legen die Art und Weise fest und machen die Regeln. Wir entmutigen sie in ihren Bemühungen, sich selbst Nahrung zu beschaffen. Eine der bedeutendsten unerwünschten Verhaltensweisen bei Hunden ist das „Stehlen" von Futter, das nicht für sie bestimmt ist oder das noch nicht von uns freigegeben wurde.

Es ist viel darüber geschrieben worden, welche Art von Futter wir unseren Hunden geben sollten und ob bestimmte Ernährungsweisen physiologisch oder ethisch besser sind als andere. Diese Debatte ist wichtig, und wir werden gleich noch darauf zurückkommen. Aber zuerst: Übersehen wir dabei nicht eine grundlegendere Frage? Ist es ethisch vertretbar, dass wir einseitig den Zugang zu einem grundlegenden Überlebensbedürfnis kontrollieren, um so die Kontrolle über die Bewegung und das Verhalten eines anderen Lebewesens zu behalten? Wie wirkt es sich auf das psychische Wohlbefinden eines intelligenten, hochgradig fähigen Tieres aus, wenn es zum Überleben so sehr von einem anderen abhängig ist? Wenn man ihm die grundlegende Aufgabe verweigert, für sich und seine Familie zu sorgen? Sollte ich ein schlechtes Gewissen haben, wenn ich Bella von mir abhängig mache, weil ich die Kontrolle über das Futter habe?

Wir mögen uns einreden, dass wir den Hunden einen Gefallen tun, wenn wir sie mit qualitativ hochwertigem, immer gleichbleibendem Futter versorgen: Sie müssen sich keine Sorgen machen, dass sie hungern, und sie müssen dafür keine Pfote krumm machen. Aber es lohnt sich, darüber nachzudenken, was Hunde durch den Übergang zu intensiver Nahrungsmittelbindung verloren haben.

## So viele moralische Entscheidungen

Lassen wir diese allgemeine und eher abstrakte Frage, ob wir sie füttern sollten, einmal beiseite und gehen der Frage nach, was es bedeutet, verantwortungsvoll mit der Verpflichtung umzugehen, unsere Hunde gut zu ernähren. Eine der wichtigsten Pflichten eines verantwortungsbewussten Hundehalters besteht darin, seinem Hund regelmäßig und vorhersehbar seinem Bedarf angepasstes Futter und frisches Wasser zur Verfügung zu stellen. Das klingt recht einfach. Aber so einfach ist es nicht, oder? Und wir stehen noch am Anfang. In den letzten Jahren haben sich die Überlegungen zur Hundeernährung auch auf verhaltensbezogene und soziale Bedürfnisse im Zusammenhang mit der Nahrung ausgeweitet.

Im Folgenden finden Sie eine kurze Auflistung einiger ethisch motivierter Entscheidungen im Zusammenhang mit Futter. Wahrscheinlich können Sie dieser Liste noch andere Dinge hinzufügen, über die Sie sich Gedanken gemacht haben.

- Womit füttern wir unseren Hund? (Trockenfutter oder selbst gemacht, roh oder gekocht, Paleo oder glutenfrei, pflanzliches oder tierisches Eiweiß?)
- Wie viel Etiketten-Lesen und Ernährungswissenschaft sind nötig, um fundierte Entscheidungen zu treffen?
- Was sollte unser Hund nicht fressen und wie stark sollten wir versuchen, unerlaubtes Fressen zu verhindern? (Erlauben wir „Menschenessen"? Erlauben wir unserem Hund, im Park Gänsekot zu fressen? Während ich dies schreibe, gräbt Bella auf dem Feld unterhalb unseres Hauses mit ihrer Schnauze unter dem Schnee und frisst etwas – wahrscheinlich Elchlosung. Soll ich jetzt rausgehen und sie davon abhalten?)
- Wie viele Mahlzeiten pro Tag? Jederzeit freier Zugang zum Futter oder nur zu den Mahlzeiten?
- Welche Meinungen über Ernährung und Fütterung von Hunden halten wir für maßgebend und warum?
- Welche Rolle spielen die Kosten? Müssen Sie das teuerste Futter kaufen, um Ihre Liebe zu zeigen?
- Was verstehen wir unter „Leckerli"? (Was zählt als Leckerli? Ist Trockenfutter ein Leckerli, wenn es zu einem anderen Zeitpunkt als der eigentlichen Mahlzeit gegeben wird?)
- Sollte unser Hund für sein Futter arbeiten oder etwas leisten müssen, oder gibt es das Futter umsonst?

- Gibt es geeignete / bestimmte Orte, an denen unser Hund fressen muss (nur in der Küche, nie am Tisch)?
- Wie sollten wir unseren Hund in Bezug auf das Futter erziehen (gar nicht, nie aufdringlich oder so opportunistisch wie möglich)?
- Was verstehen wir unter einem Verhaltensproblem im Zusammenhang mit dem Futter? (Betteln, Hundeblick, auf unser Bein sabbern, an der Anrichte hochspringen, Ressourcenverteidigung, „Futteraggression" wie das Hochziehen der Lefzen, wenn wir versuchen, den Napf wegzunehmen).
- Warum werden das Betteln um Futter, das Stehlen von Futter und das Bewachen von Ressourcen als schlecht angesehen, wenn dies doch natürliche Verhaltensweisen für einen Hund sind?
- Aus welchem Gefäß sollte unser Hund fressen (ein bestimmter Napf oder etwas, das wir auf den Boden stellen)?
- Ist das Ablecken von Tellern akzeptabel oder eklig?
- Sind Sie ein schlechter Hundehalter, wenn Ihr Hund dick ist? Leichtes Übergewicht?
- Ab wann ist „ein bisschen mopsig" ein Grund zur Sorge?
- Knochen oder keine Knochen? Rohhaut? Vegane Kauartikel?
- Wenn ein Hund mit Fleisch gefüttert wird, ist es dann in Ordnung, bestimmte Tiere zu fressen und andere nicht? (Würden Sie Ihrem Hund Katze, Pferd, Kuh, Känguru, Lamm, Grillen aus der Dose zu fressen geben? Warum?)
- Sollten Sie nur Hundefutter kaufen, das nachweislich nicht in Tierversuchen getestet wurde?[31]

Ich könnte noch viele weitere solcher Fragen aufwerfen, aber wahrscheinlich fühlen Sie sich jetzt schon überfordert. Ich werde nur eine Auswahl dieser komplexen Themen im Zusammenhang mit Futter und Ernährung ansprechen.

Um die Diskussion zu vereinfachen, wollen wir diese vielen Themen in einige allgemeine Kategorien unterteilen (die natürlich miteinander verflochten sind) und dann einige repräsentative Themen auswählen, die wir genauer untersuchen.

Die Kategorien überschneiden sich:

(1) Die Rolle von Lebensmitteln für das körperliche Wohlbefinden einschließlich der Deckung des Nährstoffbedarfs, der Unterstützung einer guten Gesundheit und der Vorbeugung von Krankheiten und Leiden.

(2) Die verhaltensbezogenen und emotionalen Komponenten von Lebensmitteln und Ernährung.

## Körperliche Bedürfnisse

Hunde brauchen das richtige Futter zur richtigen Zeit und in der richtigen Menge. Hundehalter verspüren oft einen enormen Druck, die „richtige" Futterauswahl zu treffen, müssen dies aber in der Regel ohne einen Hochschulabschluss in Tierernährungswissenschaften tun. Ob wir alles richtig machen, darüber können wir uns den ganzen Tag den Kopf zerbrechen. Dem Rat des Fitness-Gurus Tony Horton folgend, sollten wir einfach unser Bestes geben und den Rest vergessen – denn eine perfekte Ernährung für Hunde gibt es nicht; nur bessere und schlechtere Optionen.

Unser Ziel ist es, ein Futter zu finden, das unserem Hund Energie für körperliche Aktivität gibt, keine Magenbeschwerden verursacht, keine allergischen Reaktionen wie Juckreiz hervorruft, seine Laune nicht beeinträchtigt und seinen individuellen medizinischen Bedürfnissen Rechnung trägt. Und natürlich wollen wir unserem Hund Futter anbieten, das er mag oder vielleicht sogar liebt.

### Zugang zum Futter

Wir müssen nicht nur herausfinden, was wir füttern sollen, sondern auch entscheiden, wann und wie wir füttern. Wie streng wir den Zugang zum Futter kontrollieren, ist dabei ein wichtiger Aspekt. Unsere Entscheidungen über oder Einstellungen zum Futterzugang wirken sich auf unsere Überlegungen während Spaziergängen, Mahlzeiten und Trainingseinheiten aus.

Jeder Hundehalter muss zum Beispiel entscheiden, ob er seinen Hunden die Möglichkeit gibt, sich außerhalb des Hauses selbstständig mit

Futter zu versorgen. Es ist so gut wie sicher, dass unsere Hunde versuchen werden, sich Nahrung zu beschaffen. Sie fressen zum Beispiel Gänsekot, kauen an Rehknochen oder verschlingen einen Essensrest, der aus einem Autofenster geworfen wurde oder von einem Picknick liegen geblieben ist. Wie sehr sollten wir daran arbeiten, dies zu verhindern? Und – was vielleicht noch wichtiger ist: Warum ist es uns so wichtig?

Meine eigenen Antworten in Bezug auf Bella sind komplex. Ich mache mir irrationale, aber durch reale Ereignisse aus den Nachrichten befeuerte Sorgen, dass irgendein Hundehasser vergiftete Fleischbällchen an von Hunden frequentierten Stellen platziert haben könnte. Ich befürchte, dass Bella sich einen Zahn abbricht oder einen scharfen Knochensplitter verschluckt, wenn sie am Kieferknochen eines Rehs knabbert oder dass sie sich Parasiten einfängt, wenn sie einen verrottenden Kadaver frisst, wie es der Hund meiner Freundin Paisley getan hat. Ich bin völlig abgestoßen von der Vorstellung (oder besser gesagt der Realität), dass Bella menschliche Fäkalien frisst, die sie manchmal in den Büschen oder hinter einem Baum an einem unserer hiesigen Wanderwege findet. Gleichzeitig zügle ich meine Neigung zur Überbehütung, denn ich schätze ihre Freiheit und das Vergnügen, das sie hat, wenn sie ihre eigenen Snacks findet.

Wie sehr schützen wir „unser" Essen vor unseren Hunden? Es kommt mir seltsam vor, dass ich das gesamte menschliche Essen in meinem Haus als meins kennzeichne und beschütze und niemals mit Bella teile, während sie immer nur ihr Trockenfutter fressen darf. Im überwiegenden Verlauf unserer Evolutionsgeschichte stellten Hunde- und Menschennahrung sich überschneidende Ressourcen dar, und sowohl Hunde als auch Menschen sind soziale Esser. Also teile ich, wenn auch mit Blick auf Bellas Bauchumfang.

Bella nimmt an der Nahrungszubereitung teil; ich erlaube ihr nicht nur, in die Küche zu gehen, ich betrachte die Küche genauso als ihre Küche. Ich gebe Bella zwar etwas Hundefutter, aber sie frisst auch von dem, was wir essen. Bella hilft mir beim Kochen und bekommt von allem etwas ab, sofern es nicht auf der Liste der für Hunde schädlichen Lebensmittel steht. Sie darf Schüsseln, Pfannen und Teller ablecken. Ich gebe ihr immer den letzten Bissen meiner Mahlzeit, was ich als eine Art Zehntabgabe betrachte. Wenn Bella es schafft, erfolgreich von der Anrichte zu stehlen, betrachte ich das als faires Spiel – ich habe vergessen, das Essen außer Reichweite zu bringen. Dass die meisten Hundetrainer mein Verhalten zutiefst missbilligen würden, ist mir dabei durchaus bewusst.

### Futterzeiten und -mengen

Was ist der beste Fütterungsplan in Bezug auf Zeit und Menge? Das hängt vom Alter des Hundes, der körperlichen Verfassung, besonderen Umständen (trächtig oder säugend), medizinischen Bedingungen, dem Zeitplan der Familie, den Vorlieben des Hundes und weiteren Faktoren ab.

So oder so haben wir es jedoch mit einem Spannungsfeld zu tun, in dem jeder Hundehalter für sich eine Lösung finden muss: Wenn Sie den Wünschen Ihres Hundes nachgeben, kann dies zu einem Konflikt mit einer optimalen körperlichen Versorgung führen. In der Tierschutzliteratur wurde lange über die Vorteile einer freien – oder Ad-libitum-Fütterung – im Vergleich zu einer eingeschränkten Fütterung diskutiert. Bei der Ad-libitum-Fütterung steht das Futter jederzeit zur Verfügung und die Tiere fressen, wann sie wollen. Bei der eingeschränkten Ernährung wird, wie der Name schon sagt, der Zugang zur Nahrung eingeschränkt, sodass die Tiere nur so viel fressen können, wie für die Aufrechterhaltung ihrer körperlichen Funktionen über ihre Lebensspanne erforderlich ist. Viele Tiere, die in Gefangenschaft gehalten werden, werden ad libitum gefüttert, um sie schnell fett werden zu lassen. Da sie für die Schlachtung bestimmt sind, leben sie nicht lange genug, um an Fettleibigkeit oder anderen Folgen der Überfütterung zu erkranken, und es scheint uns auch nicht wirklich zu interessieren, ob sie leiden. Eine Arbeit des finnischen Forschers I. H. E. Kasanen und seiner Kollegen löst dieses Dilemma auf. Die Auswirkungen der verschiedenen Fütterungsmethoden auf das Wohlergehen der Tiere hängen ihrer Meinung nach davon ab, wie wir „Wohlergehen“ definieren. Wenn wir das Wohlergehen anhand der Funktionsfähigkeit der Tiere definieren, wäre eine restriktive Fütterung die beste Methode, da sie zu einer besseren körperlichen Gesundheit und Langlebigkeit führt. Die Ad-libitum-Fütterung, so warnen sie, „kann zu fettleibigen Tieren mit schweren Gesundheitsproblemen führen". Wenn wir uns dagegen auf die Gefühle der Tiere konzentrieren, könnte eine Ad-libitum-Fütterung besser sein, da eine Nahrungsbeschränkung dazu führen kann, „dass die Tiere unter Hunger, Frustration oder Aggression leiden".[32]

Bei Haushunden sind unsere Zielsetzungen unterschiedlich. Das eine Ziel hat mit Gefühlen zu tun: Wir möchten, dass unsere Hunde glücklich sind. Das andere Ziel hat mit dem Funktionieren zu tun: Wir wollen, dass unsere Hunde körperlich gesund und aktiv sind und ein langes Leben führen. Und natürlich sind diese Ziele miteinander verknüpft: Gesundheit und Aktivität wirken sich positiv auf den Glückszustand aus.

Es wird Hunde vermutlich glücklicher machen, wenn sie häufiger gefüttert werden oder stets Futter zur Verfügung haben, denn sie lieben es zu fressen. Den Zugang zum Futter einzuschränken – sie sogar hungern zu lassen – ist besser für ihre körperliche Gesundheit, kann aber mit Frustrations- und Hungergefühlen einhergehen. Wie können wir also einen guten Kompromiss finden?

Viele von uns Hundehaltern sind hin- und hergerissen: Um das Gewicht unseres Hundes zu halten, müssen wir die Nahrungsaufnahme stärker einschränken, als es vielleicht angenehm ist. Dabei macht es doch so viel Spaß, unseren Hunden mit Leckerlis, Futter und Erdnussbutter-Kongs eine Freude zu machen. Und es ist so schwer, dem zu widerstehen! Hunde ihrerseits haben verschiedene kommunikative Mittel entwickelt, um uns zu zeigen, wie hungrig sie sind. Sie haben zum Beispiel eine Gesichtsmuskulatur, die ihnen den „Hundeblick" ermöglicht; wir wiederum scheinen eine einzigartige Schwäche für den Ausdruck ihres Verlangens entwickelt zu haben.

## Adipositas (Fettleibigkeit)

Die örtliche Tierhandlung in Estes Park, Colorado, in die ich Bella nach dem Hundepark manchmal mitnehme, um sie zu verwöhnen, hat eine Tabelle mit Body Condition Score für Hunde an der Kasse angebracht. Während ich überlege, welche Leckereien ich für Bella kaufen soll, wird mir bewusst, dass sie etwas über dem Idealwert auf der Tabelle liegt. Sie hat sechs von zehn Punkten – was die Tabelle vorsichtig als „über Ideal" bezeichnet – wobei ein Wert von vier bis fünf im idealen

Gewichtsbereich liegt. „Rippen tastbar mit leichtem Fettüberschuss. Die Taille ist von oben betrachtet erkennbar, aber nicht ausgeprägt." (Sie können die Tabelle im Ressourcenverzeichnis im Anhang einsehen, um sich ein Urteil über den Ernährungszustand Ihres eigenen Hundes zu bilden). Nach Betrachtung der Tabelle lege ich die Hälfte der Leckerlis zurück ins Regal. Ich bin hin- und hergerissen zwischen der unmittelbaren Freude, Bella zu verwöhnen und der nagenden Sorge um ihr langfristiges Wohlergehen, insbesondere um die Belastung ihrer ohnehin schon empfindlichen Bänder.

Mehr als die Hälfte aller Hunde in den Vereinigten Staaten sind übergewichtig oder adipös. Dies gilt als eine der größten Herausforderungen in Bezug auf das Wohlergehen von Haushunden und wirkt sich negativ auf die tägliche Lebensqualität aus. Krankheiten und Verletzungen treten häufiger auf. Wie beim Menschen auch, so sind die Ursachen für Fettleibigkeit bei Hunden komplex und umfassen genetische Veranlagung, Ernährung (insbesondere die Häufigkeit der Fütterung) sowie Bewegung. Daher überrascht es auch nicht, dass Hunde, die zweimal täglich gefüttert werden und täglich spazieren gehen oder sich anderweitig intensiv bewegen, seltener übergewichtig sind als ihre Artgenossen.[33] Wenn ein Hund übergewichtig wird, kann das ein Zeichen für dafür sein, dass er unzulänglich versorgt wird, aber wenn Futter mit Liebe gleichgesetzt wird, wird die Gleichung kompliziert. Und in diesem Bereich warten viele Herausforderungen auf Hunde und ihre Menschen.

Es wäre ideal, wenn unsere Hunde die Menge ihrer Nahrungsaufnahme an die Bedürfnisse ihres Körpers anpassen könnten – eine Art „intuitive Ernährung" für Hunde. Leider ist die Art und Weise, wie Menschen Hunde füttern, so weit von den natürlichen Fressgewohnheiten von Caniden entfernt, dass intuitives Fressen nahezu unmöglich ist. Hunde in menschlicher Obhut fressen nicht unbedingt dann, wenn sie hungrig sind, da wir den Zeitpunkt der Fütterung kontrollieren. Sie fressen auch nur dann, wenn sie sich eine Mahlzeit „verdient" haben, indem sie die Herausforderungen ihres Umfelds erfolgreich gemeistert haben.

Ich vermute, dass viele Hunde unter chronischen Ängsten im Zusammenhang mit dem Futter leiden, insbesondere unter einer Unsicherheit bezüglich des Futterzugangs, und dass ein gewisses Maß an Fresssucht bei Haushunden weit verbreitet ist. Wenn Sie nach „Fütterungsangst" bei Hunden suchen, finden Sie unzählige Artikel darüber, wie bestimmte Futtermischungen oder Lebensmittel wie Blaubeeren und Kürbiskerne einen ängstlichen Hund beruhigen können. Dies deutet auf ein weit verbreitetes Missverständnis darüber hin, was Fütterungsangst bedeutet, und lässt die Möglichkeit außer Acht, dass das Futter – oder genauer gesagt die Art und Weise, wie Hunde gefüttert werden – selbst eine Quelle psychologischer Probleme sein könnte.

Die Tatsache, dass das verarbeitete Hundefutter, das die meisten Hunde fressen, so konzipiert ist, dass es extrem attraktiv und möglicherweise sogar suchtgefährdend ist, erhöht das Potenzial für Fresssucht noch weiter. Diese Art von Futter ist das Äquivalent zu menschlichem Junkfood, das so zusammengesetzt ist, dass es das Belohnungszentrum unseres Gehirns anspricht. In einem Artikel der Journalistin Zaria Gorvett für die BBC wird beschrieben, wie die Heimtierfutterindustrie Hundefutter unwiderstehlich macht, indem sie sogenannte Geschmacksstoffe hinzufügt, darunter chemische Verbindungen, die wie Innereien oder verrottendes Fleisch riechen.[34] An sich ist nichts Verwerfliches an Trockenfutter, das den Wunsch von Hunden anspricht, tote Dinge zu fressen. Aber die möglicherweise suchtgefährdende Qualität des Futters kann Hunde dazu bringen, mehr zu fressen, als sie sollten. Dies führt dazu, dass wir uns hin- und hergerissen fühlen zwischen dem, was unser Hund begehrt, und dem, was er benötigt.

Als die Hauptverantwortlichen für die zur Verfügung stehende Menge an Hundefutter müssen wir ständig abwägen zwischen dem, was unsere Hunde glücklich macht, und dem, was sie gesund erhält. Wenn wir in der einen Tabellenspalte übertrieben viel stehen haben, kann es in der anderen zu Defiziten kommen. Häufig kontrollieren wir auch die Menge und Art der körperlichen Betätigung, die unsere Hunde haben, sodass wir eine weitere Spalte in die Tabelle einfügen müssen, und zwar eine für die Berechnung des Kalorienverbrauchs. Besonders schwierig wird es bei Hunden, die gerne fressen und sich nicht gerne bewegen.

## Über die Futterschüssel hinaus denken

Auch wenn Hundefutter sättigend, schmackhaft und ernährungsphysiologisch angemessen ist, entspricht es möglicherweise nicht den verhaltensbedingten Bedürfnissen des Hundes nach Nahrung. Hunde neigen dazu zu jagen, zu pirschen, zu plündern, zu reißen und zu kauen. Das Leerfressen einer Schale mit Trockenfutter befriedigt keines dieser Verhaltensbedürfnisse. Wie die Tierschutzforscher Andrew Knight und Liam Satchell darlegen, hat die Art und Weise, wie moderne Haushunde gefüttert werden, wenig Ähnlichkeit mit dem natürlichen Fressverhalten von Caniden.[35] Vor allem sind nur sehr wenige Haushunde auf die Jagd oder Aasfresserei angewiesen, um ihre Nahrung zu finden. Tatsächlich sind dies Verhaltensweisen, die wir oft hartnäckig unterdrücken.

Wichtig für Hunde sind die Verhaltensaspekte bei der Nahrungsaufnahme. Wenn wir Wege finden, den Fressvorgang als solchen dem natürlichen Fressverhalten anzunähern, dann können wir das Wohlergehen von Hunden verbessern. Knight und Satchell sind der Meinung, dass das Ernährungsverhalten von Hunden und Menschen im Laufe unserer gemeinsamen Evolution eng miteinander verbunden war. Hunde haben bei den Menschen erfolgreich deren Reste „geplündert". Die Forscher meinen auch, dass es eine positive soziale Bereicherung sein kann, wenn Hunde zur selben Zeit fressen dürfen, wie die menschliche Familie ihre Mahlzeit zu sich nimmt. Sie schlagen außerdem vor, das appetitanregende Problemlösungsverhalten von Hunden zu fördern, indem diese aufgefordert werden, für ihr Futter zu „arbeiten", sei es durch das Aufsammeln von auf dem Boden verstreuten Leckerbissen oder durch das Durcharbeiten eines Futterpuzzles. (Appetitives Verhalten bezieht sich auf aktives, forschendes, suchendes Verhalten, das die Wahrscheinlichkeit erhöht, dass ein Organismus ein Bedürfnis befriedigt. Appetitives Verhalten geht dem konsumtiven Verhalten voraus.) Gleichzeitig müssen wir darauf achten, dass wir unseren Hunden nicht so viel abverlangen, dass etwa Frustration aufkommt, wie es zum Beispiel bei einem zu schwierigen Futterspielzeug der Fall sein kann.

Wie aus den Ausführungen von Knight und Satchell hervorgeht, haben Hunde im Zusammenhang mit der Fütterung Verhaltensbedürfnisse, die über die Aufnahme von Kalorien hinausgehen. Eines dieser damit verbundenen Bedürfnisse ist das Kauen. Die Tierärztin Christine Arhant und ihre Kollegen Rebecca Winkelmann und Josef Troxler haben in einer Studie aus dem Jahr 2020 untersucht, warum das Kauen für das Verhalten wichtig ist. Betrachtet man die Fressgewohnheiten freilaufender Hunde, die sie als ökologisch relevantes Analogon zum Fressverhalten des Haushundes betrachten, so stellt man fest, dass etwa die Hälfte ihrer Nahrung aus Kadavern besteht. Das Fressen von Kadavern erfordert eine Menge Kauleistung – durchschnittlich sechsundzwanzig Minuten Kauen während einer Mahlzeit. Die Motivation von Hunden, tote Tiere zu zerlegen und zu kauen, wird wahrscheinlich nicht durch das Fressen einer Schale mit Trockenfutter befriedigt. Ich habe die Zeit gemessen, die Bella braucht, um ihre morgendliche Futterschüssel leerzufressen. Sie braucht etwa zwei Minuten, um ihre Mahlzeit zu verzehren, wobei sie nur sehr wenig kaut. Wie kann ich die restlichen vierundzwanzig Minuten, in denen sie nicht kauen kann, kompensieren?[36]

Eine Möglichkeit, die Verhaltensbedürfnisse von Hunden in Bezug auf Nahrung zu befriedigen, wäre die Bereitstellung von Kadavern als Ergänzung zum Trockenfutter. Dies mag jedoch den meisten Hundehaltern nicht gefallen – mir jedenfalls nicht. Die nächstbeste Alternative ist die Bereitstellung von (für den Menschen) akzeptablem Kaumaterial. Die Bereitstellung von Kaumöglichkeiten und Kaumaterialien birgt jedoch eine Reihe weiterer potenzieller Risiken und Vorteile, mit denen sich Hundehalter auseinandersetzen müssen. Kauen kann die Zahngesundheit verbessern, es kann aber auch die Zähne des Hundes schädigen. Kauen kann Stress abbauen und ein Verhaltensbedürfnis befriedigen; das Kauen auf Gegenständen kann aber auch ein Indikator für negative emotionale Zustände sein. Das Kauen kann ernsthafte medizinische Probleme verursachen, wenn Hunde – wozu sie anscheinend neigen – unverdauliche Gegenstände wie Socken und Plastikquietscher verschlucken.

Die Meinungen darüber, welche Kaumaterialien am besten sind, gehen weit auseinander. Einige preisen beispielsweise rohe Knochen an, weil sie es Hunden ermöglichen, ihren inneren Wolf auszuleben; andere sagen, dass rohe Knochen Hunde krank machen und ihnen die Zähne brechen können. Wenn Sie das Leiden in der Nutztierhaltung stört, finden Sie in den Zoohandlungen Kauartikel, bei denen Ihnen mulmig werden kann: Stierpenisse, Schweineohren, Rinderspeiseröhren, getrocknete Hühnerfüße. Ist es falsch, Ihrem Hund dieses grausame Vergnügen zu verwehren, weil Sie moralische Bedenken haben? Wenn Sie sich für Kaumaterialien aus Kunststoff entscheiden, wird Ihr Hund dann Krebs von Phthalaten bekommen, den Chemikalien, die verwendet werden, um Kunststoffe haltbarer zu machen?

## Kot und Urin: Ein heikles Thema

Meine Mutter erzählte oft eine Geschichte aus ihrer Zeit im Sommerferienlager im ländlichen Pennsylvania. Sie und die anderen Kinder mussten um acht Uhr morgens auf die Toilette gehen – nicht früher und nicht später. Jedes Kind musste so lange in der Kabine bleiben, bis der Nachweis erbracht war, dass es seinen Darm entleert hatte (ein Betreuer stand im Bad und kontrollierte die Toilettenschüssel). Die Tatsache, dass sich meine Mutter siebzig Jahre später an diese Erfahrung erinnerte, deutet auf ein gewisses Trauma hin.

Doch im Grunde ist es das, was wir mit unseren Hunden machen. Wir sind wie die Betreuer im Ferienlager, die unseren Hunden vorgeben: „Du verrichtest dein Geschäft während deines Spaziergangs um acht Uhr morgens. Nicht früher und nicht später."

Es mag befremdlich erscheinen, in einem Ethikbuch über Hundeausscheidungen zu sprechen, aber wie Sie hoffentlich erkennen werden, sind die angesprochenen Themen keineswegs trivial. „Ausscheidungsprobleme", wie zum Beispiel das Entleeren von Kot und Urin außerhalb der von Menschen vorgegebenen Zeiten und Orte, sind eine der Hauptursachen für Konflikte zwischen Mensch und Hund und einer der häufigsten Gründe, warum Hunde in Tierheimen abgegeben werden. Hundeausscheidungen sind ebenfalls eine Quelle für Konflikte zwischen Menschen und die Ursache für eine erhebliche Abneigung gegen Hunde. Die enormen Mengen an Hundekot und -urin stellen zudem ein beträchtliches Umweltproblem dar.

## Kontrolle über körperliche Ausscheidungen

Eine der gravierendsten Einschränkungen, die wir Hunden auferlegen – und die wir oft unterschätzen – ist die Kontrolle ihrer körperlichen Ausscheidungsprozesse. Die Kontrolle darüber, wann, wo und wie sie ihre Blase und ihren Darm entleeren können, ist nach der Kontrolle über ihren Zugang zu Nahrung vielleicht die zweitwichtigste Einschränkung. In der Literatur gibt es einen zunehmend wachsenden Diskurs zu den Menschenrechten zum Thema Toilettennutzung und persönliche Freiheit. Die Fähigkeit, die Körperfunktionen des Urinierens und des Stuhlgangs selbst zu steuern, ist für die Menschenwürde von entscheidender Bedeutung. Ein gewisses Maß an Kontrolle über die Körperfunktionen zu haben, ist auch für die Würde des Hundes wesentlich, wenn auch aus etwas anderen Gründen.

Neben dem Verlust der Freiheit bei dieser grundlegenden, lebenswichtigen Entscheidung können wir Hunden auch Unbehagen bereiten, indem wir sie zwingen, ihre Ausscheidungen für eine unangenehme Zeitspanne zurückzuhalten. Jeder, der schon einmal dringend auf die Toilette musste und nicht sofort Zugang dazu hatte, wird verstehen, wie unangenehm und angstauslösend dies ist. Das Zurückhalten der Ausscheidungen ist nicht nur stressig, sondern kann auch Magen-Darm-Probleme verursachen, bis hin zu chronischer Verstopfung. Die Einschränkung der grundlegenden Blasen- und Darmfunktion ist für kranke Hunde oder Hunde, die mit zunehmendem Alter einen häufigeren Ausscheidungsbedarf haben, besonders belastend.

Wie können wir unseren Hunden helfen, mehr Kontrolle über diese grundlegendste Aktivität des täglichen Lebens zu haben? Das beste Szenario ist vielleicht eine Hundeklappe, die in einen eingezäunten Hof oder einen sicheren Freiraum führt und es dem Hund ermöglicht, seine eigene Entscheidung zu treffen und sich zu erleichtern, wann immer die Natur ruft. Aber Hundeklappen sind nicht immer eine praktikable Option. Eine Alternative besteht darin, unseren Hund häufiger nach draußen zu bringen. Eine weitere Möglichkeit, die Kontrolle zu erhöhen, besteht darin, unserem Hund beizubringen, dass er darum bitten muss, nach draußen zu gehen. Der Hund meiner Freundin Jane klingelt mit seiner

Nase an einer kleinen Glocke, die an der Türklinke hängt, um zu fragen, ob er pinkeln gehen darf.

## Scharren und Schnüffeln

Wenn es um Kot- und Urinausscheidung geht, neigt man dazu, die Dinge auf den physiologischen Prozess der Ausscheidung körperlicher Abfallprodukte zu reduzieren. Aber so wie es bei der Fütterung um mehr geht als um den physischen Inhalt eines Futternapfes, umfasst das Ausscheidungsverhalten viel mehr als nur die Entleerung von Blase und Darm. Für uns Menschen ist der Toilettengang eine sehr private Angelegenheit, und so verstehen wir vielleicht nicht, wie anders es bei Hunden ist. Für Hunde und andere Caniden sind Kot- und Urinausscheidung hochgradig soziale und kommunikative Aktivitäten, bei denen es unter anderem um Territorium, Fortpflanzung, soziale Beziehungen und Aktivitätsmuster geht. Hunde brauchen mehr als nur ein Stückchen Gras und einen kleinen Augenblick.

Hier nur einige Aspekte des Ausscheidungsverhaltens von Hunden: Urin enthält viele prominente Informationen für Hunde. Wenn sie also urinieren, hinterlassen sie Botschaften für andere Hunde, die vorbeikommen könnten. Wie Graffiti hinterlässt der Urin eine Spur: „Bella war hier." Urin kann Informationen über den Fortpflanzungsstatus, den emotionalen Zustand, was Bella gefrühstückt hat oder viele andere Dinge, die sich dem menschlichen Verständnis entziehen, vermitteln. In *Unleashing your Dog* bezeichnen Marc Bekoff und ich den Urin wegen seines Kommunikationspotenzials als „Pipi-Post".[37] In der Regel ist es nicht zufällig, wo Hunde urinieren, und sie wollen auch nicht unbedingt dort urinieren, wo wir es für sie vorsehen. Vielleicht wollen sie die Markierung eines anderen Hundes überschreiben oder eine neue Nachrichtenkette beginnen. Es kommt nämlich nicht nur darauf an, wo Hunde urinieren, sondern auch darauf, wie sie es tun. Rüden, die ein Bein hochheben, geben damit ein visuelles Signal. Wie Bekoff bei seinen Untersuchungen feststellte, heben Hunde manchmal das Bein als visuelles Signal, ohne dass sie urinieren.[38] Auch die Kotabgabe sendet Botschaften an andere Hunde und Tiere. Hunde scharren nach der Kotabgabe manchmal am Boden, weil sie damit die Kommunikation sowohl visuell als auch olfaktorisch verstärken. Urinieren und Kotabgabe stehen in engem Zusammenhang mit dem Schnüffeln. Wenn Hunde an den Urin- und Kotspuren anderer Hunde schnüffeln, sind sie damit beschäftigt, die Urin- und Kotbotschaften zu „lesen".

Vor einigen Monaten wurde ich von einer Reporterin gefragt, ob ich wüsste, seit wann es Hunde-Pipipads und Hundeklos mit Kunstrasen gäbe. Und ob es falsch sei, fragte sie, einen Hund auf einen Streifen Kunstrasen in einer Wohnung urinieren zu lassen? Die Frage, seit wann es Kunstrasen-Hundeklos gibt, konnte ich nicht beantworten, aber ich vermute, dass diese Produkte erst in den letzten zwei Jahrzehnten auf den Markt gekommen sind. Sie sind Teil eines Trends zur immer intensiveren Unterbringung von Hunden. Immer mehr Hunde werden nur noch in Innenräumen gehalten und leben wie intensiv gehaltene Katzen mit Katzenklos. Was die ethische Frage der Reporterin betrifft, so lautet meine Antwort: Ja, ich halte es für falsch, einen Hund dazu zu zwingen, nur noch im Haus seine Notdurft zu verrichten, und damit die komplexen Ausscheidungsverhaltensweisen auf eine fade, isolierte, hundeunähnliche Erfahrung zu reduzieren. Das ist nur ein weiterer Schritt in dem Prozess, unseren Hunden ihre natürliche Hundenatur zu nehmen, indem man ihnen Stück für Stück Teile ihres natürlichen Verhaltensrepertoires wegnimmt.

Der Jugendpfarrer in der Kirche meiner Kindheit benutzte einmal ein Bild, das mich sehr beeindruckt hat. Stellt Euch einen Notizzettel vor, sagte er, auf dem „IBLUF" steht: Ich bin liebevoll und fähig. Wenn Menschen euch kritisieren oder euch das Gefühl geben, klein oder dumm zu sein, dann reißen sie Teile eures IBLUF-Zettels ab. Dieser wird immer kleiner und zerknittert. Ich stelle mir unsere Hunde so vor, als hätten sie ein Stück Papier, auf dem „IBEELFH" steht, in Urin geschrieben: Ich bin ein echter, lebender, fühlender Hund. Das IBEELFH-Symbol wird in Stücke gerissen, wenn Hunde sich unsicher und ent-hundet fühlen, wir ihnen Teile ihres Hund-Seins wegnehmen. Die Anzahl und Komplexität des Ausscheidungsverhaltens von Hunden zu reduzieren – womöglich bis auf Null – ist wie das Abreißen von Teilen ihres IBEELFH-Zettels.

## Mensch-Hund-Konflikte und Verhaltensprobleme im Zusammenhang mit Ausscheidungen

Als ich klein war, hatten wir einen Hund namens Brownie. Brownie hatte die unangenehme Angewohnheit, auf den Treppenabsatz unseres Hauses zu urinieren. Eine der Szenen aus meiner Kindheit ist, wie mein Vater Brownie beim Nackenfell packt, ihm die Nase in die Urinpfütze steckt und schimpft: „Böser Hund! Böser, böser Hund!" Heute wissen wir natürlich, dass diese Art der nachträglichen Bestrafung nicht funktioniert und einen Hund nur verwirrt. Mein Vater erschrickt jedes Mal, wenn ich ihn an diese Geschichte erinnere. In Brownies Fall bestand die wahre Tragödie darin, dass das Urinproblem nach Brownies Tod nicht aufhörte, denn es war die ganze Zeit über die Katze gewesen!

Ausscheidungsverhalten gehört zu den heikelsten Verhaltensweisen für Hunde. Das Erste, was ein Hund lernen muss, wenn er in ein menschliches Zuhause kommt, ist, stubenrein zu werden. Er muss diese ungewohnte Fähigkeit schnell und gründlich erlernen und darf keine Fehler machen. Unsere Erwartungen sind außerordentlich hoch. Leider werden viele Hunde nur unzureichend stubenrein – sie gehen nicht oft genug nach draußen, werden von ihren Menschen nicht genau genug beobachtet und erhalten nicht die richtigen Hinweise darauf, was wir erwarten. Nach einem Missgeschick im Haus kann ein Hund, wie Brownie, gescholten und sogar körperlich bestraft werden. Das erscheint zutiefst ungerecht. Ein Trainer sagte uns: „Wenn Ihr Hund jemals ins Haus uriniert, nehmen Sie eine Zeitung und schlagen Sie sich selbst auf den Kopf". Es ist nie die Schuld des Hundes. Ausscheidungsprobleme können dazu führen, dass ein Hund im Tierheim abgegeben wird. Das bedeutet, dass ein Hund, der nicht richtig stubenrein ist, sein Leben lang ein unsicheres Zuhause haben wird und sogar früh sterben kann. Und ein falsches Stubenreinheitstraining kann einen Hund psychologisch schädigen, indem es Ängste vor dem Ausscheidungsverhalten auslöst.

## Zwischenmenschliche Konflikte

Ein paar Monate nach unserem Umzug in die Stone Canyon Nachbarschaft in Lyons, Colorado, kam der Mann, der zwei Häuser weiter wohnte, zu uns und schrie uns an, weil wir unseren Hund Maya auf seinen perfekten Rasen urinieren ließen (jeder Grashalm sorgfältig gestutzt, damit er zu allen anderen passt). Mayas Urin, so erklärte uns Rich wütend, habe hässliche gelbe Flecken in seinem Rasen verursacht (Urin färbt den Rasen aufgrund seines hohen Stickstoffgehalts tatsächlich gelb). „Aber wir haben doch einen Zaun", antworteten wir. „Wir glauben einfach nicht, dass Maya die Schuldige sein könnte." Trotzdem hielt er sie für schuldig und warf uns jedes Mal einen bösen Blick zu, wenn wir vorbeigingen. Eines Tages, als wir mit Maya vorbeigingen, beschloss sie, dass sie dringend defäkieren müsse, was sie auch tat. Auf seinen Rasen. Während er mit seinem Maßband darauf achtete, dass die Grashalme gleichmäßig verteilt waren. Und natürlich war das auch der Tag, an dem der Kotbeutel in meiner Tasche auf mysteriöse Weise verschwunden war. Mein Mann und ich standen ein paar Augenblicke lang da und sahen uns an, während Rich uns aufmerksam beobachtete. Mein Mann ging zu dem Haufen hinüber und hob ihn mit der bloßen Hand auf, hielt ihn Rich vor die Nase und drückte ein wenig, sodass der Kot zwischen seinen Fingern herausdrückte. Rich, ein ehemaliger Marinesoldat, sagte nie wieder ein Wort über Maya und war danach immer freundlich.

Neben dem Bellen sind Kot und Urin einer der häufigsten Streitpunkte zwischen „Hundeleuten" und ihren Nachbarn sowie anderen Mitgliedern einer Gemeinschaft und Auslöser für jede Menge Unmut und Konflikte. Hundegegner-Websites und Reddit-Threads sind voll mit Beschwerden darüber, dass Menschen den Kot nicht aufheben oder Hunde überall urinieren lassen. In den Zeitungen wird nicht selten über gewalttätige Konflikte berichtet, die durch das Ausscheidungsverhalten von Hunden ausgelöst wurden, wie zum Beispiel der Mann aus Houston, der den Hund seines Nachbarn erschoss, weil dieser in seinen Garten defäkierte; der Mann aus Georgia, der seinen Nachbarn erschoss, weil dieser in seinen Garten defäkierte, und die Frau, die bei einem Streit um Hundekot in einem Park in Denver erschossen wurde. Wenn wir den Grundsatz „Mein Hund, mein Haufen" beherzigen, sprich immer respektvoll damit umgehen, wo wir unsere Hunde hinführen, damit sie ihr Geschäft verrichten können und den Haufen immer einpacken und mitnehmen, wird dies zu weniger Feindseligkeit gegenüber Hunden und den Menschen führen, die mit ihnen leben.

## Ausscheidung und Gesundheit

Ich beobachtete einmal eine Frau im Hundepark von Estes Valley, die vor Freude quietschte, als sie den Kot ihres Hundes in eine Tüte schaufelte: „Ooooh. Was für ein tolles Häufchen!“ Dem Mann, der sie darauf aufmerksam machte, dass ihr Hund „sein Geschäft verrichtet“, während sie mit ihm plauderte, verkündete sie lautstark: „Ich pflege mir seine Häufchen gerne anzuschauen.“ Vielleicht hat sie in ihrem Enthusiasmus etwas übertrieben, aber sich für die Ausscheidungen unseres Hundes zu interessieren, scheint ein vernünftiger Teil guter Hundehaltung zu sein. Eltern von Babys zeigen (für Außenstehende) ein beunruhigendes Interesse an den Ausscheidungsmustern ihrer Babys, indem sie die Darm- und Blasenfunktion des Babys genauestens verfolgen und in die Windeln schauen, um Farbe, Konsistenz, Menge und so weiter zu überprüfen. Obwohl die Analogie „Hunde als (Fell-)Babys“ im Allgemeinen problematisch ist, ergibt die Parallele Sinn, wenn es um die Überwachung des Outputs geht. Wir sorgen uns um die grundlegenden biologischen Funktionen unserer Hunde, und ein Blick auf ihren Kot ist eine gute Möglichkeit, die Qualität unserer Pflege im Auge zu behalten, die Eignung der Fütterung für die individuellen Bedürfnisse unserer Hunde zu beurteilen und bei der Behandlung von Unwohlsein oder Krankheiten proaktiv vorzugehen.

Die Bedeutung von Ausscheidungen und Hygiene in der Mensch-Hund-Beziehung kann gar nicht stark genug betont werden. Die Ausscheidung ist oft ein Schwerpunkt bei der Beurteilung der Lebensqualität, insbesondere bei Hunden, die sich dem Ende ihres Lebens nähern, und spielt auch oft eine wichtige Rolle bei der Entscheidung über die Euthanasie. Ich habe an anderer Stelle ausführlich darüber geschrieben, insbesondere in *The Last Walk*, und werde mich auf zwei kurze Bemerkungen beschränken. Erstens möchte ich aus eigener Erfahrung bestätigen, dass die Pflege eines Hundes, der die Kontrolle über seinen Darm und seine Blase verliert, anstrengend, herzzerreißend und unangenehm ist. Zweitens besteht die Gefahr, dass wir das, was uns stört, mit dem verwechseln, was unseren Hund stört. Bei der Bewertung der Lebensqualität von Tieren wird beispielsweise der Hygiene oft die gleiche Bedeutung beigemessen wie Atembeschwerden oder körperlichen Schmerzen. Für einen Hund sind Atembeschwerden wahrscheinlich ein akutes Problem, während das Tragen einer Windel oder das Urinieren auf eine saugfähige Unterlage (d. h. ein Urin-Pad) sich anfangs einfach nur seltsam und unangenehm anfühlen mag, aber mit der Zeit zur Gewohnheit wird. Es kommt vor, dass Menschen einen Hund lieber einschläfern, als ihn der vermeintlichen Demütigung einer Windel oder eines Urin-Pads auszusetzen. Dies deutet auf eine gewisse Diskrepanz zwischen den Belastungen hin, die wir als Betreuer wahrnehmen, und jenen, die unsere Hunde tatsächlich erfahren.

## Umweltaspekte beim Kot- und Urinabsatz von Hunden

*„Bitte nehmen Sie den Kot Ihres Hundes mit.*
*Tragen Sie zum Naturschutz bei."*

Schild am Wanderweg im Hermit Park

Dieser seltsame und eindrucksvolle Hinweis verdeutlicht, dass Hunde – und auch ihre Ausscheidungen – oftmals nicht als Teil der Natur wahrgenommen werden. Beim Wandern im Hermit Park empfinde ich Begeisterung und Wertschätzung, wenn ich auf Fuchs- oder Berglöwenkot stoße. Bei Hundekot hingegen verspüre ich eher Unmut: Warum hat der Hundehalter ihn nicht entfernt? Es käme mir nie in den Sinn, meinem Mann freudig zuzurufen: „Schau mal! Hundekot!" Hundekot wird als umweltschädlich wahrgenommen, während Wildtierkot als Teil der Natur gilt. Warum ist das so?

Zum Teil ist es eine Frage der Einstellung, zum Teil aber auch der Chemie. Aufgrund der Ernährung von Hunden (viel tierisches Protein) enthält ihr Kot einen hohen Anteil an Stickstoff und Phosphor sowie fäkalcoliforme Bakterien. Zudem fällt durch die große Anzahl von Hunden eine enorme Menge an Exkrementen an.

Hundekot und -urin haben eine überdüngende Wirkung. Dies kann die Pflanzenvielfalt in der freien Natur verringern, was wiederum die Artenvielfalt von Insekten und Tieren reduzieren kann. Eine Studie des Pflanzenökologen Pieter De Frenne und Kollegen über die Auswirkungen von Hundekot in belgischen Naturschutzgebieten zeigte spürbare negative Effekte auf Pflanzengemeinschaften auf: Der Fortpflanzungserfolg von Pflanzen nährstoffarmer Böden wurde verringert, während sich schnell ausbreitende Pflanzen wie Brennnesseln, Bärlapp und Schierling besser vermehren konnten. In Gebieten mit hoher Hundefrequenz lag der Stickstoffgehalt gar über dem gesetzlichen Grenzwert für landwirtschaftliche Flächen.[39]

Die Umwelteffekte von Hundekot und -urin beschränken sich nicht auf Naturschutzgebiete. Eine Studie aus dem Jahr 2019 über die Auswirkungen von Hundeurin auf mikrobielle Gemeinschaften in städtischen Böden[40] ergab, dass die Ausbringung von Hundekot in einem Versuchsfeld die mikrobielle Gesamtbiomasse und den mikrobiellen Reichtum des Bodens deutlich verringerte.

Der Naturschützer in uns mag mit dem Hundehalter in Konflikt geraten: Freilaufende Hunde verteilen Kot und Urin und damit Stickstoff und Phosphor über ein größeres Gebiet, was alle Pflanzengemeinschaften beeinflusst. Für Naturschützer ist es schwieriger, den Kot aufzuspüren und zu entfernen, wenn Hunde frei laufen. Die Leinenpflicht begrenzt die Stickstoff- und Phosphorbelastung auf ein kleineres Gebiet und erhöht die Wahrscheinlichkeit, dass Hundehalter den Kot entfernen. Wenn Hunde an der Leine geführt werden und ihr Kot entfernt wird, werden die negativen Auswirkungen auf Ökosysteme erheblich reduziert.

Hundehalter sollten die Aufforderung zur Kotentsorgung ernst nehmen und ihre Hunde anleinen, bis sie ihr Geschäft verrichtet haben. Beobachtungen von Rangern in Boulder zeigen, dass die meisten Hunde innerhalb einer Viertelmeile vom Wegbeginn koten; das Anleinen am Wegbeginn und während der ersten vierhundert Metern erhöht die Einhaltung der Kotentsorgung durch die Hundehalter erheblich.

Natürlich könnte man nun über den ökologischen Alptraum von Millionen Kilogramm nicht biologisch abbaubarer Plastiktüten auf Mülldeponien diskutieren. Die Kompostierung von Hundekot ist eine Option, muss aber wegen der hohen Bakterienbelastung sorgfältig durchgeführt werden. Letztendlich deuten ökologische Überlegungen darauf hin, dass wir die Tragfähigkeit der Erde für Hunde bereits weit überschritten haben.

## Spazierengehen und mehr

Wir nennen Hunde liebevoll unsere vierbeinigen Freunde. Wie andere Tiere der Familie *Canidae* sind Hunde von Natur aus bewegungsfreudig: Sie sind morphologisch und physiologisch an das Laufen, Jagen und Anschleichen angepasst. Zudem „sehen" Hunde die Welt hauptsächlich mit ihrer Nase. Mit vier Beinen und geleitet von ihrem Geruchssinn bewegen sich Hunde anders durch die Welt als wir.

Wenn die örtlichen Wanderwege frisch mit ein paar Zentimetern Schnee bedeckt sind, erzählen die sich kreuzenden Spuren von Mensch und Hund eine Geschichte sich überschneidender Ausflüge. Ich sehe die gleichmäßigen Abdrücke menschlicher Stiefel, die etwa einen Fuß voneinander entfernt sind und sich in einer geraden Linie entlang des Weges erstrecken, stets auf dem Pfad bleibend. Hundepfotenabdrücke erscheinen zunächst neben den Stiefelabdrücken. Nach kurzer Zeit biegen die Pfotenabdrücke jedoch nach links ab, verschwinden den Hang hinauf, tauchen wieder auf und kreuzen den Pfad, verlaufen dann wieder für zwanzig oder dreißig Meter parallel und bewegen sich schließlich bergab in Richtung eines umgestürzten Baumes. Obwohl Hund und Mensch diese Zeit gemeinsam verbringen, sind sie auch mit unterschiedlichen Dingen beschäftigt.

Vergleichen Sie dieses verschneite Szenario ohne Leine mit dem klassischen Bild des „Spaziergangs mit dem Hund": Mensch und Hund, verbunden durch eine Leine, schlendern friedlich gemeinsam den Bürgersteig entlang. Der „gute" Hund zieht nicht, bleibt nicht stehen, um Gerüchen nachzugehen. Die Fuß- und Pfotenabdrücke bleiben nebeneinander, im Gleichschritt.

Ich hatte noch nie einen „guten“ Hund, wenn ich den Charakter eines Hundes danach beurteilen müsste, ob er sich an die Standardvorgaben für das Gehen an der Leine hält. Ich habe versucht, jedem meiner Hunde gute Manieren an der Leine beizubringen, und bin gescheitert. Maya war eine schreckliche Zieherin; als Pointer-Mix wollte ihr muskulöser Körper über ein Feld rennen. Kein Geruch war zu unbedeutend, um ihm zu folgen. Und kein noch so gutes Training konnte ihren Enthusiasmus bremsen. Ody konnte sich nicht auf eine Richtung konzentrieren, schlängelte sich vor mir hin und her und brachte mich immer wieder ins Stolpern. Ich habe versucht, auf „Fuß“ zu bestehen, aber das fühlte sich wie das Aufzwingen meines Willens an und machte uns beiden keinen Spaß. Bella ist langsam und zögerlich, als ob sie nicht wüsste, wozu das Laufen an der Leine gut sein soll. Früher habe ich meinen Hunden und mir selbst die Schuld daran gegeben, dass die Spaziergänge nicht immer angenehm waren. Jetzt ist mir klar, dass meine Erwartungen falsch waren. Meine Hunde wollten etwas anderes als das, was ich ihnen bot, und ich wollte auch etwas anderes.

Der Spaziergang mit dem Hund ist der Dreh- und Angelpunkt für eine ganze Reihe von Problemen, Dilemmas und Entscheidungen. Spaziergänge können die beste Zeit sein, die wir täglich mit unserem Hund verbringen. Sie können aber auch eine geballte Ladung Frustration zwischen Hund und Betreuer sein, ein Machtkampf, eine Zeit der gegenseitigen Enttäuschung. Hundespaziergänge sind ein potenzieller Stolperstein für unangenehme Interaktionen mit anderen Menschen, insbesondere für Hunde, die sich in der Nähe fremder Menschen oder anderer Hunde unwohl fühlen. Beim Spaziergang sind wir für die Interaktion unseres Hundes mit der Außenwelt verantwortlich, müssen uns um die Beseitigung seiner Exkremente kümmern und die Interaktion mit anderen Hunden, Kindern und emotional labilen Erwachsenen regeln. Der Spaziergang ist auch eine ständige Erinnerung daran, wie begrenzt der Lebensbereich unserer Hunde sein muss: Es ist in den meisten Fällen vorgeschrieben, unsere Hunde an der Leine zu führen, so sehr wir uns auch danach sehnen, sie einfach frei laufen zu lassen.

## Gassigehen – wozu?

Das Gassigehen mit dem Hund erfüllt viele verschiedene Funktionen, sowohl für den Menschen als auch für den Hund. Für manche Menschen ist das Gassigehen eine lästige Pflicht, die sich daraus ergibt, dass Hunde nun einmal ihre Notdurft verrichten müssen. Für andere ist es der Höhepunkt des Tages, eine Gelegenheit, ihren Hund glücklich zu machen und gemeinsam Zeit an der frischen Luft zu verbringen. Ob man es nun als Pflicht oder Vergnügen betrachtet, das Gassigehen wird allgemein als Teil einer angemessenen Hundebetreuung angesehen.

In einem informativen Artikel über die Vorteile von Spaziergängen betonen die Tierärztinnen Krista Williams und Lynn Buzhardt, dass ein eingezäunter Hinterhof zwar praktisch für die schnelle Erleichterung des Hundes ist, aber kein adäquater Ersatz für Spaziergänge sein kann. Spazierengehen trägt zur Erhaltung eines gesunden Gewichts und einer guten körperlichen Verfassung bei. Fettleibigkeit, unter der mehr als die Hälfte aller Haushunde in den Vereinigten Staaten leidet, verringert die Lebensqualität sowie die Lebenserwartung und kann zu Gelenkproblemen führen. Spaziergänge helfen, ein gesundes Gewicht und gesunde Gelenke zu erhalten. Wie beim Menschen müssen auch bei Hunden die Gelenke regelmäßig bewegt werden, um beweglich zu bleiben und gut zu funktionieren. Häufige und regelmäßige Spaziergänge, auch kurze, können zudem die Verdauung fördern und Verstopfungen vorbeugen, da Hunde ihre Blase und ihren Darm nicht übermäßig lange zurückhalten müssen. Die Möglichkeit, die Blase regelmäßig zu entleeren, verringert auch das Risiko von Blasenentzündungen.[41]

Tägliches Spazierengehen (und idealerweise auch Laufen, Rennen, Toben, Springen usw.) ist auch gut für die geistige Gesundheit des Hundes, da es der Langeweile entgegenwirkt, die durch langes Verweilen in der Wohnung entstehen kann. Wenn ein Hund ausreichend Beschäftigung hat, hat er weniger Zeit und Energie für destruktive Aktivitäten. Ein bekanntes Sprichwort in der Hundeerziehung lautet: „Ein müder Hund ist ein guter Hund".

Einige Hundehalter sehen den Spaziergang in erster Linie als eine Form der sensorischen Bereicherung. Er bietet Hunden die Möglichkeit zu schnüffeln, mit ihrem Urin zu markieren, neue Gerüche und Geschmäcker zu erkunden sowie andere Menschen, Hunde und Tiere zu sehen und zu hören. Der Begriff „Sniffari“ wird manchmal verwendet, um das olfaktorische Abenteuer zu beschreiben, das Hunde erleben, wenn wir sie ihren Nasen folgen lassen. Der Spaziergang kann auch eine Gelegenheit für soziale Interaktionen sein, eine Chance, vertraute Hunde- und Menschengefährten zu treffen oder neue Bekanntschaften zu machen.

Angesichts der vielfältigen Bereicherungsmöglichkeiten, die das Spazierengehen bietet, und der Tatsache, dass eine rein häusliche Umgebung recht eintönig sein kann, stimme ich den Hundeexperten zu, die tägliche Spaziergänge – mindestens drei von jeweils mindestens dreißig Minuten Dauer, idealerweise mehr – als unerlässlich für das Wohlbefinden des Hundes erachten. Es ist etwas, das wir unseren vierbeinigen Freunden schuldig sind.

## Ohne Gassigehen

Dennoch kann die Notwendigkeit, mit dem Hund spazieren zu gehen, mit einem gewissen Autoritarismus verbunden sein. Manchmal können Weisheit und gutes Urteilsvermögen zu der bewussten Entscheidung führen, einen Hund nicht auszuführen. Mir fallen zwei Fälle ein, in denen der Verzicht auf das Gassigehen eine barmherzige Entscheidung ist, und es gibt wahrscheinlich noch viele andere. Einer davon ist, wenn körperliche Einschränkungen das Gassigehen für einen Hund schmerzhaft machen, sei es aufgrund einer Krankheit, einer Verletzung oder einer Behinderung. In diesen Fällen können wir vielleicht Formen der körperlichen Betätigung finden, die angenehmer sind als das Laufen. Bella zum Beispiel fällt das Laufen schwer, aber sie liebt es, zu schwimmen und Bällen im Wasser nachzujagen. (Leider steht uns diese Form der Bewegung in den Wintermonaten nicht zur Verfügung.) Sehr reaktive Hunde, für die es stressig ist, draußen unterwegs zu sein, können ebenfalls davon profitieren, wenn sie nicht an strukturierten Spaziergängen teilnehmen. Ja, das ist traurig für den Hund und seinen Menschen, aber es kann für alle die angenehmste Entscheidung sein, und die Halter können unterhaltsame und weniger stressige Wege finden, um für körperliche Bewegung und sensorische Stimulation zu sorgen.

Was tun bei Verweigerung des Spaziergangs? Ein Freund schickte mir vor ein paar Wochen diese Anfrage: Seine Hündin zeigt ihm, dass sie weder morgens noch nachmittags spazieren gehen will. Zum kleinen und großen Geschäft in der Nähe der Wohnung geht sie gerne raus, aber zum Spazierengehen weigert sie sich. Sie weigert sich nicht, indem sie sich hinsetzt, sondern zeigt nur leicht an, dass sie nicht gehen möchte. Sie weigert sich schon seit ein paar Tagen. Sie ist nicht merklich krank oder verletzt, sondern scheint nur eine Vorliebe zu äußern. Sollte er sie zwingen zu gehen, weil sie die Bewegung braucht? Oder sollte sie die Möglichkeit haben, faul zu sein und Eichhörnchen durch das Fenster zu beobachten? Wenn er sie heute gewähren lässt, sollte er sie dann auch morgen gewähren lassen? Wie viele Tage sollte er sie ohne Bewegung auskommen lassen, bevor er mögliche Ursachen für Schmerzen, Unbehagen oder Ängste, die ihre Entscheidung beeinflussen könnten, genauer untersucht? Ich vermute, die Antwort liegt irgendwo in der Mitte: Wir sollten die Vorlieben unseres Hundes respektieren. Nicht alle Hunde gehen gerne spazieren, und es gibt eine Milliarde möglicher Gründe, warum ein einzelner Hund an einem bestimmten Tag keine Lust auf einen Spaziergang hat. Gleichzeitig müssen wir dafür sorgen, dass sie sich ausreichend bewegen, um ihren Körper und ihren Geist gesund zu erhalten, was bei Stubenhockern ein gewisses Maß an gutem Zureden und Anspornen bedeuten kann.

## Die tägliche Dosis Freiheit

Eines der Themen in meinen Gesprächen mit Menschen über das Gassigehen mit ihren Hunden kehrt immer wieder: Der tägliche Spaziergang ist eine Gelegenheit für den Hund, selbst zu bestimmen. Der Spaziergang ist Hundezeit, seine Chance, aus dem Haus zu gehen und „frei“ zu sein, soweit Freiheit für Begleithunde möglich ist.

In Gegenden mit Leinenpflicht kann dies bedeuten, dass der Mensch versucht, eine lockere Leine zu führen, indem er sein Tempo und sogar seine Richtung an die Wünsche des Hundes anpasst. Dies steht im Widerspruch zu vielen Ratschlägen zur Hundeerziehung, die besagen, dass der Mensch immer die Kontrolle haben muss und dass der Hund die volle Verantwortung für die Einhaltung einer lockeren Leine trägt – der Hund muss sein Tempo und seine Richtung an unsere anpassen und immer darauf achten, was wir tun. Ziehen und Zappeln sind als schlechte Manieren an der Leine verpönt. Auch wenn es aus Sicherheitsgründen sinnvoll ist, dass Hunde lernen, nicht an der Leine zu ziehen (wie ich in Kapitel 5 erläutern werde, kann starkes Ziehen den Hals des Hundes verletzen und zu Augenproblemen führen), bedeutet das nicht, dass der Hund nicht selbst entscheiden sollte, wo er schnüffelt, wie lange er bei einem bestimmten Geruch verweilt oder wo er seine Notdurft verrichtet. Wenn man Hunden die Möglichkeit gibt, selbst zu entscheiden, wird das nicht dazu führen, dass sie von Herrschaft träumen – es gibt keinen Zusammenhang zwischen einem Hund, der an der Leine zieht, und einem Hund, der seine Bezugsperson „dominiert". Dies ist nichts weiter als ein schädliches Überbleibsel aus dem Volksaberglauben.

Wenn ich mit Bella spazieren gehe, lasse ich sie (fast) immer entscheiden, welchen Weg wir gehen und welches Tempo wir einschlagen. Wenn wir von unserem Haus aus spazieren gehen, frage ich sie schon in der Einfahrt, ob wir auf der Straße oder durch das Feld, nach links und den Hügel hinauf oder nach rechts und über die Brücke gehen wollen. Bella hat immer eine Meinung, und wenn ich eine falsche Entscheidung treffe – wenn sie mir ihre Absichten noch nicht mitgeteilt hat und ich ungeduldig bin, weiterzugehen –, lässt sie mich das mit einem Seitenblick wissen. Wenn ich den Blick ignoriere, setzt sie sich auf den Hintern, bis ich zur Vernunft gekommen bin. An manchen Tagen – und es werden immer mehr, je mehr Bellas Beine und Hüften schmerzen – entscheidet sie sich, nicht zu laufen.

Spaziergänge sind nicht nur eine Zeit, in der Hunde ihre Freiheit erleben, sondern auch eine Zeit, in der wir lernen können, was für unseren Hund wichtig ist und wie die Welt aus der Perspektive unseres Hundes aussieht. Wir können uns mit Übungen zum Hund-Werden beschäftigen, wie in Kapitel 2 vorgeschlagen und in Anlehnung an Kristi Bensons Blog „The Essence of a Dog". Anstatt unserem Hund einfach einen Spaziergang nach freier Wahl zu ermöglichen, bei dem er Tempo, Richtung usw. bestimmt, können wir mitgehen und versuchen, den Spaziergang aus der Perspektive unseres Hundes zu erleben. Benson ist bereit zu sprinten, mit der Nase in der Luft stehen zu bleiben, über Baumstämme zu springen und sich auf den Boden zu legen, um eine Pinkelstelle zu erschnüffeln.[42] Wenn wir versuchen, uns in die Wahrnehmungswelt unseres Hundes hineinzuversetzen und zu sehen, was ein Hundespaziergang mit sich bringt, können wir uns besser auf die Interessen unseres Hundes einstellen, und das hilft uns, gemeinsame Abenteuer zu gestalten, die sinnvoll sind. Vielleicht lernen wir auch neue und unerwartete Dinge über die Orte, die wir aufsuchen.

Mit anderen Worten, wir können das Gassigehen mit dem Geist eines Anfängers angehen und uns von dem lösen, was uns von Experten als richtiges Spaziergangverhalten für uns und unseren Hund erklärt wurde. Wir können gemeinsam mit unseren Hunden Abenteuer erleben und neugierig darauf werden, wer unsere Hunde sind, wie sie mit ihrer Umwelt interagieren und was sie glücklich macht.

## Bewegung und Nutzung des Raums

Wie bewegen sich Hunde in der Welt, wenn sie nicht durch Halsbänder, Leinen und schreiende Menschen eingeengt werden? Was bringt es uns, das Verhalten von Haushunden mit dem anderer Hunde auf der ganzen Welt zu vergleichen, die allein leben und mehr oder zumindest andere Freiheiten haben? Der Vergleich hinkt sicherlich. Das Leben als freilaufender oder verwilderter Hund ist für einen Hund nicht unbedingt „natürlicher" als das Leben in einem (menschlichen) Zuhause. Es handelt sich einfach um unterschiedliche Lebensweisen von Caniden, unterschiedliche Möglichkeiten für Hunde. Die Betrachtung des Fressverhaltens von freilaufenden Hunden kann uns zu verstehen helfen, warum das Kauen wichtig ist. Und genauso kann uns die Betrachtung des Verhaltens von Hunden, die nicht durch die vier Wände einer menschlichen Wohnung eingeschränkt sind, vielleicht einen Einblick in die Art der Einschränkungen geben, denen Haushunde unterliegen und wo ihre natürlichen Vorlieben und Motivation durch unseren Lebensstil am meisten behindert werden. Es könnte auch Wege aufzeigen, wie wir sie in der häuslichen Umgebung eben mehr wie ein Hund sein lassen können. Indem wir verstehen, auf welche Weise wir unsere Hunde ent-hunden, haben wir die Möglichkeit, ihnen zu helfen, wieder „hündisch" zu werden. Zwei Vergleichspunkte sind die Größe des Aktionsradius und das Aktivitätsbudget, die beide in die Diskussion über das Spazierengehen fallen, da sie sich auf die physische Bewegung innerhalb eines Ökosystems beziehen.

Wie nutzen Hunde den Raum? Die einfache Antwort lautet: weitläufig und auf vielfältige Weise. Wenn sie nicht durch Mauern, Zäune oder Leinen eingeschränkt sind, streifen Hunde umher. Sie bewegen sich über relativ große Gebiete. Ein von Biologen verwendetes Konzept zur Beschreibung der Raumnutzung von Tieren ist der Heimatbereich, der in einem klassischen Aufsatz des Biologen William Burt definiert wurde als „das Gebiet, das ein Individuum bei seinen normalen Aktivitäten wie Nahrungssuche, Paarung und Aufzucht der Jungen durchquert".[43] Die Forschung zum Lebensraum von freilebenden Hunden zeigt große Unterschiede: Manche Hunde haben einen Lebensraum, der nur 2000 Quadratmeter groß ist, während andere einen Lebensraum haben, der bis zu knapp 3.000 Hektar groß ist.[44] Im Gegensatz zu freilaufenden Hunden haben Heimtiere im Allgemeinen keinen annähernd so großen Lebensraum, dürfen sich nur selten frei bewegen und können sich glücklich schätzen, wenn sie einen 2000 Quadratmeter großen Garten haben.

Aktivitätsmuster oder Zeitbudgets werden von Biologen genutzt, um etwas über das Verhalten von Tieren zu erfahren. Wie viel Zeit eine bestimmte Tierart mit der Nahrungssuche, der Fellpflege und dem Wachsamkeitsverhalten verbringt, gibt Forschern Aufschluss über die Lebensstrategien des Tieres. Für eine Tierart, zu der wir wohl die engste Beziehung haben, wissen wir erstaunlich wenig über die Aktivitätsmuster und das Zeitbudget von Haushunden.

Eine Studie von Silja Griss, Doktorandin am Institut für Veterinärmedizin der Universität Bern, und Kollegen aus dem Jahr 2021 versucht, einige dieser Lücken zu füllen. Sie wollten herausfinden, wie sich das Aktivitätsbudget von Hunden unterscheidet, je nachdem, wie stark der Mensch sie einschränkt und wie sehr die menschliche Kontrolle die natürlichen Aktivitätsmuster von Hunden beeinträchtigt. Die Forscher untersuchten die Aktivitätsmuster verschiedener Populationen von Haushunden: freilaufende Hunde in Guatemala und Indonesien, Landhunde in der Schweiz und Familienhunde in der Schweiz. Griss et al. bezeichnen freilaufende Hunde als „Hunde, die ihre Alltagsentscheidungen selbständig treffen können", ohne dass der Mensch einen wesentlichen Einfluss darauf hat. Bei Haushunden hingegen wird die Aktivität weitgehend vom Menschen kontrolliert, und sie haben nur begrenzte Möglichkeiten, ihre Aktivitätsmuster an ihre eigenen Bedürfnisse anzupassen.[45]

Um die Aktivitätsmuster zu erfassen, verwendeten Griss et al. eine Technologie namens FitBark. FitBark ist ein Halsband, das über einen Zeitraum von vierundzwanzig Stunden die Beschleunigung, den Anteil der Ruhezeit und den Anteil der Zeit mit „moderater" und „hoher" Aktivität misst. Die frei laufenden Hunde folgten einem „bimodalen Aktivitätsmuster", wie es Biologen auch bei anderen Canidenarten beobachten. Die Hunde hatten eine aktive Phase am frühen Morgen und eine am späten Nachmittag und verbrachten die Zeit dazwischen hauptsächlich mit Ruhen. Obwohl die Familienhunde weitaus eingeschränkter waren, lagen ihre Aktivitätsmuster in einem ähnlichen Bereich wie die der freilaufenden Hunde, was darauf hindeutet, „dass die vom Besitzer gesteuerten Aktivitäten der Familienhunde an die Bedürfnisse der Hunde angepasst zu sein scheinen".[46] Hunde, die im Haus oder in eingezäunten Gärten schliefen, legten während der Nacht mehr Ruhephasen ein, was durchaus sinnvoll ist, da sie vielleicht nicht so sehr darauf bedacht sind, wachsam zu sein. Interessanterweise verbrachten kastrierte Hunde weniger Zeit in „hoher" Aktivität als intakte Hunde.

Bedeutet die Tatsache, dass Familienhunde stärker eingeengt sind als ihre freilaufenden Artgenossen, dass sie weniger glücklich sind? Nicht unbedingt. Aber die Vergleiche sind lehrreich. Wenn man sich das Verhalten von freilaufenden Hunden ansieht, kann man feststellen, wie weit wir von der „Natürlichkeit" entfernt sind, was wir von Haushunden verlangen. Wir könnten also sagen, dass ein Hund mit einem großen Garten oder ständigem Zugang zu freiem Gelände eher in der Lage ist, seiner Hundenatur gerecht zu werden, als ein Hund, der seine Neunzig-Quadratmeter-Wohnung nie verlässt, der sich auf einem Streifen Kunstrasen erleichtert und der das Gefühl nicht kennt, sich im Gras zu wälzen oder durch den Regen zu laufen.

Manche Menschen betrachten den Hundepark als eine Erweiterung des Raums, der einem Hund zur Verfügung steht, als einen Ort, an dem er herumlaufen kann und frei ist, um Hundesachen zu machen. Oft ist ein Hundepark der einzige Ort im Umkreis von mehreren Kilometern, an dem ein Hund legal von der Leine gelassen werden kann und stellt somit eine Gelegenheit zur räumlichen Freiheit dar. Dennoch bieten Hundeparks eine sehr eingeschränkte und in vielerlei Hinsicht unnatürliche Art von Raumerfahrung. Hundeparks, vor allem die überfüllten, zwingen die Hunde oft dazu, einander näher zu kommen, als ihnen lieb sein kann. Hundeparks scheinen eine unverhältnismäßig große Anzahl überreizter Hunde anzuziehen, zusammen mit überreizten und manchmal unausstehlichen Aufsichtspersonen, die sich entweder ständig in die Interaktionen zwischen Hunden einmischen oder im Gegensatz dazu die Hände in den Schoß legen und die Hunde einfach machen lassen, was zu eskalierenden und gefährlichen Konflikten oder zum Terrorisieren einiger Hunde durch andere führen kann. Da die Parks eingezäunt sind, können sich die Hunde nicht von Hunden oder Menschen distanzieren, die ihnen Unbehagen bereiten. Einige Hunde können daher im Hundepark einen akuten und angstauslösenden Verlust ihrer Handlungsfähigkeit erleben.

## Pflege von der Nase bis zum Schwanz

Ganz oben auf der Liste der Betreuungsaufgaben steht die grundlegende präventive und hygienische Pflege, die den Hund körperlich gesund und seine Lebensqualität erhält oder, vielleicht besser gesagt, unnötige oder vorzeitige Verschlechterungen der Lebensqualität verhindert: Zähneputzen, Krallenschneiden, Ohrenreinigen, Fellpflege und andere Komponenten der Körperhygiene sowie Impfungen und Parasitenkontrolle. Diese Tätigkeiten überschneiden sich mit denen eines Tierarztes oder einer Tierklinik und finden manchmal auch unter deren Schirmherrschaft statt, worauf wir im nächsten Abschnitt eingehen werden. Hier wollen wir uns hauptsächlich auf die Dinge konzentrieren, die die Halter zu Hause tun.

Die drei häufigsten Gesundheitsstörungen bei Haushunden sind Parodontitis (Zahnfleischerkrankung), Otitis externa (Ohrentzündung) und Adipositas.[47] Diese drei Erkrankungen sind für unsägliches Leid und verminderte Lebensqualität verantwortlich. Und auf alle drei haben wir als Tierpfleger direkten Einfluss. Man könnte einwenden: „Hunde in freier Wildbahn gehen aber nicht zum Hundezahnarzt oder bekommen keine Antibiotika für die Ohren. Und es geht ihnen gut. Und sie sind nicht fett, weil sie verhungern". Aber Haushunde gehören nicht in dieselbe ethische Kategorie wie Hunde in freier Wildbahn. Wenn wir die Verantwortung für einen Hund übernehmen, gehen wir eine implizite Vereinbarung ein, dass wir im Gegenzug dafür, dass er uns sein Leben schenkt und sich an unser Zuhause anpasst, alles tun, was wir können, um sein körperliches Wohlbefinden und damit auch sein Glück und seine Lebensqualität in diesem häuslichen Arrangement zu maximieren.

Leider lassen sich die meisten Hunde nicht freiwillig und mit Freude die Zähne putzen, die Krallen schneiden oder die Ohren reinigen. Aber diese Aufgaben müssen ihnen auch nicht gegen ihren Willen aufgezwungen werden. Körperlich festgehalten zu werden ist für Hunde beängstigend und stressig (siehe nächster Abschnitt) und ist weitgehend unnötig, außer vielleicht in Notsituationen. In einem schönen Buch der Psychologin und Hundetrainerin Deborah Jones mit dem Titel *Cooperative Care* (Kooperative Pflege) wird die Idee entwickelt, dass wir Hunden beibringen können und sollten, bei der Fellpflege und bei tierärztlichen Behandlungen zu kooperieren. Zähneputzen, Ohrenreinigen, Krallenschneiden und andere Arten der Körperpflege können durch die freiwillige Mitarbeit des Hundes durchgeführt werden. Sie betont auch, wie wichtig es ist, allen Hunden beizubringen, sich in einem Maulkorb, einem Halskragen nach einer OP oder in einer Box wohlzufühlen, denn diese Hilfsmittel können bei Hunden, die sich verletzen, operiert werden oder anderweitig tierärztliche Hilfe benötigen, zum Einsatz kommen.

Sie schlägt vor, dass Sie *mit* Ihrem Hund arbeiten und nicht *an* ihm. Hunde mögen es vielleicht nicht von Natur aus, wenn man ihnen die Zähne putzt oder die Ohren säubert, aber man kann ihnen beibringen, sich an diesen Aufgaben zu beteiligen, ohne dass sie dazu gezwungen werden. Sie können sogar lernen, diese Interaktionen zu genießen, weil sie mit Belohnungen verbunden sind, wie zum Beispiel der Aufmerksamkeit ihres Menschen und leckeren Snacks. „Durch das Training wird nicht nur die Toleranz Ihres Hundes gegenüber potenziell unangenehmen Ereignissen gestärkt", sagt Jones, „sondern Sie lernen auch, wie Sie Ihrem Hund eine Wahlmöglichkeit geben können."[48]

Damit sind wir wieder bei der Idee der ausgehandelten Vereinbarungen angelangt. Wie und wann sich die Interaktionen bei der Haltung entwickeln, ist das Ergebnis zahlreicher Gespräche zwischen uns und unseren Hunden darüber, was tolerierbar ist, wie man sich umeinander herum bewegt, wie man die Grenzen des anderen respektiert und wie man zusammenarbeitet. Einfühlsame und angemessene Pflege hängt auch vom Kontext und von den individuellen Bedürfnissen und Erfahrungen von Hund und Mensch ab. Vielleicht gibt es den Goldstandard, dass wir unserem Hund jeden Tag die Zähne putzen sollten. Aber das ist vielleicht nicht für alle Hunde ideal oder gar möglich. Nehmen wir zum Beispiel an, Matt hat einen achtjährigen Hund adoptiert, der sich nicht gerne anfassen lässt, schon gar nicht im Gesicht, und der versucht, nach der Zahnbürste zu beißen. Der Versuch, die Zähne zu putzen, ist mit viel Angst und Unruhe verbunden. In diesem Fall könnte Matt das Zähneputzen einfach als unmöglich abtun. Alternativ könnte er sehr langsam und behutsam die Möglichkeiten des Vertrauensaufbaus erkunden, indem er eine verlockende Hundezahnpasta und ein weiches Tuch oder eine Bürste verwendet. Das Hauptziel wäre, die Beziehung zwischen Hund und Mensch zu stärken; ein bisschen Zähneputzen könnte dabei auch erreicht werden.

## Tierärztliche Versorgung

Die medizinische Versorgung von Haustieren umfasst ein komplexes und bedeutsames moralisches Terrain, das den Rahmen dieses Buches sprengen würde. Dazu gehören die ethischen Aspekte der Beziehung zwischen Patient und Tierarzt, die vielschichtige Dynamik der Triade Tierarzt-Patient-Besitzer, die Ziele der Tiermedizin, die Beteiligung von Tierärzten an der Zucht, die besonderen Fragen der Palliativmedizin und Euthanasie sowie die Krise der psychischen Gesundheit in der Tierärzteschaft. Ich werde die tierärztliche Versorgung hier nur kurz als

Erweiterung unserer häuslichen Verantwortung für Hunde ansprechen. Eine unserer Hauptaufgaben ist es, den Zugang zu angemessener tierärztlicher Versorgung sicherzustellen. Zu den Leistungen, die wir den Hunden in unserer Obhut schulden, gehören Präventivmaßnahmen (Impfungen, Zahnpflege, Parasitenkontrolle), die Behandlung von Verletzungen und Krankheiten, Schmerz- und Symptommanagement sowie palliative Versorgung am Lebensende. Allerdings kann der Tierarztbesuch auch eine Quelle potenzieller Gewalt, Angst und „Verhaltensverletzungen" sein – ein Begriff, den die Tierärzte Gary Landsberg, Wayne Hunthausen und Lowell Ackerman verwenden, um zu beschreiben, was mit Hunden geschieht, wenn sie zur Behandlung einer körperlichen Verletzung in die Tierklinik gehen, aber durch die Erfahrung emotional traumatisiert werden.[49]

Eine wachsende Zahl von Studien bestätigt, was viele Hundehalter bereits ahnen: Tierarztbesuche sind für die Tiere oft mit erheblichem Stress verbunden.[50] Eine Beobachtungsstudie der Tierärztin Dorothea Döring und ihrer Kollegen ergab beispielsweise, dass weniger als die Hälfte der Hunde freiwillig eine Tierarztpraxis betritt und über drei Viertel dieser Hunde Anzeichen von Angst zeigen, während sie auf dem Untersuchungstisch liegen.[51]

Viele Hundehalter gehen davon aus, dass die Tierklinik zwangsläufig ein unheimlicher Ort ist, den ihr Hund immer hassen wird. Sie denken, der Tierarzt wird unangenehme Dinge mit ihrem Hund machen, und sie können ihm nicht erklären, dass diese Zumutung nur zu seinem Besten ist. Oft kommt ihnen nicht einmal in den Sinn, dass Zustimmung, Wahlmöglichkeiten und Respekt vor der Autonomie in der tierärztlichen Behandlung sinnvoll sein könnten. Doch nichts davon ist in Stein gemeißelt. Die Begegnung mit dem Tierarzt muss nicht zwangsläufig Angst auslösen. Eine Möglichkeit, sie weniger beängstigend zu gestalten, besteht darin, Zustimmung, Wahlmöglichkeiten und Autonomie ernst zu nehmen und den Hunden ein Gefühl der Kontrolle über das zu vermitteln, was mit ihnen geschieht.

Erfreulicherweise zeichnen sich mehrere positive Trends ab: Tierarztpraxen weltweit legen zunehmend Wert auf stressarme Behandlungstechniken und die Einführung angstfreier Prinzipien. Zudem wächst das Bewusstsein dafür, dass Tierhalter ihren Hunden helfen können, sich während eines Tierarztbesuchs wohlzufühlen – insbesondere, wenn damit schon in jungen Jahren begonnen wird. Zu den Veränderungen in Tierarztpraxen, die nachweislich den Stress reduzieren, gehören die Trennung von Hunde- und Katzenpatienten, die Verwendung rutschfester Oberflächen, häufige Reinigung mit ungiftigen Substanzen, Minimierung unangenehmer Gerüche durch gute Belüftung, Reduzierung von Lärm, Verwendung von sanfterem Licht, Einsatz von Pheromondiffusoren oder -sprays, Unterbringung von Tieren in Transportboxen auf erhöhten Positionen und die Schulung des Personals im Erkennen von Stressanzeichen bei Tieren.[52]

Hundehalter können ihren Teil dazu beitragen, indem sie den Tierarzt und die Praxis langsam und positiv einführen, zu einem Zeitpunkt, an dem alle gesund und entspannt sind, begleitet von vielen Leckereien und Lob. Wie Deborah Jones vorschlägt, können wir unseren Hunden auch beibringen, sich mit Maulkorb, Transportbox und Halskragen wohlzufühlen, falls diese für die Behandlung oder Pflege notwendig werden sollten. Diese vorausschauenden Maßnahmen können dazu beitragen, potenzielle Schäden zu minimieren und die enormen Vorteile der Tiermedizin voll auszuschöpfen.

Unsere Hunde können sich bei einem Tierarztbesuch machtlos fühlen – und wir als ihre menschlichen Betreuer ebenso. Obwohl ich mich mit Hunden und ihrer Pflege recht gut auskenne, neige ich dazu, mich beim Tierarzt nervös, ja fast schuldig zu fühlen – als müsste ich meine vermeintliche Unwissenheit irgendwie kaschieren. Ich ertappe mich dabei, wie ich mich anstrenge zu beweisen, dass ich verantwortungsvoll mit meinem Hund umgehe. Bellas Tierärztin ist eine sehr nette Person, die nie etwas getan hat, was mir dieses Gefühl vermittelt hätte. Aber die Dynamik zwischen Tierarzt und Patient ist asymmetrisch; der Tierarzt ist der Experte, und wir fühlen uns vielleicht ein wenig ausgeliefert.

Ein Gefühl der Unsicherheit gegenüber Tierärzten kann es noch schwieriger machen, ein Gespräch über Dinge anzustoßen, die uns Unbehagen bereiten – wie etwa eine körperliche Untersuchung, die unseren Hund sichtlich stresst. So herausfordernd es auch sein mag, müssen wir uns bewusst machen, dass wir die wichtigsten Fürsprecher unseres Hundes sind. Auch wenn Ängste beim Tierarztbesuch vielleicht nicht vollständig vermieden werden können, lassen sie sich durchaus angehen. Viele Tierärzte sind offen für ein oder mehrere Gespräche darüber, wie sich jeder einzelne Hund möglichst sicher fühlen kann. Wir können diese Gespräche unvoreingenommen beginnen, indem wir zunächst überlegen, was wir selbst anders machen könnten. Anschließend können wir unsere Vermutungen über die Ursachen der Angst unseres Hundes äußern und darüber nachdenken, wie wir eine Hilfe sein können. Falls Ihr Tierarzt zu solchen Gesprächen nicht bereit ist, sollten Sie, wenn möglich, einen anderen Tierarzt aufsuchen. Vergessen Sie nicht, dass Sie das Recht haben, bei der Untersuchung oder Behandlung Ihres Hundes anwesend zu sein.

## Zwischen Fürsorge und Zwang

Behandlungen beim Tierarzt und oft auch die Haltung von Haustieren sind durch Zwangsmaßnahmen gegen den Hund gekennzeichnet, ausgeübt von Menschen – eine brutale Ausübung von Macht über den Hund, gegen seinen Willen und zum Zwecke der Ruhigstellung und „Pflege".[53]

Können wir die Ausübung von Gewalt gegen unsere Hunde jemals rechtfertigen? Wahrscheinlich schon. Aber wir müssen uns des möglichen Schadens bewusst sein und die Situationen sorgfältig durchdenken, in denen Zwang notwendig erscheint. Zwang sollte nur als letzter Ausweg ausgeübt werden. Dabei gilt es, Wege zu finden für ein maximales Mitgefühl, wenn wir schon auf Zwang zurückgreifen müssen.

Die häufigste Form der Gewalt, die wir Hunden gegenüber ausüben, ist die Fixation. Aus zahlreichen Studien der Humanpsychologie – die meisten davon im Zusammenhang mit Tierversuchen im Labor – wissen wir, dass unfreiwillige körperliche Fixation Stress verursacht und zu psychischen Schäden führen kann. Viele Protokolle zur Untersuchung psychischer Störungen, einschließlich erlernter Hilflosigkeit und Depressionen, beinhalten seit jeher den Einsatz der Fixation als Teil des Versuchsaufbaus: Das Erfahren einer Fixation, gepaart mit schmerzhaften oder beängstigenden Reizen, führt zu einem psychischen Zusammenbruch. Denken Sie zum Beispiel an Pawlows berühmtes Geschirr zum Fixieren der Hunde, während ihnen Elektroschocks verabreicht wurden. Es war die Unausweichlichkeit der Elektroschocks, die die Hunde in den Wahnsinn trieb. Genauso wie ein Gefühl der Kontrolle dazu beitragen kann, negative emotionale Reaktionen auf aversive Reize zu mildern, kann auch Machtlosigkeit oder ein vermeintlicher Kontrollverlust die Stressreaktion verstärken.

Warum ist dann die zwangsweise Ruhigstellung ein zentraler Bestandteil der Pflege? Man könnte argumentieren, der Grund sei offensichtlich: Die Tiere würden unseren Eingriffen nicht zustimmen. Sie würden fliehen oder versuchen, uns zu beißen. Aber vermitteln diese Fluchtverhaltensweisen nicht etwas Wichtiges?

Ein hilfreiches Konzept, durch das wir das ethische Terrain des Einsatzes von Zwangsmaßnahmen bei der Pflege von Hunden betrachten können, stammt aus der humanmedizinischen Ethik: mitfühlende Gewalt. Die beiden Worte „Mitgefühl" und „Gewalt" erscheinen selten im gleichen Kontext; sie scheinen sich sogar gegenseitig auszuschließen. Doch die Ausübung von Zwang ist manchmal motiviert von Mitgefühl. Wir können also Gewalt aus mitfühlenden Gründen anwenden. Zudem kann die bewusste Beachtung der Maximierung des Mitgefühls den Schaden, der durch die Anwendung von Gewalt entsteht, abmildern. Wir können Gewalt mitfühlend anwenden.

In der medizinisch-ethischen Literatur über Menschen wird die Anwendung von Zwang vor allem im Zusammenhang mit psychiatrischen Patienten diskutiert. Es geht um Patienten, die versuchen, sich selbst zu schaden oder die Behandlung verweigern. In solchen Fällen können Patienten vom Personal festgehalten oder ans Bett fixiert werden, um eine Injektion zu erhalten oder ernährt zu werden. Protokolle, die auf physische oder pharmazeutische Zwangsmaßnahmen zurückgreifen, können klinisch vertretbar sein. Sie sind jedoch ethisch bedenklich, da sie das Vertrauen untergraben, die Arzt-Patienten-Beziehung belasten und die emotionale Belastung der Patienten verschlimmern.

Der Arzt Massimiliano Beghi und seine Kollegen schätzen, dass bis zur Hälfte aller Patienten in psychiatrischen Abteilungen in irgendeiner Form fixiert werden – ein Prozentsatz, den sie für alarmierend hoch halten.[54] In der Veterinärmedizin sind fast alle Hundepatienten zu irgendeinem Zeitpunkt ihrer Behandlung mit Zwangsmaßnahmen konfrontiert. Die Hunde werden von Fachpersonal und Tierärzten festgehalten, bekommen einen Maulkorb angelegt, werden in eine Box gesperrt und erhalten Beruhigungsmittel per Injektion. Die Tierärztin Lore Haug stellt in einem Artikel über die Ruhigstellung von Tieren im klinischen Umfeld fest: „Die wirksame Ruhigstellung ist einer der Aspekte der Tiermedizin, die wir als selbstverständlich ansehen."[55]

Die medizinische Fachliteratur beschreibt deutlich die Risiken von Zwangsmaßnahmen, selbst wenn diese aus Mitgefühl angewendet werden. Psychiatriepatienten, die zu ihren Erfahrungen befragt wurden, empfanden den Zwang in allen Phasen als äußerst negativ. Während der Fesselung erlebten sie körperliche Schmerzen und akutes psychisches Unbehagen. Die Wahrnehmung, kontrolliert zu werden, war mit Gefühlen von psychischem Missbrauch, Demütigung und Entmachtung verbunden. Nach der Nötigung berichteten die Patienten von langfristigen Auswirkungen wie Angst, Hilflosigkeit und Vertrauensverlust.[56] Es gibt keinen Grund anzunehmen, dass Hunde unter Zwang ein geringeres emotionales Trauma erleben als menschliche Psychiatriepatienten.

Der Assistenzarzt Matthew Lin stellt in einem Kommentar fest, dass Experten den Einsatz von Zwangsmaßnahmen weitgehend als letztes Mittel bei Verhaltensnotfällen ansehen. Dies gilt für Situationen, in denen Patienten eine akute Gefahr für sich selbst, das medizinische Personal oder andere Patienten darstellen. Weniger traumatische, weniger einschränkende Alternativen werden „professionell bevorzugt".[57] Lore Haug ergänzt: „Effektive Ruhigstellung ist einer jener Aspekte der Tiermedizin, die wir gleichzeitig als selbstverständlich ansehen, aber auch wünschen, wir könnten es besser machen." Wir können es „besser machen", indem wir lernen, auf eine Art und Weise zu fixieren, die Angst und Stress reduziert und die Invasivität minimiert.

Wir müssen jedoch anerkennen, dass die Fixation von Tieren grundsätzlich schädlich ist, unabhängig von unseren Techniken. Haug sagt: „Fixierung bedeutet, dass wir in den persönlichen Raum des Tieres eindringen, ohne dass das Tier seine Erlaubnis gegeben hat."[58] Dieser Schritt ist kein moralisch neutraler Schritt. Während in der Humanmedizin der Trend zu mehr Respekt vor der Patientenautonomie geht, ist dies in der Veterinärmedizin nicht zu erkennen. Wir dringen oft gedankenlos in den persönlichen Raum der Tiere ein. Der Begriff „Autonomie" stößt in Bezug auf tierische Patienten meist auf Widerstand oder Verwunderung. Die Angstfrei-Bewegung betont, dass erzwungene Behandlungen für Tiere stressig und potenziell traumatisierend sind. Die Forderung nach Angstreduktion ist ein erster Schritt, auch wenn sie noch weit von der Einholung von Zustimmung oder dem Respekt vor Autonomie entfernt ist.

Was bedeutet das für uns? Zwang kann aus Mitgefühl erfolgen und in bestimmten Situationen bei der Tierpflege unvermeidlich sein. Wenn wir mit einem Tierarzt entscheiden, dass eine Fixierung notwendig ist, sollten wir uns darauf konzentrieren, den Schaden zu minimieren und das Mitgefühl zu maximieren. Im menschlichen Kontext bedeutet dies, das Engagement des Patienten aufrechtzuerhalten und die Autonomie so weit wie möglich zu achten.[59] Wir wollen uns genaue Gedanken darüber machen, wie dies bei unseren Hunden aussehen könnte.

## Handlungsfähigkeit, Wahlmöglichkeit, Kontrolle

Fragen der Handlungsfähigkeit – hier verstanden als die Fähigkeit, Entscheidungen für sich selbst zu treffen, Kontrolle über die eigene Umgebung auszuüben und das Gefühl zu haben, Kontrolle zu besitzen – ziehen sich durch dieses Kapitel und das ganze Buch hindurch. Das größte Einzelproblem, mit dem Haushunde derzeit konfrontiert sind, ist meiner Meinung nach der Mangel an angemessener Handlungsfähigkeit. Glücklicherweise haben wir selbst innerhalb der strukturellen Beschränkungen der derzeitigen Hundehaltung viele Möglichkeiten, diese zu verbessern. Der erste Schritt besteht darin, sich bewusst zu machen, wie Wahlmöglichkeiten und Kontrolle verloren gehen oder eingeschränkt werden. Im zweiten Schritt schafft man Wahlmöglichkeiten oder nimmt diese wahr, wann immer sie sich bieten.

Der Verlust der Handlungsfähigkeit betrifft den gesamten Lebensverlauf des einzelnen Hundes. Haushunde können sich ihr Zuhause, ihre Familie oder ihre Freunde selten aussuchen. Sie haben kaum Wahl bei der Nahrungsbeschaffung oder bei Fragen der Fortpflanzung. Der Verlust der Handlungsfähigkeit zeigt sich auch in vielen kleinen, aber bedeutenden Situationen im Alltag, etwa durch das Anlegen einer Leine oder unerwünschte Berührungen durch Menschen.

Warum ist das Gefühl der Kontrolle so wichtig für das psychologische Wohlbefinden? Weil es für die psychische Integrität grundlegend ist. Der Tierarzt Frank McMillan stellt in seinem Buch fest, dass zahlreiche Forschungsarbeiten an Menschen und Tieren ergeben haben: Das Gefühl der Kontrolle über die eigenen Lebensumstände, besonders über unangenehme Ereignisse, ist ein starker Indikator für positive Gefühle und psychisches Wohlbefinden. Besonders wenn man mit einem aversiven Reiz konfrontiert wird, macht die wahrgenommene Kontrolle – die Möglichkeit, sich zu entfernen oder die Intensität zu verringern – die Erfahrung erträglicher. Das Gefühl, keine Kontrolle zu haben, verstärkt hingegen die Stressreaktion. Kontrolle über die eigene Umgebung zu haben, scheint auch an sich belohnend zu sein. McMillan zitiert Experimente mit Nagetieren in Gefangenschaft, die zeigen, dass die Tiere „bei jeder Gelegenheit Kontrolle ausüben" und es offenbar als intrinsisch lohnend empfinden, ihre Umgebung zu kontrollieren.[60]

Der Prozess, Entscheidungen zu treffen und Kontrolle auszuüben, fördert das psychische Wohlbefinden. Es kann aber auch sein, dass die Entscheidungen, die Hunde tatsächlich treffen, für sie wichtig sind. Vielleicht treffen sie für sich selbst bessere – oder zumindest andere – Entscheidungen als wir für sie. Wir können ihre Gedanken nicht lesen oder ihre subjektiven Erfahrungen nachempfinden, und wir treffen auch nicht immer die besten Entscheidungen für unseren Hund.

Es gibt sicherlich Situationen, in denen Hunde bessere Entscheidungen treffen können als Menschen. Ein Beispiel: Ein Hund an der Leine sendet deutliche Signale, dass er eine enge Interaktion mit einem vorbeilaufenden Hund vermeiden möchte. Der Betreuer ignoriert oder erkennt die Entscheidung des Hundes nicht, die Hunde werden gewaltsam zusammengeführt und in eine unangenehme Situation gebracht, die zu Angst, Unruhe oder sogar Verletzungen führen kann.

In einem 2018 im *Journal of Applied Philosophy* erschienenen Artikel argumentiert der Tierarzt James Yeates, dass es sowohl möglich als auch moralisch wünschenswert ist, den Tieren in unserer Obhut mehr und bessere Entscheidungsmöglichkeiten zu geben.[61] Er hinterfragt den „hegemonialen Respekt für menschliche Entscheidungen" – die weit verbreitete Annahme, dass Menschen alle Entscheidungen für Nichtmenschen treffen können und sollten, weil wir angeblich wissen, wie wir ihr

„Wohlergehen“ optimieren können. Das Ignorieren der Entscheidungen von Tieren, mit der Begründung mangelnder Autonomie, ist eine kaum verhüllte Rechtfertigung dafür, ihr Leben nach unseren eigenen Wünschen und Interessen zu gestalten.

Tiere verfügen laut Yeates über „Willenskraft“, also die Fähigkeit, Entscheidungen zu treffen, die auf ihren individuellen Vorlieben und Motivationen beruhen.[62] Ich möchte ergänzen, dass Tiere auch Entscheidungen treffen können, die die Bedürfnisse anderer berücksichtigen. Willenskraft ist hier kein Synonym für Autonomie. Yeates umgeht klugerweise die Frage „Können nichtmenschliche Tiere wirklich autonom handeln?“, die in der gegenwärtigen Auslegung unlösbar ist.

Yeates untersucht Situationen, in denen wir die Entscheidung eines Tieres respektieren sollten. Oft fehlt dem Menschen die vollständige Kenntnis der subjektiven Erfahrungen eines Tieres, er ist voreingenommen oder kann die Besonderheiten der Situation eines einzelnen Tieres nicht angemessen würdigen. Die Stärkung von Tieren ist direkt gut für sie. Sie können nicht nur andere und bessere Entscheidungen für sich selbst treffen, sondern der Prozess der Entscheidungsfindung verbessert auch ihr Wohlbefinden, indem er ihnen Kontrolle über ihr Leben gibt.

Die Befähigung von Tieren ist auch indirekt positiv, weil sie das moralische Paradigma für Menschen verändert. Indem man die Interessen der Tiere bei ihren Entscheidungen respektiert, erkennt man ihren intrinsischen Wert an. Es ist auch ein kleiner Beitrag zum Ausgleich von Machtasymmetrien in den Beziehungen zwischen Mensch und Tier.

Ein Problem bei Yeates‘ Vorschlag ist, dass der Mensch immer noch als allwissender Entscheidungsträger angesehen wird. Wir müssen jede Situation bewerten und entscheiden, ob wir einem Tier die Möglichkeit zur Selbstermächtigung geben. Das ist aus der Sicht des Tieres eigentlich entmündigend. Dennoch halte ich Yeates‘ Ansatz für zielführend: Wir sollten so gut wie möglich auf die Nuancen jeder Situation achten, einschließlich der Auswirkungen jeder Entscheidung.

Die Art, wie wir über Hunde sprechen, kann sie subtil entmachten. Bezeichnungen wie „Fellbabys“ oder „Fellkinder“ können unbeabsichtigt Machtasymmetrien verstärken. Indem wir Hunde als Babys bezeichnen, bekräftigen wir, dass sie keine Autonomie haben und keine guten Entscheidungen für sich selbst treffen können[63] Besonders bei älteren oder kranken Hunden besteht die Gefahr, ihnen nicht nur ihre Handlungsfähigkeit, sondern auch ihre Lebenserfahrung abzusprechen.

Im Rahmen der Hundehaltung haben wir bereits eine weitreichende Entmündigung vollzogen. Um das Wohlergehen unserer Hunde zu schützen, müssen wir ihre Wahlmöglichkeiten einschränken. Dennoch gibt es viele Möglichkeiten, auf die Vorlieben unserer Hunde zu hören und ihnen mehr Wahlfreiheit zu geben. Wenn ein Hund an der Leine den Kontakt mit einem anderen Hund vermeiden möchte, sollten wir diese Entscheidung respektieren. Wir können unserem Hund auch die Wahl des Tempos und der Richtung beim Spaziergang lassen. Bei Sicherheitsbedenken müssen wir die Wahlmöglichkeiten jedoch einschränken.

Vielleicht ist es hilfreich, die Perspektive zu ändern. Statt davon zu sprechen, dass wir „unseren Hunden die Möglichkeit geben, Entscheidungen zu treffen“, sollten wir uns bewusst machen, dass wir täglich unzählige Entscheidungen gemeinsam mit unserem Hund treffen. Wir arbeiten zusammen, erschaffen gemeinsam und verhandeln Lösungen.

# Kapitel vier

## Landschaften der Angst und des Vergnügens

Hunde werden heutzutage im Allgemeinen gut versorgt – besser als je zuvor. Dennoch sind viele nicht glücklich. Ein Hund kann gut ernährt sein, täglich ausgiebig bewegt werden, bei der kleinsten Beschwerde zum Tierarzt gebracht werden und einen Haufen Spielsachen haben. Trotzdem fehlt ihm möglicherweise das, was er wirklich braucht. Obwohl sich der materielle Komfort von Haushunden in den letzten Jahren verbessert hat, hat ihr Wohlbefinden abgenommen.

Wie wir gesehen haben, leiden Hunde darunter, dass sie zu sehr vermenschlicht werden. In der intensiven Haltung im Haus können sie sich nicht artgerecht verhalten und leben. Haushunde haben keine natürlichen Fressgewohnheiten mehr. Sie können sich weder frei in komplexen Umgebungen bewegen noch selbst entscheiden, wie sie ihre Zeit und ihren Raum nutzen. Auch können sie ihre hochentwickelten sozialen Fähigkeiten nicht voll ausschöpfen. Oft führen sie ein isoliertes, eindimensionales Leben ohne angemessene Sinnesreize, Interaktionen und artgerechte Verhaltensweisen. Der Mangel an Beschäftigung führt entgegen unserer Erwartung nicht zu einem Gefühl von Entspannung. Stattdessen entstehen unangenehme Gefühle wie Frustration, Langeweile und Einsamkeit.

Gleichzeitig sind Hunde häufig den falschen emotionalen Reizen ausgesetzt. Sie sind unangenehmen Reizen wie lauten Geräuschen, starken Gerüchen, Autos, Handys, Fernsehern und wechselhaften menschlichen Emotionen chronisch exponiert. Diese richten sich zwar nicht direkt gegen den Hund, werden aber dennoch intensiv wahrgenommen. Im Zusammenhang mit Tierverhalten bezeichnet man solche Reize als aversiv – Tiere empfinden sie als unangenehm, störend, schmerzhaft oder beängstigend und versuchen ihnen zu entkommen. Hunde haben jedoch kaum Kontrolle über ihre Umgebung und ihren Körper. Oft können sie aversiven Reizen nicht ausweichen. Die psychologischen Folgen der Gefangenschaft erzeugen einen Zustand chronischen Stresses, auf den sich zusätzlich Ängste aufbauen.

Glücklicherweise können wir durch erhöhte Achtsamkeit für die sensorische, soziale und emotionale Umgebung unserer Hunde deren Unbehagen lindern und positive Gefühle fördern. Beginnen wir damit, uns die sensorische Landschaft der Hunde genauer anzusehen, wobei wir uns zunächst auf potenzielle Angst und ihre Quellen konzentrieren und dann zu dem übergehen, was wir als Landschaften des Vergnügens bezeichnen könnten.

## Modulation sensorischer Umgebungen

Wohnungen und Siedlungen des Menschen können für Haushunde angstbesetzte Orte darstellen. Dies mag kontraintuitiv erscheinen, da wir dazu neigen, menschliche Häuser als gemütliche, bequeme Orte für Hunde zu betrachten – vermeintlich viel besser als die raue Wildnis. Doch wie oben bereits erwähnt, können viele Dinge in unserem Umfeld Angstreaktionen auslösen.

Jenni Puurunen und Kollegen von der Universität Helsinki erklärten 2020 in ihrem Paper in *Scientific Reports* Angst zu einem „großen Problem für das Wohlbefinden von Haushunden".[64] Wenn Hunde über längere Zeit oder zu intensiv Angstgefühlen ausgesetzt sind, verfestigt sich die Furcht. Statt einer vorübergehenden, angemessenen Reaktion auf einen bestimmten Reiz wird die Angst zu einem dauerhaften und allgegenwärtigen Zustand. Eine nahezu ständige Ängstlichkeit verursacht einen hohen Stresslevel sowie Unbehagen, ganz zu schweigen von „Verhaltensproblemen" wie Reaktivität gegenüber fremden Hunden oder Menschen. Dies beeinträchtigt die Lebensqualität des Hundes und fordert die Geduld seines Halters heraus. Wie wir aus umfangreichen Studien über Mensch und Tier wissen, erhöht langfristige Stressbelastung das Risiko für Krankheiten und vorzeitigen Tod.[65] Eine toxische „Angstsuppe" macht unsere Hunde buchstäblich krank.

Scheinbar harmlose Elemente in unserer Wohnung können Angst auslösen. Der Holz- oder Fliesenboden, den wir so hübsch finden, könnte für unseren Hund ziemlich beängstigend sein. Wenn Sie jemals auf Eis ausgerutscht sind, kennen Sie vielleicht den Schreckmoment bei dem Eindruck, dass man gleich hinfallen wird. Dabei steigt Ihre Herzfrequenz an und Adrenalin schießt durch Ihren Körper. Leider nehmen wir Menschen das Ausrutschen eines Hundes oft nicht ernst und lachen ihn aus, wenn er um sein Gleichgewicht kämpft. Wir lachen über Hunde und nennen sie albern, wenn sie tatsächlich aber Angst haben. Auf YouTube wimmelt es von „lustigen Hundevideos", in denen Hunde erschreckt werden. Erst kürzlich sah ich ein Video, das die erschrockene Reaktion eines Schäferhundes auf einen riesigen aufblasbaren T-Rex zeigt. Obwohl viele Hundeliebhaber solche Situationen lustig finden, sollten wir die negativen Gefühle der Hunde nicht unterschätzen. Es ist nur so lange Spaß, bis jemand verletzt wird oder eine Angststörung entwickelt.

Obwohl Tierärzte und Verhaltensforscher in den letzten Jahren verstärkt auf Angstzustände von Haushunden aufmerksam gemacht haben, werden diese wahrscheinlich immer noch unterschätzt. Eine Studie von Emma Grigg und Kollegen aus dem Jahr 2021 über stressbedingte Verhaltensweisen bei Hunden, die alltäglichen Haushaltsgeräuschen ausgesetzt sind, legt nahe, dass Angst weit verbreitet ist.[66] Die sogenannte Geräuschempfindlichkeit – extreme Angstreaktionen auf Lärm – kann bei Haushunden bis zu 50 Prozent betragen. Grigg und Kollegen stellten fest, dass menschliche Betreuer die Ängstlichkeit von Hunden zu unterschätzen scheinen und dass die Mehrheit eher belustigt als besorgt auf die Angst ihres Hundes reagierte.[67]

Leider können wir viele angstauslösende Reize in unserem Zuhause nicht kontrollieren. Obwohl Bella vor Angst zusammenzuckt, kann ich das Niesen nicht vermeiden, besonders an Tagen mit hohem Pollenflug. Wenn ich versuche, ein Niesen zu unterdrücken, mache ich ein hupendes Geräusch, das Bella noch mehr erschreckt als ein normales „Hatschi". In den ersten Tagen bei uns versuchte ich, Bellas Angst vor dem Staubsauger abzubauen, indem ich beim Staubsaugen immer ein Spielzeug hervorholte und das Spielen mit dem Saugen verband. Damit löste ich ein Problem, schuf aber ein neues. Nun kann ich nicht staubsaugen, ohne gleichzeitig Tauziehen zu spielen – ein lächerlicher Anblick, den Staubsauger in die eine Richtung zu schieben und von Bella in die andere gezogen zu werden. Aber es macht das Putzen weniger lästig.

Natürlich sollte es nicht unser Ziel sein, alle Angstquellen bei unseren Hunden zu beseitigen – Angst ist für alle Lebewesen ein normaler Teil des Lebens und hält die Dinge interessant. Aber es ist sinnvoll, unsere Hunde vor Reizen zu schützen, die akute Angstreaktionen hervorrufen, zu psychologischen Traumata führen oder diese verstärken, oder die wir ihnen gezielt auferlegen – sei es aus „ernsthaften" Gründen wie angstbasierten Trainingsmethoden oder dem Versuch, einen Hund „in seine Schranken zu weisen“, oder einfach nur aus Spaß.

Obwohl das Zuhause ein Minenfeld voller beängstigender Reize sein kann, kann es gleichzeitig an für Hunde wichtigen Sinnesreizen mangeln. Für Hunde wichtige Gerüche wie der Duft anderer Hunde, Geräusche (Wind, keckernde Eichhörnchen) und Geschmäcker (Gänsekot) können fehlen. Hunde haben oft nur begrenzte Möglichkeiten, Verhaltensweisen auszuüben, für die sie als Hunde eine hohe Motivation haben. Wie wir in späteren Kapiteln sehen werden, erwarten Menschen von ihren Hunden regelmäßig die Unterdrückung natürlicher Verhaltensweisen (z. B. Herumstreifen, Bellen, Graben, Springen, Futtersuche). Wir sprechen ständig ein „Nein“ aus, ohne Alternativen anzubieten, die ihren natürlichen Bedürfnissen entsprechen.

Ein freundlicher, mitfühlender und ethischer Hundebegleiter zu sein bedeutet, Wege zu finden, genauso oft – und hoffentlich mehr – *Ja* zu sagen wie *Nein*, und dafür zu sorgen, dass unsere Hunde so viele ihrer natürlichen Verhaltensweisen als möglich ausleben können. Das ist keine leichte Aufgabe. Eine der moralischen Fragen, die sich bei der Hundehaltung heute stellt und über die ich mit Bella ständig nachdenke, ist: Wie können wir die Hundenatur innerhalb der Beschränkungen menschlicher Behausungen und Umgebungen so unterstützen, dass unsere Gefährten nicht nur überleben, sondern gedeihen?

Ich glaube, dass wir mit etwas Überlegung und Anstrengung eine Umgebung und Erlebnisse schaffen können, die unsere Hunde interessieren, aufregen, neugierig machen und geistig wie körperlich auslasten. Langeweile zu vermeiden ist gut, aber Beschäftigung ist noch besser. Und wenn es darum geht, Wege zur Beschäftigung von Hunden zu finden, können Menschen unglaublich kreativ sein.

Der übliche Begriff hierfür ist „Bereicherung“ (Enrichment). Ich werde ihn verwenden, allerdings mit einem Vorbehalt. Das Problem mit „Enrichment“, wie es in der Tierschutzliteratur verwendet wird, ist die Implikation, dass es etwas ist, das zu einem Care-Programm *hinzukommt*. „Wenn Sie Ihrem Hund einen Gefallen tun wollen, dann bereichern Sie sein tägliches Leben“. Man könnte fünf Minuten damit verbringen, seinen Hund zu bereichern. Aber wenn es dem Leben unserer Hunde an Bereicherungen fehlt, wäre es dann nicht besser, das ganze Unterfangen so zu überdenken, dass Bereicherung in unser gemeinsames Leben integriert wird, anstatt nur fünf Minuten Enrichment pro Tag hinzuzufügen? Wie die Hundeverhaltensberaterinnen Allie Bender und Emily Strong in *Canine Enrichment for the Real World* vorschlagen, ist Enrichment eine Philosophie, eine Lebensweise. Es ist etwas, das man immer wieder tut, manchmal ganz bewusst, manchmal weniger. Man kann es nicht einfach von der To-Do-Liste abhaken.

Das eben genannte Buch von Bender und Strong, Zazie Todds *Wag: The Science of Making Your Dog Happy* und Marc Bekoffs *Unleashing Your Dog* – um nur einige zu nennen – nutzen die Kognitionswissenschaft, um Hundehaltern zu erklären, warum bestimmte Erfahrungen für Hunde interessant sind und wie wir ihre Sinne am besten ansprechen können. Alle drei Bücher sind voller Beispiele. Auch im Internet wimmelt es von tollen Websites und Ideen. Ich empfehle, ein Tagebuch für den Hund anzulegen, um Ideen zu notieren. So kann man verfolgen, was dem Hund am meisten Spaß macht und die Bereicherungen abwechseln, um die Dinge interessant zu halten, es sei denn, eine bestimmte Bereicherung wird zum täglichen Ritual.

Im Folgenden einige Beispiele für Bereicherungen, die wir mit Bella ausprobiert haben. Einige waren sehr erfolgreich, andere fielen flach. Bella zeigt gut, dass man die Bereicherung an die Bedürfnisse des Hundes anpassen muss, da sie körperliche Einschränkungen hat – deshalb habe ich mich überhaupt erst für Bereicherung interessiert. Die Dinge, die ihr früher große Freude bereiteten, wie Frisbee jagen und am Rande des Hundeparks herumlaufen, waren nach den Beinoperationen immer weniger möglich. Wie sollte ich ihren Tag interessant gestalten, wenn ich nicht mit ihr spazieren gehen und lange Balljagden veranstalten konnte?

Einige von Bellas Bereicherungen habe ich in die tägliche Routine integriert: Wir gehen immer noch spazieren, auch wenn dabei nicht viel gelaufen wird. Ich nehme Bella täglich mit auf ein großes Abenteuer zu einem unserer örtlichen Wanderwege und lasse sie einfach zwanzig oder dreißig Minuten lang spazieren gehen. An einem guten Tag legen wir vielleicht ein paar hundert Meter zurück, manchmal gehen wir auch nur drei Meter. Allein die Tatsache, ins Auto zu steigen und irgendwohin zu fahren – und sei es nur die Straße hinunter – scheint Bella zu begeistern. Sie schnüffelt, findet Pinkelstellen, um sie zu markieren, den perfekten Platz, um ihr Geschäft zu erledigen und einen kleinen Snack (Hirschlosung?). Gelegentlich begrüßt sie auch einen anderen Hund oder zwei, und manchmal tut sie so, als würde sie ein Reh oder eine Elster jagen. Da Bella nicht mehr mit mir spazieren gehen kann, bringe ich ihr manchmal einen Stock mit, vorzugsweise einen, den ein anderer Hund aus irgendeinem Grund interessant gefunden hat. Sie schnüffelt dann vorsichtig an dem Stock und zieht dann oft die ganze Rinde ab. Wenn ich beim Laufen einem anderen Hund begegne, bleibe ich an der Tür stehen, während Bella an meinen Händen und Beinen schnüffelt.

In den warmen Monaten gehe ich mit Bella zu dem kleinen Teich in der Nachbarschaft und mache mit ihr das, was ich Hydrotherapie nenne: Wir schwimmen nach Bällen im Wasser. Wir spielen auch stationäres „Fangen" oder sanftes Tauziehen mit Bellas ausgestopftem Floh oder einem ihrer vielen anderen Stofftiere. Wir haben Bella einen Rollstuhl gekauft, den sie entschieden abgelehnt hat, und dann einen Kinderwagen ausprobiert, von dem wir fest davon ausgingen, dass sie ihn ebenfalls hassen würde. Zu unserer großen Überraschung liebt sie ihn (auch dank der großen Menge an Leckerlis, die wir mit hineinlegen). Sie springt eifrig hinein und sitzt aufrecht, während wir eine Runde durch die Nachbarschaft drehen, wobei sie den Kopf oben herausstreckt wie ein kleiner Vogel in seinem Nest und die vorbeiziehenden Gerüche erschnüffelt.

Ich habe auch versucht, ihre Fütterung interessanter zu gestalten. Ich füttere ihr kleinere Mahlzeiten und ergänze sie dann mit etwas Krokant in einer Schnüffelmatte. Sie bekommt gefrorene Erdnussbutter-Kongs, Erdnussbutter auf einer LickIt Matte, leere Erdnussbuttergläser – alles, was mir zu Bellas Lieblingsessen einfällt. Jeden Tag mittags bekommt sie die so genannte Grüne-Bohnen-Therapie, das kalorienarme Gegenmittel zu Erdnussbutter: Ich fülle ein Puzzlespielzeug mit gefrorenen grünen Bohnen und Bella stürzt sich mit großer Begeisterung darauf. Bella liebt Trainingseinheiten – sowohl wegen der Leckerlis als auch, weil sie gerne zeigt, wie schlau sie ist – aber ich bitte sie nur um Dinge, die nicht viel Bewegung erfordern: berühren, abklatschen, winken, mich beobachten.

Für Abwechslung sorgen in erster Linie die jeweiligen Halter, aber manchmal ist das Glück der Hunde eine Gemeinschaftsangelegenheit.

Der Hundepark von Estes Valley, Bellas Lieblingsplatz, verfügt über riesige Behälter mit Bällen, Würfeln, Ballwerfern, Seilen und anderem Spielzeug, das den Hunden zur Verfügung steht, während sie sich im Park aufhalten – alles von Freiwilligen zur Verfügung gestellt. Ein Mann in Neuseeland stellte fest, dass es in der Gegend, in der er mit seinem Hund spazieren ging, an Stöcken fehlte, und richtete eine „Stockbibliothek" ein, aus der sich Hund und Betreuer einen Stock in der richtigen Größe ausleihen können, um ihn entweder mit sich herumzutragen oder zum Apportieren zu verwenden und dann zurückzugeben.[68] Einige Einzelpersonen oder Gemeinden haben so genannte sensorische Gärten für Hunde angelegt, Bereiche, die so gestaltet sind, dass sie Hunde durch verschiedene Pflanzen, Texturen, Materialien, Formen, Düfte und Höhen stimulieren – mit anderen Worten, ein interessanter und dreidimensionaler Raum und nicht nur eine ebene Fläche mit englischem Rasen.[69] Hunde können auf Farmen gehen, die Nasenarbeits-Kurse anbieten. Ein Unternehmen namens Sniffspot bringt Menschen, die über einen großen, eingezäunten Hof verfügen, mit Hundehaltern zusammen, die keinen Zugang zu einem großen, eingezäunten Gelände haben, in dem ihr Hund frei laufen kann.[70] Sie können nach Orten suchen, die für reaktive Hunde geeignet sind – Orte, an denen sich keine anderen Hunde in Sicht- oder Hörweite befinden. Oder Sie können sich mit anderen Hundebesitzern und Hunden zu einem Treffen verabreden, die Spielzeit und soziale Interaktion beinhaltet.

## Soziales Engagement

Einige der akutesten Schwierigkeiten für Hunde ergeben sich aus der Einengung ihres Soziallebens. Die sozialen Erfahrungen von Hunden werden von Menschen streng kontrolliert, die entscheiden, wann, wo und unter welchen Bedingungen und sogar ob Hunde mit anderen zusammenkommen dürfen. Die Art und Weise, wie wir uns Hunde als Haustiere anschaffen und mit ihnen leben, beinhaltet in der Regel – man könnte sogar sagen: zwangsläufig – die Zerrüttung der familiären Sozialsysteme von Hunden. Die natürlichen sozialen Verhaltensweisen von Hunden – Flirten, Liebe, Freundschaft, Rudel, Fortpflanzung, Erziehung

– wurden nach und nach eingeschränkt. In den letzten Jahrzehnten ist das soziale Leben von Hunden weniger hundenatürlich, enger gefasst und mehr auf den Menschen ausgerichtet geworden.

Die Bewältigung des sozialen Lebens von Hunden ist aufgrund miteinander verknüpfter Trends in der Kultur der Hundehaltung noch schwieriger geworden: Verstädterung, steigende Anzahl von Menschen und Hunden, sich verändernde demografische Muster, Gesetze gegen freilaufende Hunde, strengere Regulierung des Körpers und der Bewegungen von Hunden, Veränderungen in der Vorstellung von verantwortungsvoller Hundehaltung und eine zunehmende Fokussierung auf die Mensch-Tier-Bindung. Das Ergebnis ist, dass es extrem schwierig sein kann, die wesentlichen sozialen Bedürfnisse von Hunden zu erfüllen.

Die Konstellation der Probleme ist komplex. Ich werde nur einen kurzen Blick auf einige der besonderen sozialen Benachteiligungen werfen, denen Hunde ausgesetzt sind, und darauf, wie wir diese Schäden bis zu einem gewissen Grad abmildern können.

## Bindung

Wir möchten, dass unsere Hunde eine tiefe Verbundenheit mit uns haben und unsere Gefühle wahrnehmen. Und das tun sie auch. Aber diese Bindung und emotionale Synchronizität hat ihren Preis.

Wenn wir einen Welpen adoptieren, geht es in erster Linie darum, eine sichere Bindung zu uns als menschlichem Beschützer aufzubauen. Welpen werden in der Regel im Alter von acht Wochen vermittelt, weil wir in diesem Alter den biologischen Bindungsprozess am effektivsten beeinflussen können. Obwohl acht Wochen nach wie vor als idealer Zeitpunkt für die Adoption gelten, wird zunehmend erkannt, dass es aus Sicht des Welpen und der Mutter zu früh ist. Indem wir uns selbst und nicht die Hundemutter zur Bezugsperson machen, fördern wir die emotionale Abhängigkeit des Hundes von uns – und das ist genau das, was wir wollen. So entsteht eine enge Mensch-Hund-Bindung. Die Intensität der Bindung, die wir von Hunden erwarten, scheint grenzenlos zu sein. Aber Bindung ist nicht ohne erhebliche Auswirkungen für Mensch und Hund gleichermaßen.

*Exkurs: Hunde kauft man nicht – man adoptiert sie*

Ich habe bisher noch nicht die perfekte Bezeichnung für die Aufnahme eines Hundes in unser Zuhause gefunden. „Ich habe einen Welpen adoptiert“ ist ein Euphemismus, der die Realität verschleiert, dass wir Hunde aktiv aus ihren Hundefamilien herausnehmen. Dennoch klingt es besser als „Ich habe einen Welpen gekauft“, was einen unangenehmen Beigeschmack hat. (Und wer würde schon sagen: „Ich habe ihn seiner Mutter weggenommen!?“) „Erwerb“ suggeriert, dass ein Hund ein Objekt ist. Der Begriff „Rettung“ ist auch problematisch: Er fördert unseren übertriebenen Retterkomplex und normalisiert das Einsperren von Hunden.

Trotz dieser Schwierigkeiten spreche ich meistens von „Adoption“. Zum einen fühlt es sich am wenigsten falsch an, zum anderen signalisiert es eine Haltung gegen kommerzielle Welpenzucht und die Besessenheit von reinrassigen Hunden. Manchmal sage ich auch „Sie ist ein Tierschutzhund“, um anzudeuten, dass Bella sich vielleicht nicht immer gesellschaftskonform verhält. Es ist eine nützliche kurze Umschreibung für „Bitte lassen Sie sie in Ruhe“.

In *Hunde* beschreibt der Ethologe Ádám Miklósi die Bindung als „Verhaltenskontrollsystem“. Sie zeigt sich in einer anhaltenden Anziehung zur Bezugsperson und äußert sich in vorhersehbaren Verhaltensweisen wie Nähesuchen, dem Sicherheitseffekt (die Bezugsperson als sichere Basis für Erkundungen), Trennungs- und Begrüßungsverhalten sowie Entspannung in Gesellschaft der Bezugsperson.[71] Bindung ist nicht gleichbedeutend mit Abhängigkeit, auch wenn beides oft miteinander vermischt wird. Abhängigkeit bezieht sich auf die Befriedigung von Grundbedürfnissen, während Bindung die emotionale Verfügbarkeit der Bezugsperson betrifft.[72]

Hunde sind bei der Befriedigung ihrer täglichen Bedürfnisse oft stark von Menschen abhängig. Ebenso, wenn nicht noch mehr, sind sie auf Menschen für ihre sozialen Bedürfnisse angewiesen, da wir ihre Möglichkeiten dazu einschränken. Eine der wichtigsten Einschränkungen ist psychologischer Natur: Wir erschaffen Hunde, die emotional von uns abhängig sind. In dieser Zeit, in der die Hauptaufgabe von Hunden in emotionaler Arbeit besteht, ist das Hauptziel bei der „Anschaffung eines Hundes“ die Schaffung emotionaler Abhängigkeit.

Durch den Sozialisationsprozess stellen wir sicher, dass wir die primäre Bezugsperson unserer Hunde werden. Wir ermutigen sie, emotional von uns abhängig zu sein und finden es erfreulich, wenn sie uns brauchen – selbst wenn ihr Bedürfnis nach uns pathologisch wird. Oft werden wir nicht nur zur *Haupt*bezugsperson, sondern zur *einzigen* sicheren Bezugsperson für unseren Hund. Entweder das, oder wir vernachlässigen die Feinheiten der Welpenaufzucht und schaffen so Hunde mit unsicherer Bindung, die ihr Leben lang von Ängsten und Sorgen geplagt werden.[73]

Wenn wir bei einem Hund eine Bindung aufbauen, müssen wir auch die Verantwortung für die emotionalen Folgen übernehmen. Etwas so Einfaches wie einen Hund allein zu lassen bekommt eine moralische Komponente, wenn wir wissen, dass Trennungsphasen belastend sind. Wir wollen alles: einen emotional anhänglichen Hund, der gleichzeitig unabhängig ist. Wir schaffen ein ungesundes Maß an Bindung und Abhängigkeit und sind dann überrascht über Trennungsangst.

Vielleicht können wir Menschen in Zukunft lernen, weniger emotional bedürftig zu sein, wenn es um die Zuneigung unseres Hundes geht. Wie bei Kindern können wir Hunden helfen, ihre eigenen lebendigen sozialen Welten aufzubauen.

## Leid durch Trennung

Trennungsinduzierte Störungen – oft unter dem Begriff „Trennungsangst“ zusammengefasst – sind ein charakteristisches Merkmal von Hunden, die im 21. Jahrhundert intensiv zu Hause gehalten werden, und einer der häufigsten Gründe, warum Menschen Hilfe bei einem Tierarzt oder Trainer suchen. Trennungsangst ist zu einem Sammelbegriff für jede Art von „negativer“ Reaktion auf das Alleinsein geworden, sei es, dass der Hund die Couch zerkaut, ein Loch in den Türrahmen kratzt, hektisch bellt oder auf die Bettdecke pinkelt. Die Epidemie der trennungsinduzierten Krankheiten sollte uns ein Hinweis darauf sein, dass bei Hunden etwas nicht stimmt.

Bei der Behandlung von Trennungsangst geht es oft darum, den Hund allmählich an das Alleinsein zu gewöhnen, manchmal in Verbindung mit Medikamenten, die die Angstgefühle dämpfen. Diese Behandlungen sind zwar für die Hunde von großem Nutzen, gehen aber nicht auf die zugrunde liegenden Probleme der Abhängigkeit, sozialen Isolation und Einsamkeit ein. Noch wichtiger als die Entwicklung und Verbreitung von Behandlungsprotokollen ist ein tieferes Verständnis der komplexen Ursachen dieser trennungsinduzierten Ängste und die Bemühung, die Bedingungen zu verbessern, die so viel Leid für Hunde und ihre Menschen verursachen. In diesem Bereich gibt es keine schnellen Lösungen. Tatsächlich empfehlen Trainer, die sich auf Trennungsprobleme spezialisiert haben, oft, dass wir einen Hund niemals allein lassen sollten, bis er gelernt hat, wie man ihn entspannt alleine lässt. Wir können ihm beibringen, darauf zu vertrauen, dass wir zurückkommen, aber das braucht viel Zeit und eine Menge Geduld. Man kann damit beginnen, ihn für dreißig Sekunden allein zu lassen und dies dann vielleicht auf eine oder zwei Minuten erhöhen. Es kann Monate des sorgfältigen Trainings dauern, bis ein Hund einige Stunden allein zu Hause bleiben kann. Dies erfordert eine radikale Änderung unserer eigenen sozialen Gewohnheiten. Wären Sie bereit und in der Lage, dies für Ihren Hund zu tun?

Das Thema Trennungsangst bei Hunden ist in den letzten Jahren viel stärker ins Bewusstsein gerückt und diskutiert worden, insbesondere während der COVID-19-Krise. Die einjährige Abriegelung zu Beginn der Pandemie hat deutlich gemacht, wie viel Zeit Hunde unter „normalen" Bedingungen vor der Pandemie allein verbrachten und dass unser ständiges Zuhause vielleicht die ideale Voraussetzung dafür ist, einen neuen Welpen oder erwachsenen Hund ins Haus zu holen. Den aufmerksamen Beobachtern ist auch klar geworden, dass die Rückkehr zu unseren alten Gewohnheiten, Hunde eingesperrt zu lassen, während wir ein geschäftiges soziales und berufliches Leben außerhalb des Hauses führen, sowohl für Hunde unhaltbar als auch zutiefst ungerecht ist.

## Soziale Isolation

Der Weltgesundheitsorganisation zufolge sind „qualitativ hochwertige soziale Beziehungen für unsere geistige und körperliche Gesundheit und unser Wohlbefinden von wesentlicher Bedeutung. Die Auswirkungen von sozialer Isolation und Einsamkeit auf die Sterblichkeit sind vergleichbar mit denen anderer bekannter Risikofaktoren wie Rauchen, Fettleibigkeit und Bewegungsmangel."[74] Soziale Isolation wird unter anderem mit Depressionen, beeinträchtigten kognitiven Funktionen, Immunsuppression und frühem Tod in Verbindung gebracht. Das angeborene Bedürfnis nach sozialer Verbundenheit ist natürlich nicht nur beim Menschen vorhanden. Alle sozialen Tiere leiden, wenn sie isoliert sind, und Hunde gehören zu den besonders sozialen Säugetieren auf unserem Planeten, sodass wir nur vermuten können, dass soziale Isolation einen hohen Tribut fordert.

Vieles von dem, was wir über die psychologischen und physiologischen Auswirkungen der Isolation wissen, stammt aus Studien an Labortieren, einschließlich Hunden. Indem sie Tiere isolierten, entdeckten die Forscher, dass Isolation eine Stressreaktion auslöst – die Aktivierung der kaskadenartigen physiologischen Kampf-oder-Flucht-Reaktion. Die Stressreaktion ist nicht per se schädlich. Sie ermöglicht es den Organismen, mit den Herausforderungen seiner Umwelt umzugehen. Aber die Stressreaktion ist so konzipiert, dass sie kurzfristig und vorübergehend ist, gefolgt von einer Rückkehr zur Homöostase. Wenn sie chronisch ist oder zu oft auftritt, belastet die Stressreaktion unseren Körper und unseren Geist. Chronischer Stress kann, wie die Weltgesundheitsorganisation anmerkt, zu emotionaler Dysregulation, Krankheit und frühem Tod führen.

Soziale Isolation ist das bestimmende Merkmal des Lebens von Haushunden und gleichzeitig eine Form des Leidens, die für menschliche Hundehalter meist unsichtbar bleibt. Viele Hunde sind ständig auf das Haus beschränkt, abgesehen von kurzen, vorgeschriebenen Intervallen im Freien, in denen sie „ihr Geschäft erledigen" sollen; viele sind in der Menge, Qualität und Art der sozialen Interaktion, die ihnen erlaubt wird, eingeschränkt; viele haben nichts, was einer sozialen Gruppe ähnelt; viele haben immer nur mit einem Menschen zu tun. In der Tat leben Hunde oft ihr ganzes Leben in einer Situation, die dem ähnelt, was viele Menschen während der Coronavirus-Pandemie zum ersten Mal zu spüren bekamen: Abgeschlossenheit. Jetzt, da viele von uns selbst erlebt haben, wie es ist, zu Hause isoliert zu sein, haben wir den Grundstein dafür gelegt, unseren Hunden gegenüber mehr Empathie zu zeigen, denn Empathie bedeutet, sich in das Leiden eines anderen hineinzuversetzen, *als ob es unser eigenes wäre.* Wir müssen jedoch noch einen weiteren Schritt tun, um diese Samen der Empathie zu gießen, indem wir die lebenslange Isolation von Hunden anerkennen und dann daran arbeiten, sie zu überwinden.

Im Laufe unserer gemeinsamen Geschichte mit Hunden haben wir ihre Geselligkeit, ihre Hypersozialität kultiviert. Jetzt leiten wir diese Freundlichkeit gierig auf uns selbst über. Ein Hauptmerkmal der heutigen Hundehaltung ist die Reduzierung der Beziehung zwischen Hund und Mensch auf eine einfache Dyade – die berühmte Mensch-Hund-Bindung. Die Art und Weise, wie wir dies tun, weist eine wichtige Asymmetrie auf. Unsere Freundschaft mit einem Hund ist nur eine Ebene unserer sozialen Welt, ein Glied in unserem sozialen Netzwerk. Für Hunde, die als Haustiere gehalten werden, ist der menschliche Betreuer oft das einzige Glied in ihrem sozialen Netz.

Die soziale Gruppierung von Hunden in einer Mensch-Hund-Dyade ist eine Isolierung im kleinen Rahmen mit weitreichenden Auswirkungen. Wir verweigern Hunden das Potenzial für erweiterte Hundefamiliensysteme. Forschungen über die soziale Ökologie freilebender Hunde legen nahe, dass Hunde in Beziehungen zu Eltern, Tanten, Onkeln, Großeltern und Geschwistern leben. Wir trennen Hunde auch von ihrer breiteren ökologischen Gemeinschaft und beschränken den Zugang zu anderen Tierarten, mit denen sie interagieren könnten.[75]

## Einsamkeit

Einsamkeit wird von Sozialpsychologen als die Diskrepanz zwischen den sozialen Beziehungen, die eine Person haben möchte, und dem, was sie erlebt, definiert. Sie ist subjektiv und spiegelt die einzigartige psychologische Reaktion eines Individuums auf die Umstände des Alleinseins wider. Dies gilt unabhängig davon, ob es sich um eine menschliche oder eine hündische Spezies handelt. Soziale Isolation führt bei vielen Hunden ebenso wie bei vielen Menschen zu Gefühlen der Einsamkeit. Wie wir aus der umfangreichen Literatur der Psychologie wissen, ist Einsamkeit eine Form des emotionalen Schmerzes.[76]

Zu den Bedingungen, die Hunde einsam machen können, gehören unter anderem, dass sie kein Gefühl der Zugehörigkeit zu einer Gemeinschaft haben; dass sie keine oder nicht genügend Freunde haben, um ihre Bedürfnisse zu befriedigen; dass sie so aufgewachsen sind, dass sich eine extreme Überabhängigkeit von einer bestimmten menschlichen Bezugsperson entwickelt, sodass die Trennung von dieser Person Panik- oder Angstgefühle auslöst; oder dass sie allein gelassen werden, ohne etwas Interessantes oder Sinnvolles zu tun.

Die Einsamkeit der Menschen hat die Anschaffung von Hunden vorangetrieben. Neben der menschlichen Epidemie der Einsamkeit gibt es nun auch eine Hundeepidemie.

## Allein zu Haus

Viele Hundehalter machen sich Sorgen, wenn sie ihren Hund allein zu Hause lassen – obwohl es oft die einzige Möglichkeit ist, einen Hund allein zu lassen, wenn man zur Arbeit, zur Schule usw. in die Welt hinausgeht. Eine Freundin aus der Nachbarschaft beschrieb, wie sie sich fühlte: „Ich kann es nicht ertragen, Paisley allein zu lassen. Ich bin unterwegs und habe Spaß, und sie sitzt zu Hause und wartet auf mich. Ich mache mir immer Sorgen um sie, wenn ich weg bin." Es ist eine Frage, die sich alle verantwortungsbewussten Hundehalter stellen: Wie lange kann ich meinen Hund ruhig allein zu Hause lassen? Wie lange ist zu lang?

Auf diese sehr häufig gestellte Frage gibt es keine eindeutige, wissenschaftlich belegte Antwort. In der Tat gibt es fast keine Forschung, die sich mit der Frage befasst, wie lange ein Hund allein zu Hause bleiben kann – es liegt ganz im Ermessen und im Urteil des Hundehalters. Vielleicht ist das auch sinnvoll, denn wie lange ein Hund allein gelassen werden sollte, hängt stark von dem jeweiligen Hund und den Rahmenbedingungen seines Lebens ab. Ein Hund, der acht Stunden am Tag allein gelassen wird, aber die anderen sechzehn Stunden mit seiner Familie verbringt und interessante Dinge tut, befindet sich in einer anderen Situation als ein Hund, der acht Stunden am Tag allein gelassen wird und dessen menschliche Familie abends zurückkehrt, aber den Hund im Grunde ignoriert und ihm keine sozialen oder physischen Möglichkeiten gibt, seine Energie abzubauen und ihn dann die ganze Nacht in einem Zwinger schlafen lässt. Es kann auch sein, dass die Obergrenze für die angemessene Dauer des Alleinbleibens zu Hause von den Ausscheidungsgewohnheiten des Hundes abhängt – wie lange er sein Pipi und sein Häufchen bequem zurückhalten kann.

Trotz des Mangels an Daten besteht unter Tierärzten und Hundetrainern ein breiter Konsens darüber, dass etwa vier Stunden für die meisten Hunde eine angemessene Grenze darstellen. Darüber hinaus können viele Hunde anfangen zu leiden. Leider werden viele Hunde viel länger allein zu Hause gelassen – manche sogar zwölf oder vierzehn Stunden pro Tag. Obwohl dies selten als Tierquälerei definiert wird, verursacht das Alleinsein von Hunden über so lange Zeiträume wahrscheinlich zumindest bei einigen, vielleicht sogar bei vielen Hunden extreme psychische Probleme. Dies gilt insbesondere dann, wenn die Hunde physisch in einer Box, einem Zwinger oder einem kleinen Raum eingesperrt sind, da die physischen Unannehmlichkeiten des Eingesperrtseins das psychische Unbehagen noch verstärken. Es sollten Standards für akzeptable Zeiten des „Alleinseins" entwickelt und Informationen an die Hundehalter weitergegeben werden.

Oft verteidigen sich Menschen damit, dass Hunde die Zeit nicht einschätzen können und den Unterschied zwischen zwei Minuten und zwei Stunden nicht kennen. Auch wenn Hunde die Zeit nicht auf dieselbe Weise wie wir wahrnehmen, ist die Behauptung, Hunde hätten kein Zeitgefühl, absurd anthropozentrisch. Sie ist auch falsch.[77] Hunde wissen zweifellos, wann wir weg sind, und spüren die Dauer unserer Abwesenheit. Die wichtigere Frage ist, ab wann eine lange Abwesenheit als unangenehm empfunden wird.

Eine der Möglichkeiten, wie Menschen versuchen, soziale Isolation, Einsamkeit und die Zeit, die sie alleine verbringen, auszugleichen, ist die Haltung von zwei oder mehr Hunden, vielleicht auch einer Katze oder eines anderen Tieres, mit dem der Hund befreundet sein kann. Mehrhundehaushalte und Haushalte mit mehreren Tierarten können eine soziale Bereicherung sein, aber sie können auch eine Herausforderung darstellen. Die wenigen Forschungsergebnisse, die wir zu diesem Thema haben, deuten darauf hin, dass die Aufnahme eines weiteren Hundes in ein Heim nicht unbedingt etwas gegen Trennungsangst oder Einsamkeit ausrichtet, sondern die Situation sogar noch verschlimmern kann.[78]

„Das Hinzufügen eines Hundes" klingt nach einfacher Mathematik, ist es aber nicht. Eine der Hauptschwierigkeiten besteht darin, dass man nicht wirklich weiß, wie es sein wird, bis man schon mittendrin ist, und dann ist es schwer, wieder auszusteigen. Wir haben Bella in unseren Haushalt geholt, um sie unserer Hündin Maya zur Seite zu stellen, da wir der Meinung waren, dass Hundefreundschaften wichtig sind, nachdem wir nur die wunderbare Freundschaft zwischen Maya und unserem inzwischen verstorbenen Hund Ody erlebt hatten. Als Bella und Maya sich im Tierheim kennenlernten, lief alles wie am Schnürchen. Und in den ersten ein oder zwei Jahren schienen sich Bella und Maya gut zu verstehen. Aber die Freundschaft, die Maya und Ody verband, wurde nie so einfach. Als Maya älter wurde und körperlich etwas an Kraft verlor und Bella gleichzeitig erwachsen und im Haushalt sicherer wurde, konnten wir sehen, wie sich die Dinge zu verschieben begannen. Während Bella sich früher Maya gegenüber zurückhielt, forderte sie sie nun heraus. Die Lage wurde immer angespannter. Es gab ein paar kleinere Raufereien, und schließlich begannen die richtigen Kämpfe. Sie hatten drei sehr ernste, langwierige Kämpfe, die alle mit blutbespritzten Wänden und Tierarztbesuchen verbunden waren, um die Verletzungen des einen oder des anderen oder beider zu behandeln. Beim dritten Kampf musste Maya eine mehrstündige Operation über sich ergehen lassen, um einen durchtrennten Speicheldrüsengang zu reparieren und mehrere Zähne zu entfernen, die während des Kampfes abgebrochen waren. In den verbleibenden vier Jahren von Mayas Leben mussten wir die sozialen Interaktionen sorgfältig steuern, vor allem in Bezug auf Auslöser wie Essen, das Bett und Begrüßungen an der Tür. Ich war ständig angespannt, und ich kann mir vorstellen, dass Bella und Maya gleichermaßen aufgeregt waren. Wir hatten das Gefühl (und haben es immer noch), dass wir beide im Stich gelassen haben, indem wir sie in eine Situation gezwungen haben, die sie unglücklich machte und ihnen körperlichen Schaden zufügte. Und nicht nur das: Ich hatte das Gefühl, dass meine Liebe und Aufmerksamkeit geteilt waren und keiner der beiden Hunde so viel bekam, wie er verdient hätte.

Trotz unserer Erfahrungen mit Maya und Bella bin ich immer wieder erstaunt, wie gut sich Hunde an ein gemeinsames Zuhause anpassen. Hunde sind bemerkenswert tolerant gegenüber anderen Hunden – weit mehr als die meisten Menschen. Aber die Gesellschaft eines anderen Hundes zu tolerieren, ist nicht dasselbe wie die aktive Entscheidung, mit ihm zusammen zu sein, weil man ihn mag. Hunde werden regelmäßig gezwungen, mit anderen Hunden zusammenzuleben und verbringen oft ihr ganzes Leben im selben Haus, ohne dass sie eine Wahl haben und wahrscheinlich auch ohne, dass es ihnen gefällt. Manchmal kann es sogar die Hölle auf Erden sein. Stellen Sie sich zum Beispiel einen kleinen, eher ruhigen Hund vor, der mit einem großen, ungestümen Hund zusammenlebt, der ihn ständig terrorisiert. Ohne aktives Eingreifen der Menschen im Haushalt könnte der kleinere Hund in einem nahezu ständigen Zustand der Angst leben.

Dies ist kein Argument gegen Mehrhundehaushalte, sondern eher eine Warnung, dass wir, wenn wir Hunde bitten, ein Zuhause zu teilen, darauf achten müssen, wie die Beziehung für alle Beteiligten funktioniert und wie wir dafür sorgen können, dass sich alle sicher und geliebt fühlen. Und wie mich die Geschichte von Maya und Bella gelehrt hat, ist die Familiendynamik nicht statisch, sodass wir auf Veränderungen im Laufe der Zeit aufmerksam bleiben müssen. Wir müssen auch auf die Möglichkeit von Liebeskummer vorbereitet sein.

## Zeit für sich allein

Obwohl wir sorgfältig darüber nachdenken müssen, ob wir einen Hund allein in der Wohnung halten wollen, müssen wir auch das Bedürfnis des Hundes nach Zeit für sich selbst berücksichtigen. In der Tat leiden viele Hunde an einer bizarren Kombination aus zu viel sozialer Isolation und zu viel sozialer Interaktion.

Sozial isoliert zu sein ist etwas anderes, als sich für das Alleinsein zu entscheiden. Sozial isoliert zu sein bedeutet, dass einem soziale Möglichkeiten vorenthalten werden; es bedeutet, dass man keine Wahl mehr hat. Das Alleinsein hingegen kann ein bewusster, vorübergehender Rückzug aus sozialen Interaktionen sein. Ein Hund, der allein ist, ist nicht unbedingt ein einsamer Hund.

Ein Hund, der nicht gut allein sein kann, ist ein Hund, der psychologisch geschädigt ist. Hunde wissen als Säugetiere, wie man allein ist. Wir lassen sie das vergessen. Die Epidemie von Trennungsproblemen hat damit zu tun, wie wir Hunde aufziehen und halten, und nicht mit ihren natürlichen Fähigkeiten, Zeit in der Einsamkeit zu verbringen.

Viele Hunde ziehen es vor, zumindest zeitweise allein zu sein, und profitieren von einem eigenen, ruhigen Raum. Hunde, die in der Hektik eines menschlichen Zuhauses leben – vor allem in einem Haus mit viel Aktivität und Lärm – wissen es vielleicht zu schätzen, einen Ort zu haben, an den sie sich von sozialen Interaktionen zurückziehen können.

## Die Saat der Sozialität wässern

Wir können den Hunden nicht zurückgeben, was wir ihnen genommen haben – die gesamte Palette der sozialen Verhaltensweisen von Caniden –, aber wir können daran arbeiten, ihre sozialen Welten auf sinnvolle Weise zu öffnen, und wir haben die Verantwortung, dies zu tun. Was brauchen Hunde im sozialen Bereich? Die einfache Antwort lautet: mehr, als sie bekommen. Wir können nicht nur versuchen, die sozialen Welten unserer Hunde reichhaltiger und abwechslungsreicher zu gestalten, sondern auch die Schäden zu mindern, die durch die häusliche Isolation verursacht werden – was mit einem ersten schweren Schritt einhergeht: der Einsicht, dass die Isolation von Hunden in den eigenen vier Wänden eine potenziell schädliche Form der Gefangenschaft darstellt.

Aussagen über verantwortungsvolle Hundehaltung, die sich auf das soziale Wohlergehen von Hunden beziehen, konzentrieren sich häufig auf die Sozialisation: Gute Hundehalter sozialisieren ihren Hund richtig. Obwohl Sozialisation und soziales Engagement miteinander verwandt sind, sind sie nicht gleichwertig. Im Zusammenhang mit dem Zusammenleben mit Haushunden bezieht sich Sozialisation im Allgemeinen auf den Prozess der Einführung von Welpen in das häusliche Leben während des so genannten kritischen Sozialisationsfensters von acht bis zwölf Wochen, wenn sie am offensten für Neues sind und wenn positive Erfahrungen mit Menschen, anderen Hunden und ihrer Umgebung ihnen helfen können, selbstbewusste und ruhige Erwachsene zu werden. Die Bedeutung einer angemessenen Sozialisation kann nicht hoch genug eingeschätzt werden: Sie trägt dazu bei, dass sich Hunde erfolgreich an die menschliche Umgebung anpassen können.

Was weniger beachtet wird, ist die Bedeutung der Sozialisation im täglichen Leben von Hunden. Hunde brauchen und wollen Zeit mit uns und vielleicht, je nach Hund, auch mit anderen Menschen. Vor allem brauchen und wollen sie aber auch Zeit mit Artgenossen verbringen. Das bedeutet, dass Hunde mehr Zeit außerhalb der vier Wände ihres menschlichen Geheges brauchen, mehr Zeit draußen in der Welt, sei es bei Spaziergängen und gemeinsamen Besorgungen oder in gemeinsamen Gemeinschaftsräumen. Wenn möglich, sollten wir versuchen, Bedingungen zu schaffen, unter denen soziale Interaktionen zwischen Hunden frei fließen können, anstatt von menschlichen Hundeeltern sorgfältig orchestriert zu werden. Hunde müssen die Möglichkeit haben, selbst zu entscheiden, wie, wann und mit wem sie interagieren. Genauso wie es für Hunde stressig ist, wenn sie in die Isolation gezwungen werden, ist es auch für sie stressig, wenn sie gezwungen werden, auf unangenehme Weise mit anderen Hunden zu interagieren.

Angesichts der praktischen und strukturellen Zwänge kann es eine ziemliche Herausforderung sein, ein interessantes Sozialleben für unsere Hunde zu pflegen. Zum Beispiel müssen Hunde meist an der Leine geführt werden. Leinen behindern jedoch die natürlichen Interaktions- und Kommunikationsmuster zwischen Hunden. In Gebieten ohne Leinenpflicht gibt es noch andere Probleme, wie zum Beispiel Hunde, die schlecht sozialisiert wurden oder einfach keine ausreichenden Erfahrungen mit anderen Hunden ihrer Art gemacht haben. Unkontrollierte Hunde bedeuten Stress für alle. Selbst wenn man Hunden erlaubt, frei miteinander zu interagieren, führt die emotionale Reaktivität der heutigen Hunde zu Begegnungen, die eher aggressiv oder unangenehm als bereichernd sind. (Das Henne-Ei-Problem: Emotionale Reaktivität kann durch soziale Isolation verursacht werden, aber emotionale Reaktivität führt zu verstärkter sozialer Isolation. Waren die Hunde zuerst reaktiv, oder zuerst isoliert?)

## Rituale und Gewohnheiten

Bella ist ein Hund, für den Rituale sehr wichtig sind. Von den ersten Momenten des Tages bis zu seinem Ende spielen wir gemeinsam vertraute Rhythmen ab. Einige dieser Rituale sind einfach, andere sind mehrstufige Ereignisse.

Ein Beispiel für ein tägliches Ritual: Jedes Mal, wenn ich nach einem Besuch in der Stadt ins Haus zurückkehre, öffne ich die Tür und sehe Bellas Nase, dann ihren Kopf und schließlich ihren Körper, der sich in die Garage zwängt. Sie schlängelt sich um meine Beine, schnüffelt neugierig an meiner Hand und humpelt dann zu ihrem Regal in der Garage, wo wir einen Vorrat an Spielzeug aufbewahren. Mein Teil des Rituals besteht darin, die Einkäufe abzustellen, zum Regal zu gehen und ein Spielzeug auszuwählen. Ich halte es ihr zur Ansicht hin und frage: „Willst du deine Frisbee?" Manchmal lautet die Antwort „Ja", und sie schnappt sich den Gegenstand begeistert und geht durch die offene Garagentür in den Garten, während sie darauf wartet, dass ich ihr folge. Wenn ich eine falsche Entscheidung getroffen habe, starrt sie mich mit gesenktem Blick an. Ich tausche die Frisbee gegen den Chuckit!-Würfel oder den ausgestopften Floh aus, bis ich mich richtig entschieden habe. Wenn ich mich nicht an dieses Ritual halte, lässt sie ihren Schwanz und ihre Ohren ein wenig hängen, um ihre Enttäuschung zu zeigen.

Ich verwende den Begriff „Ritual" hier großzügig. Ich spreche ausdrücklich nicht von dem, was Ethologen als ritualisiertes Verhalten bezeichnen, wie etwa die Balz eines Pfaus, der seine Schwanzfedern fächelt. Mit Ritual meine ich einfach eine Abfolge von Handlungen, die einer vorhersehbaren Reihenfolge folgen und zu einem vorhersehbaren Zeitpunkt ausgeführt werden. Ich interessiere mich besonders für die Rituale, die Teil eines gemeinsamen Lebensweges sind – Rituale, die eine zwischenartliche Bindung zum Ausdruck bringen und festigen. Es ist also nicht ganz richtig zu sagen, dass Bella ein Hund ist, der Rituale schätzt; wir schätzen Rituale gemeinsam. Es sind nicht *ihre* Rituale, sondern *unsere* Rituale.

In *When Species Meet* beschreibt Donna Haraway Forschungen der Primatologin Barbara Smuts über Begrüßungsrituale. Zwischen Wesen, die sich gut kennen, gibt es häufige und kurze Begrüßungsrituale, was Smuts eine „verkörperte Kommunikation" nennt. Haraway über Smuts: „Begrüßungsrituale sind flexibel und dynamisch, indem sie das Tempo und die Elemente innerhalb des Repertoires, das die Partner bereits teilen oder zusammenschustern können, neu anordnen".[79] Begrüßungsrituale sind keine diskreten, denotativen Signale, die von Individuen ausgesendet werden; sie sind fließend und setzen einen Hintergrund von Beziehung und gegenseitigem Verständnis voraus – ein Tanz. Ich, Bella und das Spielzeugregal.

Seit ich mit der Arbeit an diesem Buch begonnen habe, habe ich versucht, Bellas Ritualen Aufmerksamkeit zu schenken, insbesondere den Ritualen rund um die Begrüßung, die für uns beide von großer Bedeutung sind, aber auch anderen. Je mehr ich hinsehe, desto mehr fällt mir auf. Und es fällt mir auf, wie aufmerksam Bella auf den Fluss meiner Bewegungen und auf die Muster meines Lebens achtet. Ich versuche, dasselbe für sie zu tun. Die Rituale zu erkennen und zu verstehen ist ein Weg, dem Fluss unseres Tanzes Aufmerksamkeit zu schenken.

Um auf die Idee zurückzukommen, Ethogramme zu verwenden, um die Aufmerksamkeit für unsere Hunde zu erhöhen, könnten Sie sich etwas Zeit nehmen, um ein Ethogramm der verschiedenen täglichen Rituale Ihres Hundes zu erstellen. Ich habe eines für mich und Bella erstellt.

**Begrüßungsrituale:** Das Spielzeugregal in der Garage, wie oben erwähnt. Bella hat ein anderes Begrüßungsritual für meinen Mann. Wenn er von der Arbeit nach Hause kommt, stellt er seine Sachen ab und legt sich auf den flauschigen Wohnzimmerteppich. Bella kuschelt sich an seine Brust, wedelt wie verrückt und leckt ihm das Gesicht. Er umarmt sie, streichelt ihren Kopf und spricht mit hoher Stimme mit ihr.

**Essensrituale:** Das Frühstück findet gegen sieben Uhr statt und beginnt damit, dass ich die Schüssel aus der Schublade nehme und den Schrank für die Tabletten öffne. Mittags öffne ich einen anderen Schrank und nehme das Puzzlespiel heraus. Als Nächstes öffne ich die Tür des Gefrierschranks und stecke grüne Bohnen in die Schlitze. Nach dem

Mittagessen erwartet Bella ein paar Kekse, während wir uns für eine weitere Arbeitssitzung wieder im Büro einrichten. Abendessen um fünf Uhr, dasselbe Muster: Schüssel, Pillen, Futter.

**Löse-Rituale:** Sobald Bella ihr Frühstück aufgegessen hat, gehen wir zur Haustür. Sie bellt aufgeregt, während ich meine Stiefel und meinen Mantel anziehe. Ich öffne die Tür, und sie stürmt hinaus, um Kaninchen zu jagen (ob es tatsächlich Kaninchen gibt, spielt keine Rolle). Dann umkreist sie einen bestimmten Teil des Gartens, erledigt ihr Geschäft, schubbert sich drei- oder viermal auf jeder Seite am Boden, läuft dann zum Haus, pinkelt bei den Hosta-Pflanzen und geht zur Tür.

**Spaziergangsrituale:** An jenen Morgen, an denen Bella Lust auf einen Spaziergang hat, gehen wir bis zum Ende der Einfahrt und entscheiden dann, in welche Richtung wir gehen. Bella darf immer wählen. In letzter Zeit geht sie über die Brücke hinunter in Richtung des Hauses meiner Nachbarin Judy (Judy gibt Bella oft Leckerlis).

**Das Ritual der Cree-Brücke:** Wenn wir mit Bella im Kinderwagen eine Runde durch die Nachbarschaft drehen, verlangt sie, dass wir an der Cree-Brücke aussteigen, um zu schnüffeln und zu pinkeln. Sie scheint sich unvollständig zu fühlen, wenn wir diesen Teil des Spaziergangs auslassen. Ursprünglich war ein kurzer Abstecher zum Little Thompson River vorgesehen, in dem Bella so gerne watet. Jetzt will sie oft nicht mehr so weit gehen, aber an dieser Stelle macht sie gerne eine Pause. Außerdem gibt es dort einen Felsen, der ein beliebter Pinkelplatz für die Hunde der Nachbarschaft ist, und Bella zieht gerne Bilanz und hinterlässt ihre eigene Nachricht für andere.

**Tageszeitliche Rituale:** Morgens, wenn ich gerade aufgewacht bin, vergräbt Bella ihren Kopf in meinem Nacken. Das ist die einzige Zeit, in der Bella im Bett kuschelt, und die Kuschelphase dauert nur ein oder zwei Minuten – dann ist es offensichtlich Zeit, aufzustehen. Nachts im Bett macht sie große Augen und zeigt ihre Zähne, wenn ich versuche, sie zu berühren.

Kaum habe ich meine Kaffeetasse in der Hand, sage ich zu Bella: „Ab ins Salzbergwerk“, und sie eilt zu ihrem blauen Bett neben meinem Schreibtisch, damit wir mit der Arbeit beginnen können.

Bellas Ritual des „singenden Hundes aus Neuguinea“ beginnt, sobald wir das Wort „Bett“ sagen. (Weiß Bella, was „Bett“ bedeutet?)[80] Sie jodelt, bellt und rennt aufgeregt die Treppe hinauf zum Bett, in Erwartung der abendlichen Leckereien. Seit ihren Beinoperationen kann Bella nicht mehr aufs Bett springen, versucht es aber trotzdem. Sie stellt ihre Vorderbeine auf, lehnt sich so weit wie möglich nach vorne und krallt sich an der Bettdecke fest. Wenn ich ihr dabei helfe, indem ich ihr Hinterteil anhebe, knurrt sie und zappelt. Der Zweck der Leckerchen-auf-dem-Bett-Routine war, dass ich ihr Hinterteil anheben konnte, während sie sich darauf konzentrierte, die Leckerchen zu verschlingen. Jetzt ist es ein sehnlichst erwartetes Ritual.

**Rituale der Berührung und körperlichen Zuneigung:** Bella ist kein übermäßig anhänglicher Hund, hat aber einige Rituale der körperlichen Zuneigung entwickelt. Zusätzlich zu ihren morgendlichen Streicheleinheiten im Bett hat sie ein Ritual für Bauchstreicheln während meiner Schreibpausen. Etwa alle dreißig Minuten, während ich am Schreibtisch sitze, leitet sie dieses Ritual ein. Sie streckt sich aus, legt sich auf den Rücken und wartet darauf, dass ich mich zu ihr auf den Boden begebe, um ihre Brust und ihren Bauch gründlich zu massieren.

**Pflegerituale:** Jeden Dienstag vor dem Frühstück weiß Bella, dass sie eine kleine Unannehmlichkeit ertragen muss, wenn ich eine bestimmte Tube aus dem Küchenregal hole. Es handelt sich um ein Langzeit-Antibiotikum zur Vorbeugung von Ohrentzündungen, das ich in ihre Ohren geben muss. Sie sitzt still und lässt die Prozedur ohne Widerspruch über sich ergehen, auch wenn ihr Unmut offensichtlich ist. Nicht alle Rituale sind angenehm, aber ich glaube, die Vorhersehbarkeit macht es für sie erträglich. Zudem weiß sie, dass sie unmittelbar nach der Ohrenbehandlung ihr Frühstück bekommt.

## Gewohnheiten und ihre Bedeutung

Eine Gewohnheit ist eine Tendenz, sich auf eine bestimmte Weise zu verhalten. Gewohnheitsbildung ist der Prozess, durch den ein Verhalten so automatisch wird, dass wir uns seiner nicht mehr bewusst sind. Eine erlernte Verhaltensreaktion auf eine bestimmte Situation ist ebenfalls eine „Gewohnheit" – und nach dieser Definition entwickeln unsere

Hunde im Laufe ihres Lebens mit uns (und wir mit ihnen) wahrscheinlich eine Fülle von Gewohnheiten.

In den letzten zehn Jahren hat die Forschung über Gewohnheiten explosionsartig zugenommen. Mehrere Bestseller machen uns auf die Psychologie der Gewohnheitsbildung aufmerksam und erklären, warum wir so viele schlechte Gewohnheiten haben und wie wir uns am besten von schädlichen Gewohnheiten trennen können.[81] Obwohl diese Literatur noch nicht direkt auf Hunde oder auf Menschen, die mit Hunden zusammenleben, angewandt wurde, glaube ich, dass dies ein Bereich ist, der erforscht werden sollte.

Beim Trainieren von Hunden geht es größtenteils darum, gute Gewohnheiten zu verstärken und schlechte Gewohnheiten zu ändern. Ein besseres Verständnis der Psychologie der Gewohnheitsbildung, der Gewohnheitsstapelung und der Verflechtung von Gewohnheiten zwischen Hund und Mensch wird uns helfen, uns selbst und unsere Hunde besser zu verstehen.

Eine der großen Ungerechtigkeiten, die wir Hunden zufügen, besteht darin, dass wir nicht erkennen, dass wir der Dreh- und Angelpunkt für die Gewohnheitsbildung unserer Hunde sind. Ihre sogenannten schlechten Gewohnheiten sind oft Verhaltensmuster, die wir ihnen eingeimpft haben und die wir täglich unbewusst verstärken. Bellas Angewohnheit, in der Küche herumzulauern, steht in direktem Zusammenhang mit meiner Angewohnheit, sie beim Kochen als Geschmackstesterin zu benutzen. Wenn es darum geht, einem Hund eine schlechte Angewohnheit abzugewöhnen, müssen wir uns die Signale in unserem eigenen Verhalten ansehen, die die gewohnheitsmäßige Reaktion hervorrufen, und erkennen, dass die Änderung von Gewohnheiten ein kooperatives Unterfangen ist.

## Vorhersehbarkeit und Aufregung

Die Konzepte der drei Rs – Routine, Rituale, Rhythmus – aus dem Buch *Total Cat Mojo* lassen sich gut auf Hunde übertragen. Sie bieten eine physische und psychische Umgebung, in der sich Tiere sicher und geborgen fühlen, weil sie Vorhersehbarkeit bieten. Rituale schaffen ein

Gerüst für Vorhersehbarkeit, und Vorhersehbarkeit kann ein Gefühl der Kontrolle über die eigene Umgebung vermitteln.

Die Rituale des Fütterns und der Ausscheidung gehören zu den wichtigsten, da es sich um Grundbedürfnisse handelt. Eine regelmäßige Fütterungsroutine gibt dem Hund Sicherheit über die Befriedigung seines Hungers. Ebenso vermittelt ein fester Zeitpunkt für den Toilettengang nach dem Frühstück ein Gefühl der Kontrolle. Auch wenn dieses Gefühl der Kontrolle eine Illusion sein mag, ist der psychologische Effekt dennoch positiv. Vorhersehbare Umgebungen geben ein sicheres Gefühl und halten den Stresspegel niedrig.

Es besteht ein Spannungsverhältnis zwischen Vorhersehbarkeit und Langeweile, und Langeweile ist eine echte Gefahr für Hunde. Aber Vorhersehbarkeit an sich ist nicht das Problem. Eine Umgebung kann karg und vorhersehbar sein – wie der winzige Käfig einer Labormaus. Sie kann aber auch reichhaltig und interessant, aber dennoch vorhersehbar sein. Wir können ein Gerüst der Vorhersehbarkeit schaffen und gleichzeitig Neues, Bereicherndes und Aufregendes einführen.

Innerhalb einer Fütterungsroutine (Frühstück um sieben, Abendessen um fünf) können wir einige Überraschungen einbauen: einen Erdnussbutter-Kong am Mittag, eine neue Art von Leckerei. Wenn wir unseren Morgenspaziergang zur vorhersehbaren Zeit von sieben Uhr dreißig machen, können wir interessante Orte aufsuchen und unseren Hund neue Gerüche, neue Freunde und unerwartete Schätze finden lassen.

Der Grundgedanke besteht darin, die Grundbedürfnisse (die erste Stufe der Maslowschen Hierarchie) vorhersehbar zu halten: Füttern, sich erleichtern, schlafen / wachen, soziale Kontakte knüpfen oder nicht. Sorgen Sie dafür, dass Aufregung und Interesse in diesen sicheren Rahmen eingebettet sind. Spielen Sie mit den Konturen des Restes.

Was ist mit dem Überraschungsmoment, das ein Gegenmittel gegen Langeweile zu sein scheint? Wir sollten Überraschung nicht mit Aufregung, Neuheit oder Bereicherung verwechseln – das sind alles verschiedene Dinge. Überraschung kann eine wunderbare Sache sein, und wir sollten versuchen, unsere Hunde manchmal auf nette Art und Weise zu überraschen. Tausende von YouTube-Videos zeigen „überraschte Hunde". Und viele davon sind wunderbar kreativ, wie das Paar in San Diego, das seinen Schäferhund mit einer Schneemaschine überraschte.[82] Aber

Überraschungen können auch unangenehm sein, wie der Mensch, der sich als T- Rex verkleidet hat. Wir sollten uns auf die schönen Überraschungen konzentrieren. (Und die Überraschungen sollten wirklich für unsere Hunde sein: Der T-Rex-Stunt war eindeutig dazu gedacht, andere Menschen zu amüsieren, und nicht, um dem Hund ein interessantes Erlebnis zu bieten).

## Sinnvolle Arbeit

Die „Es gibt nichts umsonst"-Schule der Hundeerziehung basiert auf der Philosophie, dass alle Hunde im Austausch für Futter, Zuneigung oder andere Güter, die sie von uns erhalten möchten, eine Arbeit verrichten müssen. Diese Arbeit kann darin bestehen, sich im Kreis zu drehen, brav zu sitzen oder regungslos zu warten, bis wir ihm einen Ball zuwerfen, ihn hinter dem Ohr kraulen oder ihm signalisieren, dass er jetzt in seinem Futternapf wühlen darf. Wir haben die Kontrolle über die wesentlichen Güter wie Futter und Liebe; im Austausch für diese Güter verlangen wir von den Hunden bestimmte Verhaltensweisen. Unsere Interaktionen schaffen eine Tauschwirtschaft, die asymmetrisch aufgebaut ist und von einer Extraktionsmentalität geprägt ist. Das ist eine negative Sichtweise auf die Idee, Hunde arbeiten zu lassen.

Es gibt jedoch noch einen weiteren Aspekt der Arbeit im Austausch gegen Güter oder Belohnungen, den wir als Tauschwirtschaft der Evolution betrachten könnten. Tiere sind so veranlagt, dass sie harte Arbeit als lohnend empfinden. Belohnung in Form von Neurochemikalien, die positive Emotionen auslösen, ist die Art der Natur, Verhaltensweisen zu verstärken, die das Überleben der Organismen sichern. Forscher haben die Idee, warum Arbeit lohnend ist, aus verschiedenen Blickwinkeln untersucht. Eine große Anzahl von Forschungsarbeiten über das so genannte „Contra-Freeloading" zeigt beispielsweise, dass Tiere, wenn sie die Wahl haben, eher für Nahrung oder eine andere Belohnung arbeiten, als die Belohnung umsonst anzunehmen; sie wollen keine Schmarotzer sein. Anstrengung, sowohl physisch als auch kognitiv, ist intrinsisch befriedigend und führt zu positiven psychologischen Zuständen. Wie wir erleben auch andere Tiere positive Emotionen – das, was wir Menschen oft als „Gefühl der Vollendung“ bezeichnen – nachdem sie sich bei der Lösung eines Problems angestrengt haben.[83] So haben die Wissenschaftlerin Ragen McGowan und ihre Kollegen in einer Studie über den „Heureka-Effekt“ bei Hunden (die leider an einer Gruppe von Beagles in einer Forschungseinrichtung durchgeführt wurde) herausgefunden, dass Hunde einen Ausbruch von Erregung erleben, wenn sie eine Lösung für ein Problem gefunden haben.[84]

Wie ich bereits im Abschnitt über die Fütterung erwähnt habe, werden Hunde in Gefangenschaft in die Position des Trittbrettfahrers gezwungen, wenn wir ihnen die Möglichkeit verwehren, für ihr eigenes Futter zu arbeiten. Um dies auf alle Bereiche der Erfahrungswelt eines Hundes auszudehnen, fehlt es Hunden oft an Gelegenheiten, sich mit ihrer Welt auf eine Art und Weise zu beschäftigen, die ihrer Biologie entspricht (kognitiv, emotional, sozial). In ihrem Buch *Cognitive Ecology* stellen Reuven Dukas, Professor für Psychologie, Neurowissenschaften und Verhaltenswissenschaften an der McMaster University, und John M. Ratcliffe, Forscher am Center for Sound Communication am Institut für Biologie der Universität von Süddänemark, fest, dass mit wenigen Ausnahmen alle Tiere Entscheidungen in den vier Hauptkategorien des Überlebens treffen müssen: Nahrungsaufnahme, Vermeidung von Raubtieren, Interaktion mit Konkurrenten und Sexualverhalten.[85] Das Gehirn ist so verdrahtet, dass Tiere für die Dinge belohnt werden, die für das Überleben notwendig sind – fressen, sich paaren, Konkurrenten verscheuchen, sich vor Bedrohungen schützen. Die Gehirne unserer Hunde erhalten diese intrinsischen Belohnungen nicht.

„Arbeit“ ist ein nebulöses Wort im Bereich der Hunde, das seine Bedeutung von einem Kontext zum anderen verschiebt und von einer Reihe moralischer Implikationen zur anderen gleitet. Wir sollten also darauf achten, was mit „Arbeit“ gemeint ist, und auch mit der Einschränkung „sinnvoll“. In den letzten zehn Jahren ist es weitaus üblicher geworden, dass Hundehalter dazu ermutigt werden, ihren Hund mit einer sinnvollen Arbeit zu beschäftigen. Darunter verstehe ich zunächst einmal, dass Hunde von Gelegenheiten profitieren, Dinge zu tun, für die sie sich entwickelt haben – sich um ihre eigenen Bedürfnisse zu kümmern. Wenn es nicht möglich ist, Hunden eine „natürliche“ sinnvolle Beschäftigung zu ermöglichen, wie zum Beispiel die Beschaffung von Futter und Artgenossen, dann ist die nächstbeste Option, diese nachzuahmen: eine Beschäftigung zu schaffen, die sich zumindest für sie befriedigend anfühlt, die das Belohnungssystem des Gehirns aktiviert, die anspruchsvoll ist (aber nicht so anspruchsvoll, dass sie zu Frustration führt), die Geist und Körper beschäftigt und die den einzigartigen sensorischen Fähigkeiten des Hundes entspricht.

Was sind Beispiele für eine sinnvolle Beschäftigung für einen Haushund? Informelle, „natürliche" Arbeit könnte darin bestehen, den Hunden zu erlauben, auf Spaziergängen nach Nahrung zu suchen, Duftmarken zu setzen und zu schnüffeln oder als Hausverwalter zu fungieren (z. B. das Bellen nicht immer zu unterbinden). Zu den formelleren Formen der Arbeit gehören Nasenarbeit, Fährtenarbeit und Hütearbeit. Für eine noch formellere, aber etwas weniger naturalistische Arbeit könnten wir an Flyball, Agility und Doggie-Ninja-Training denken. Weniger naturalistisch, aber besser als gar nichts: Aktivitätsspielzeug für Leckerlis und sogar für Mahlzeiten – obwohl das schon ironisch ist, oder? Wir nehmen ihnen die Fähigkeit, sich ihr eigenes Futter zu sichern, und versuchen dann, das zu kompensieren, indem wir sie in einer Schnüffelmatte für ihr Futter „arbeiten" lassen? Von einem Hund Kunststücke zu verlangen, wie zum Beispiel auf den Hinterbeinen zu tanzen oder ein Leckerli auf der Nase zu balancieren, könnte auch als eine Art von Arbeit betrachtet werden (ich werde in Kapitel 6 auf das Tricktraining zurückkommen).

## Berühren

Wenn wir mit unseren Händen über die Kurve eines Hunderückens streichen, überfluten Wohlfühlhormone unser Gehirn. Ich fühle mich zu Bella hingezogen, fast wie zu einer Droge: Ich möchte einfach nur mit meinen Händen durch ihr raues schwarzes Fell streichen, mein Gesicht in ihrem Nacken vergraben und ihren Moschusgeruch einatmen. Die Tatsache, dass wir unsere Gefährten „Haustiere" nennen, sollte keinen Zweifel an der Bedeutung von Berührung in unseren Beziehungen lassen. Doch obwohl Berührungen zu den grundlegendsten Formen der Interaktion mit Hunden gehören, sind sie auch eine der potenziell verletzendsten. Hunde erleben viele ungewollte, unaufgeforderte Berührungen von Menschen, von denen einige überraschend intim sind (z. B. am Kopf).

Ich mag das Wort „Streicheln“ nicht besonders. Ähnlich wie „Gassi gehen“ bringt es eine ganze Reihe von Annahmen darüber mit sich, was Hunde mögen und was normale Mensch-Hund-Interaktionen ausmacht. Das größte Problem mit dem Wort – und mit der Art und Weise, wie wir Hunde berühren – ist seine Einseitigkeit: Streicheln ist etwas, was wir *an* ihnen tun. Hunde streicheln keine Menschen. Auch deutet nichts in dem Begriff „Haustier“ darauf hin, dass Menschen Zustimmung einholen sollten. Als zwischenmenschlicher Begriff hat „Streicheln“ eine sexuelle Konnotation. Bei Tieren bedeutet „Streicheln“ eine sanfte, liebevolle Berührung. Obwohl das Wort in diesen Fällen eine andere Funktion zu haben scheint, frage ich mich, ob es nicht gewisse Spuren von Kreuzkontamination gibt.

Auch andere Wörter, die wir verwenden, um über die Berührung von Hunden zu sprechen, haben ihre Tücken. „Gestreichelt“ hat eine vage sexuelle Konnotation; „Anfassen“ hat im Zuge von #MeToo einen unheimlichen Beigeschmack bekommen, vor allem, wenn es mit „ungebeten“ eingeleitet wird. Es gibt nicht wirklich gute Alternativen, um über direkte körperliche Interaktionen mit Hunden zu sprechen, und das ist auch gut so. Vielleicht ist das Unbehagen, das diese Begriffe hervorrufen, nützlich: Das leichte Gefühl des Ekels, das diese Begriffe auslöst, bezieht sich auf Zustimmung – und insbesondere auf fehlende Zustimmung. Sie alle beziehen sich auf Berührungen, die an Aufdringlichkeit grenzen. Und seien wir ehrlich: Hunde sind unglaublich vielen unerwünschten Berührungen ausgesetzt, einer fast ständigen Verletzung ihrer körperlichen Integrität.

Berührung geht natürlich über das reine Streicheln hinaus. Wir berühren unsere Hunde bei vielen alltäglichen Pflegeaufgaben wie dem Bürsten des Fells oder der Zähne, dem Schneiden der Krallen, dem Festhalten oder dem Zwingen, stillzuhalten, während wir ihnen ein Geschirr und eine Leine anlegen oder sie ins Auto heben. Wir setzen unsere Hunde auch unangenehmen Berührungen durch andere aus – sei es durch Freunde, die zum Abendessen kommen und unseren Hund streicheln wollen, durch Fremde im Park oder durch Tierärzte, die versuchen, unsere Hunde zu impfen oder sie auf Verletzungen oder Krankheiten zu untersuchen. Berührungen können für Hunde körperlich unangenehm und manchmal sogar schmerzhaft sein (z. B. kann ein Hund mit Arthrose in der Hüfte beim Streicheln Schmerzen empfinden, insbesondere wenn er grob oder mit zu festem Druck gestreichelt wird). Manche Berührungen sind auch beängstigend und invasiv. Auch wenn wir Berührungen als körperliche Interaktion betrachten, haben sie auch Auswirkungen auf das psychologische und soziale Wohlbefinden. Wir müssen die Fürsprecher unserer Hunde sein, wenn es um Berührungen geht, denn Hunde dürfen oft nicht für sich selbst sprechen.

Es ist möglich, dass unsere Hunde zu viele Berührungen oder Berührungen der falschen Art bekommen – beängstigende, unangenehme und verletzende Berührungen. Aber Hunde können auch an einem Mangel an Berührung leiden. Berührung ist für das gesunde Funktionieren von Säugetieren von grundlegender Bedeutung, und viele Hunde, die in einem Heim untergebracht sind, hungern nach Berührung. Einem Hund kann Berührung vorenthalten werden, wenn er von einer Person gehalten wird, die Hunde für schmutzig hält und Körperkontakt ablehnt, oder die vielleicht einen Hund zum Schutz oder zur Pflege eines bestimmten öffentlichen Images haben möchte. Einem Hund kann es auch an angemessener körperlicher Berührung fehlen, wenn seine Bedürfnisse nicht mit denen seines menschlichen Betreuers übereinstimmen – ein empfindsamer Hund, der mit einer Person zusammenlebt, die sehr wenig engen Körperkontakt braucht und wünscht.

Indem wir Hunde sozial von ihren Artgenossen isolieren, berauben wir sie auch der Berührung innerhalb ihrer Art. Wenn Welpen von ihren Müttern getrennt werden, insbesondere vor der Entwöhnung, wird ihnen die für ihre Entwicklung wichtige Berührung durch die Zunge und den Körper ihrer Mutter sowie der Körperkontakt mit Geschwistern beim Toben vorenthalten. Hunde, die von anderen Hunden isoliert sind, können das gemeinsame Berühren der Nasen und andere Formen der Berührung, die zum Verhaltensrepertoire von Hunden gehören, nicht genießen.

Das Einverständnis zwischen Hund und Mensch ist eine zweiseitige Angelegenheit. Auch der Mensch muss zustimmen, wenn er von einem Hund berührt wird. Manche Hunde respektieren die Grenzen des Menschen nicht und ignorieren unsere Signale. Wir sollten in solchen Situationen nicht dem Hund die Schuld geben, denn viele Hunde sind überdreht, haben keine Selbstkontrolle, hungern nach Aufmerksamkeit oder haben keine Benimmregeln gelernt. Menschen erleben ein hohes Maß an ungewollten Berührungen durch Hunde – eine Person, die durch den Park spaziert, kann einen fremden Hund entdecken, der mit schlammigen Pfoten an ihr hochspringt, sich an ihr reibt und vielleicht ein wenig an ihrem Bein schubbert. Leider können diese Interaktionen zu einer Abneigung gegenüber Hunden und „Hundemenschen" führen.

## Wie Sie Ihren Hund streicheln sollten

Wie sollte ein Hund denn nun gestreichelt werden? Es scheint eine triviale Frage zu sein, aber das Streicheln von Hunden ist eine komplizierte Angelegenheit und hat einige überraschend klare ethische Aspekte.

Ein Kind, das von hundeerfahrenen und informierten Eltern erzogen wurde, weiß, wie es geht: Man geht immer zuerst auf den Hundehalter zu und fragt höflich, ob man seinen Hund streicheln darf. Wenn der Hundehalter ja sagt, geht man (1) langsam und behutsam vor, (2) stellt sich etwas abseits, so dass man den Hund nicht bedrängt oder ihm direkt in die Augen schaut, und (3) führt seinen Handrücken langsam an die Nase des Hundes heran, lässt ihn schnuppern und passt auf, dass man seine Hand nicht direkt in sein Gesicht hält. Wenn der Hund an Ihrer Hand schnüffelt und sie ableckt und sich dann an Ihre Beine lehnt, können Sie ihm sanft den Rücken streicheln. Wenn der Hund nicht an Ihrer Hand schnüffelt, den Kopf wegdreht oder mit den Lippen etwas Lustiges macht, gehen Sie langsam zurück, bedanken sich und gehen.

Das Kind hat die wichtigste Lektion gelernt, die für Kinder und Erwachsene gleichermaßen gilt: Einverständnis einholen. Zazie Todd, Expertin für Tierverhalten und Autorin des Blogs *Companion Animal Psychology*, bietet einen so genannten „Zustimmungstest" an, um sicherzustellen, dass ein Hund wirklich von Ihnen gestreichelt werden möchte. Sie können einen Hund fragen, ob er gestreichelt werden möchte, indem Sie ihm Ihre Hände hinhalten und ihn zu sich rufen. Wenn er zu Ihnen kommt und sich an Ihrem Bein reibt oder Ihre Hand mit der Nase anstupst, lädt er Sie wahrscheinlich ein, ihn zu streicheln. Wenn Sie mit dem Streicheln begonnen haben, können Sie den Hund fragen, ob er es fortsetzen möchte, indem Sie einen Moment innehalten. Wenn Ihr Hund aufsteht und geht, hat er wahrscheinlich genug.[86] Nachdem wir entschieden haben, dass der Hund wirklich gestreichelt werden möchte, müssen wir durch aufmerksames Beobachten seiner Reaktionen herausfinden, welche Art des Streichelns diesem Hund gefällt. Hunde scheinen allgemeine Vorlieben dafür zu haben, wo sie von Menschen berührt werden möchten. Hunde mögen es nicht, wenn ein Mensch sie am Halsband packt; sie mögen es im Allgemeinen nicht, wenn man sie am Kopf oder an den Pfoten berührt. Ihre bevorzugten Stellen sind seitlich an der Brust, oben auf der Brust, unter dem Kinn und an den Schultern.[87] Karen Overall weist darauf hin, dass Menschen ihren Hund beim Streicheln oft ungewollt aufregen. Schnelle, kurze Streicheleinheiten sind für einen Hund nicht entspannend. „Wenn wir einen aufmerksamen, ruhigen Hund wollen … müssen wir das herkömmliche Streicheln durch lange, langsame Streicheleinheiten, tiefen Druck und Massage ersetzen.[88]

Auch das Timing spielt eine Rolle: Einige Ausbilder raten dazu, Streicheleinheiten nur als Belohnung für gutes Verhalten einzusetzen. Wenn Sie Ihren Hund streicheln, wann immer er darum bittet, führt dies zu problematischem aufmerksamkeitsheischendem Verhalten, so die Logik. Das ist absurd und grenzt an Grausamkeit. Fragen Sie sich selbst: Wenn Ihr Kind zu Ihnen käme und Sie um eine Umarmung bitten würde, käme es Ihnen dann überhaupt in den Sinn, Ihre Zuneigung zurückzuhalten? Würden Sie von Ihrem Kind verlangen, eine Matheaufgabe zu lösen oder „Susquehanna“ zu buchstabieren, um dafür eine Umarmung zu bekommen?

Eine spezifischere Frage des Timings, die häufig diskutiert wird, insbesondere im Zusammenhang mit trennungsbedingten Ängsten, ist die Frage, ob Sie Ihren Hund streicheln sollten, bevor Sie das Haus verlassen, oder ob Sie das Streicheln zu diesem Zeitpunkt absichtlich und sorgfältig zurückhalten sollten. Einige Trainer behaupten (ohne belastbare, veröffentlichte Daten), dass es zu trennungsbedingtem Verhalten führen kann, wenn man einem Hund vor dem Verlassen des Hauses Aufmerksamkeit und Zuneigung schenkt. Andere behaupten (ebenfalls ohne belastbare Daten), dass Streicheln vor einer kurzen Trennung eine positive Wirkung auf Hunde hat.[89]

## Spielen

Spielen ist für das Wohlbefinden von Hunden von grundlegender Bedeutung. Es ist nicht nur ein nettes Extra für Hunde, eine Bereicherung, die wir hier und da anbieten, wenn wir Zeit haben. Natürlich müssen auch andere Bedürfnisse des Hundes befriedigt werden, und in der Hierarchie der Bedürfnisse haben Hunger, Durst und Sicherheit im Allgemeinen Vorrang vor dem Spielen. Wenn Ihr Hund ständig spielen möchte, machen Sie wahrscheinlich alles richtig und sorgen für eine gute Versorgung (es sei denn, Ihr Hund zeigt eine gewisse Zwanghaftigkeit beim Spielen, was ein Warnzeichen dafür ist, dass etwas nicht stimmt). Spielen ist jedoch eine Form der körperlichen, emotionalen und sozialen Ernährung, die für die Gesundheit eines Hundes, insbesondere eines jungen Hundes, lebenswichtig ist. Eine unserer Aufgaben ist es also, für Raum, Spielzeug, Freunde, Zeit und Spielfreude zu sorgen.

Hunde spielen von Natur aus und brauchen nicht unbedingt unsere Hilfe. Allerdings können verschiedene Komponenten der intensiven Heimunterbringung das Spielverhalten behindern. Natürliche Spielmöglichkeiten werden oft durch die physischen Einschränkungen des Zuhauses eingeschränkt – es gibt vielleicht nicht genug Platz, um ausgiebig zu spielen, und wenn wir kein Spielzeug zur Verfügung stellen, spielen Hunde vielleicht mit Gegenständen, die wir für wertvoll halten, wie zum Beispiel unseren Kissen. Wir müssen auch einen emotional einladenden Raum zum Spielen bieten. Es kann vorkommen, dass Hunde gescholten werden, wenn sie herumtoben oder uns belästigen, während wir versuchen zu arbeiten, wodurch der Spieltrieb unterdrückt wird. Aufgrund ihrer Isolation im Haus ist es für Hunde manchmal fast unmöglich, ohne unsere Hilfe Zugang zu den sozialen Bedingungen für das Spiel zu finden. Hunde müssen die Möglichkeit haben, Freundschaften zu schließen und mit diesen Freunden zu spielen – und nicht immer mit einem fremden Hund, den sie zum ersten Mal treffen. Wie die Eltern von Kindern können wir Spieltermine vereinbaren, oder, was vielleicht noch besser ist, wir können das Spiel organisch entstehen lassen. Es erfordert jedoch einige Arbeit, diese Gelegenheiten zu schaffen.

Heimtierhunde werden in der Regel von Menschen und nicht von ihren Hundeeltern aufgezogen und haben daher nicht die Möglichkeit, das Spielen durch Interaktion mit ihren Eltern und Geschwistern zu erlernen, wie es andere Caniden tun. Wenn wir Welpen nicht helfen zu lernen, wie man effektiv spielt, und ihnen keine Gelegenheit geben, diese Fähigkeiten zu entwickeln, werden sie möglicherweise ein Leben lang in ihrem Spielverhalten eingeschränkt sein.

Genauso wie es wichtig ist, Hunde so spielen zu lassen, wie es ihren individuellen Bedürfnissen entspricht, ist es ebenso wichtig, Hunde nicht spielen zu lassen. Ich kann Ihnen gar nicht sagen, wie oft ich miterlebt habe, wie ein Hundebetreuer einen Hund mit Gewalt an der Leine in den Hundepark gezogen hat, obwohl alles an dem Hund danach schrie: „Nein! Bitte zwingen Sie mich nicht." Per Definition kann Spielen nicht erzwungen werden.

Wie Marc Bekoff in seiner bahnbrechenden Arbeit über die Bedeutung und Funktion des Spiels von Caniden darlegt, ist es ein Baustein und Ausdruck von moralischem Verhalten, und zwar artübergreifend; Hunde beim Spielen zu beobachten, bedeutet, sie dabei zu beobachten, wie sie Empathie, Fairness, Kooperation und Vertrauen „zeigen". Die Spielverbeugung beispielsweise ist eine Geste des Vertrauens und der Fairness, die Ethologen als ein Beispiel für ehrliches Signalisieren bezeichnen würden.[90] Das Spiel ist vielleicht auch ein Baustein für das moralische Verhalten zwischen den Spezies. Unsere gemeinsamen Spiele und spielerischen Interaktionen sind Bausteine, die auf Vertrauen basieren. Spielen ist für Hunde nicht nur deshalb wichtig, weil es Spaß macht, sondern auch, weil es sie in die komplexen, differenzierten sozialen Interaktionen einbindet, für die sie so hervorragend entwickelt sind.

Das Spiel ist wohl neben der Liebe eines der wichtigsten Dinge, die Menschen zu Hunden hingezogen fühlen und die unser Leben mit einem Hund so bereichern. Hunde können sich viel besser als Menschen an das Spielen erinnern, und die Entwicklung eines gemeinsamen Repertoires an Spielen und spielerischen Interaktionen stärkt die Bindung zwischen Mensch und Hund.

Als Ergebnis des Domestizierungsprozesses ist das Spiel im Verhaltensrepertoire von Hunden zentraler als bei ihren wilden Vettern. Hunde behalten nicht nur bis ins Erwachsenenalter hinein kindliche körperliche Merkmale wie vorstehende Augäpfel und große Ohren, sondern sie bleiben auch in ihrem Verhalten spielfreudig. Die Verspieltheit von Hunden ist zwar etwas, das wir lieben und feiern, kann sich aber auch auf subtile Weise gegen Hunde richten, wenn wir nicht aufpassen. Spielen wird oft etwas herablassend beschrieben – Hunde haben keine wirkliche Arbeit zu erledigen, also vergnügen sie sich mit Tennisbällen und ausgestopften Drachen. Ihre Verspieltheit lädt uns dazu ein, Hunde als pelzige Kinder zu betrachten, als noch nicht entwickelte, nicht ganz ernsthafte Wesen. Vielleicht fangen wir sogar an, Hunde selbst als Spielzeug zu betrachten – ein Spielzeug, das mit dem Spielzeug spielt, das wir ihm geben. Ich ertappe mich hin und wieder dabei, dass ich in Bezug auf Bella eine an mir nagende Ambivalenz empfinde. Während sie auf ihrem rosa und lila Riesenkraken kaut und beißt, schaue ich tief in ihre braunen Augen. Ich sehe den Schatten eines Wolfes und fühle mich unwohl.

## Freude

Da die Unterbringung von Hunden in häuslicher Umgebung die Dimensionen und den Reichtum ihrer Erfahrungswelt einschränken kann, sollten wir versuchen, den Verlust an Glück auszugleichen, der aus diesem Verlust an reichen Erfahrungen resultieren könnte. Wir haben die Pflicht (oder etwa nicht?), Hunden die Elemente des Lebens zu bieten, die ihnen Freude, Glück und Zufriedenheit ermöglichen. Wie wäre es, noch einen Schritt weiterzugehen und nach Möglichkeiten zu suchen, bei unseren Hunden Gefühle der Ekstase und Freude hervorzurufen? Obwohl es inzwischen eine umfangreiche Literatur über das Glück von Tieren gibt, wurde der Frage, wie Tiere, einschließlich Hunde, Freude empfinden, bisher relativ wenig Aufmerksamkeit geschenkt. Ich hoffe, dass dies in Zukunft ein Bereich sein wird, in dem nachhaltige Forschung betrieben wird.

Was könnte man zum Beispiel über „Zoomies" sagen? Zoomies ist die umgangssprachliche Bezeichnung für einen plötzlichen Ausbruch hochenergetischer spielerischer Aktivität, oft auch „die verrückten fünf Minuten“ genannt. Der Hundetrainer Steven Lindsay hat eine der wenigen formalen Beschreibungen von Zoomies vorgelegt, die er „frenetic random activity patterns“ oder FRAPs nennt. Er sagt: „Das Spektakel kann dazu führen, dass Hundebesitzer, die zum ersten Mal einen Hund halten, vermuten, dass ihr Hund kurzzeitig den Verstand verloren hat. Hunde, die ein solches Verhalten zeigen, scheinen von einer Flut spontaner Bewegungsimpulse besessen zu sein. Sie rasen um Hindernisse herum oder fliehen vor einem nicht existierenden Verfolger, der sich von hinten nähert. Gelegentlich scheint ein Hund schneller vorwärts zu rennen, als sein Körper folgen kann, sodass er zusammengekauert wirkt, während er wie wild seinen Weg verfolgt. Wenn die spielerische Entfesselung ihren Höhepunkt erreicht, kann der Hund ein breites Lächeln mit offenem Mund zeigen und die Ohren nach hinten klappen“.[91] Kein Mensch weiß wirklich, ob Zoomies fröhlich sind, aber es scheint auf jeden Fall eine Möglichkeit zu sein.

Dann gibt es die Momente, in denen unsere Hunde in einen Flow-Zustand überzugehen scheinen. Für meinen athletischen Pointer-Mix Maya schien das Galoppieren durch das hohe Gras hinter der örtlichen High School – einfach mit voller Geschwindigkeit losrennen, ohne ein Objekt in Sicht (das ich erkennen konnte) – einen Zustand der Ekstase hervorzurufen. Vor ihrer Knieverletzung schien das Jagen einer fliegenden Scheibe und das Fangen in der Luft Bella ein überschwängliches Gefühl der Freude zu vermitteln. Vielleicht empfindet sie auch eine ruhigere Art von Freude, wenn sie ihre Nase in die Luft streckt und einen komplexen, sinnlichen Strauß auffängt.

Ich versuche, vorsichtig zu sein und Worte wie „schien“ und „vielleicht“ zu verwenden. Ich bin nicht vorsichtig, weil ich bezweifle, dass Hunde Freude empfinden, sondern einfach, weil Freude eine subjektive Erfahrung ist und es mir unmöglich ist, mich in Mayas oder Bellas Kopf hineinzuversetzen. Es kann auch sein, dass es wichtige Artenunterschiede gibt, die ich nie erkennen kann, da ich in einer Art von Säugetier-Wahrnehmungswelt feststecke. Es gibt zwei etwas unterschiedliche Herangehensweisen an die Ungewissheit: Skepsis („Wir haben keine wissenschaftlichen Beweise für die Freude von Hunden, also können wir nicht sicher darüber sprechen“) und Neugier („Es gibt vieles, was wir nicht wissen oder verstehen, also sollten wir bei der Erkundung der Möglichkeiten aufgeschlossen bleiben"). Letzteres scheint ein weitaus produktiverer Ansatz zu sein, nicht nur in Bezug auf die Freude von Hunden, sondern auch in Bezug auf eine ganze Reihe anderer emotionaler Erfahrungen von Hunden, bei denen wir uns nicht sicher sein können. Was ist der Unterschied zwischen Glück und Freude? Ist der Unterschied quantitativ oder qualitativ? Wie und wann genau erleben Hunde Freude? Inwiefern ähnelt und unterscheidet sich die Freude von Hunden von der Freude, die wir Menschen erleben? Welche Rolle spielt die Freude für das gute Leben des Hundes? All diese Fragen sind von Interesse.

## Liebe

Liebe steht im Mittelpunkt vieler Beziehungen zwischen Mensch und Hund, insbesondere in den Bindungen, die zwischen Hunden und ihren menschlichen Betreuern entstehen. Die Beziehung zu einem Haustier fördert die Liebe durch Nähe, Abhängigkeit und gemeinsame Erlebnisse. Natürlich sollten wir Abhängigkeit nicht mit Liebe verwechseln, und wir sollten die Abhängigkeit des Hundes von uns auch nicht als Mittel benutzen, um ihm Liebe zu entlocken. Und nicht in allen erfolgreichen Mensch-Hund-Partnerschaften ist Liebe das zentrale Element. Vertrauen, Respekt und gegenseitige Hilfe können ebenfalls als starker Klebstoff dienen.

In *Die Entstehung der Arten* schrieb Charles Darwin: „Es ist kaum möglich zu bezweifeln, dass die Liebe zum Menschen beim Hund instinktiv geworden ist".[92] Instinktiv ist natürlich die *Fähigkeit* zur Liebe des Menschen. Genauso wie die Fähigkeit, einen Hund zu lieben, im Menschen instinktiv geworden ist. Das ist es, was die Koevolution bewirkt hat. Es gibt viele Hunde, die Menschen nicht lieben oder gar mögen; die Liebe zum Menschen ist keine notwendige Bedingung dafür, was es bedeutet, ein Hund zu sein.

Die häusliche Beziehung zieht die Hunde in unseren Orbit der Fürsorge. Auch wenn die Anschaffung eines Hundes zunächst eine moralische Verantwortung für die Pflege begründet, kommt der emotionale Anstoß von der Liebe. Aber wenn es um die Pflege von Hunden geht, ist Liebe allein nicht genug. Unsere Art zu lieben muss achtsam, informiert und mitfühlend sein. Eine Freundin erzählte mir die Geschichte, dass sie sich einen Berner Sennenhund zulegte, als sie gerade anfing, sich selbständig zu machen. Es war ihr erster Hund, und sie war aufgeregt, jetzt Hundehalterin zu sein. Aber sie wusste nicht, wie sie den Hund ausbilden und ihn nicht gut an Menschen gewöhnen sollte, und aufgrund seiner Größe und Kraft war er für sie schwer zu kontrollieren. „Junge, ich habe diesen Hund geliebt", sagt sie. Als sie in ein Haus mit fünf anderen Menschen zog, gerieten die Dinge außer Kontrolle, und sie musste ihn „aus Verhaltensgründen" einschläfern lassen. Das war die schlimmste Erfahrung ihres Lebens, sagte sie mir. Sie streckte ihre Hände in einer ausladenden Geste aus, als sie sagte: „Ich hatte viel Liebe, aber nicht genug Fürsorge."

Es besteht die Tendenz, die Liebe zu fetischisieren, wenn es um Hunde geht. „Hunde lieben uns bedingungslos" hört man so oft, dass wir gar nicht mehr darüber nachdenken, was das bedeutet oder ob es wahr ist. Es wird oft so verstanden, dass Hunde uns lieben, egal wie schlecht wir sie behandeln; wir können narzisstisch, unaufmerksam und voller menschlicher Fehler sein, und unser Hund wird uns trotzdem lieben. Aber das ist nicht wahr. Hunde *entscheiden sich dafür*, uns zu lieben, und sind klug darin, ob und wie sie uns lieben. Und ihre Liebe zu uns ist an Bedingungen geknüpft, ebenso wie unsere Liebe zu ihnen. Manchmal liebt ein Hund einen Menschen, der es nicht verdient hat und der ihn mit Brutalität behandelt. Aber das ist nicht nur bei Hunden der Fall.

Außerdem sind wir bei der Verwendung des Wortes „Liebe" im Zusammenhang mit Hunden sehr wählerisch. Wir behaupten, dass unsere Hunde uns lieben, doch wenn es darum geht zu sagen, dass Hundemütter ihre Kinder lieben und dass es ein Akt der Grausamkeit ist, ihnen ihre Kinder wegzunehmen, dann lautet eine häufige Reaktion: „Oh, hör auf, sentimental zu werden." Es macht biologisch keinen Sinn zu behaupten, dass Hunde in der Lage sind, Menschen zu lieben, aber nicht in der Lage sind, ihre Babys zu lieben.

## Die Liebessprachen von Hunden

Gary Chapmans Buch *Die fünf Sprachen der Liebe* ist ein Selbsthilfebuch für Paare in einer romantischen Beziehung. Chapman vertritt die These, dass jeder Mensch eine einzigartige oder zumindest vorherrschende Liebessprache hat, eine Art und Weise, wie er Liebe ausdrückt und Liebe ausgedrückt fühlt. Chapman unterteilt diese „Sprachen" in fünf Arten: (1) Worte der Bestätigung, (2) Zeit für sich, (3) Geschenke, (4) Liebesdienst (dem anderen einen Dienst erweisen, etwas für ihn tun) und (5) körperliche Berührung. Wenn die Partner die Liebessprachen des anderen verstehen, können sie ihre Liebe zueinander besser ausdrücken. Das Konzept der Liebessprachen wurde auch auf die Beziehungen zwischen Eltern und Kindern angewandt. Und natürlich gibt es im Internet jetzt auch die „Fünf Liebessprachen für Hunde". Mir gefällt die Idee der Hundeliebessprachen, weil sie uns dazu einlädt, neugierig zu sein – und mehr Neugier ist in der Regel eine gute Sache.

Eine mögliche Quelle der Frustration in Mensch-Hund-Beziehungen ist die Unvereinbarkeit der Liebessprachen. Wie in dem Beispiel, das ich in der Diskussion über das Streicheln erwähnt habe, kann eine Person, die Liebe durch körperliche Berührung zeigt und erfährt, eine schwere Zeit mit einem Hund haben, der nicht gerne gestreichelt oder umarmt wird. Das scheinbar abweisende Verhalten des Hundes könnte als Ablehnung empfunden werden. Ebenso kann ein Hund, der seine Liebe dadurch zeigt, dass er etwas für seinen Menschen tut, auf Gleichgültigkeit oder sogar Verärgerung stoßen. Das Patrouillieren im Haus und das Bellen bei potenzieller Bedrohung könnte in den Augen des Hundes ein solcher Akt des Dienstes sein, der jedoch auf Ablehnung und Bestrafung stößt.

Ich fand es eine nützliche Übung, über Bellas und meine gemeinsamen Liebessprachen nachzudenken – wie sie mir Liebe zeigt (wie ich sie wahrnehme) und wie sie über die Liebesakte denkt, die ich ihr entgegenbringe (wiederum wie ich sie wahrnehme). Ich bin zu einer etwas anderen Liste als Chapman gekommen und habe mich nicht an genau fünf gehalten. Als ich darüber nachdachte, kam ich zu dem Schluss, dass ich zwei verschiedene Listen benötige: (1) wie Bella ihre Liebe zu mir zeigt (mit einigen Überlegungen dazu, wie dies mit meinen eigenen Eigenheiten in der Sprache der Liebe übereinstimmt), und (2) wie sie meine Liebesbekundungen erlebt und was ihr am wichtigsten zu sein scheint.

Die Ausdrucksformen der Liebe, die für Bella am wichtigsten sind, sind, in grober Reihenfolge, folgende:

1. Geteilte Räume / Aktivitäten (zusammen in einem Raum sein, zusammen an einen Ort gehen, auf der Veranda sitzen, riechen, hören und sehen)
2. Essen / sinnliches Vergnügen / Geschenke (Erdnussbutter-Kongs, gefrorene grüne Bohnen, Teilen von allem, was ich esse)
3. Quality Time (Tauziehen oder Verstecken spielen, „Training")
4. Körperlicher Kontakt / Berührung (Bellas Rücken streicheln, ihr Fell bürsten, Nase mit der Hand berühren)
5. Bestätigende Worte (Guuuuuuute Beeeeeelllaaa)

Bella zeigt ihre Liebe vor allem durch die folgenden Dinge:

1. Geteilter Raum
2. Quality Time
3. Dienste (sie warnt mich vor Rehen, Kaninchen, dem UPS-Lieferanten; sie beschützt mich vor der Bedrohung durch unbekannte Personen oder Personen, denen sie nicht vertraut)

Das Konzept der Liebessprachen soll das Verständnis erleichtern und dadurch die Liebesbande stärken. Es verbindet und unterstützt die Mensch-Hund-Beziehung in den drei Punkten Zusammenarbeit, Neugierde und Fürsorge. Menschen und Hunde haben sicherlich überlappende Liebessprachen, aber wir sind auch unterschiedliche Spezies und müssen Wege über die Verschiedenheiten der Arten hinweg finden.

# Kapitel fünf

## Kontrolltechniken

Die Verantwortung für die Pflege, das Kümmern um einen Hund, steht manchmal in einem unguten Spannungsverhältnis zur verantwortungsvollen Hundehaltung, denn neben den Pflegepraktiken – und sogar in sie hinein verwoben – gibt es auch Machtausübung und Machtasymmetrien, die über Instrumente der Techniken der Kontrolle ausgeübt werden.

Um die Bewegungen von Hunden zu verfolgen und zu kontrollieren, ihre sozialen Interaktionen zu steuern und ihr Verhalten zu formen, werden verschiedene Instrumente eingesetzt. Dazu gehören Leinen, Halsbänder, Zäune und Käfige. Weniger raffinierte Versionen davon gibt es schon so lange, wie Menschen aktiv versucht haben, das Verhalten von Hunden zu kontrollieren. In den letzten Jahrzehnten haben sich die Möglichkeiten zur Kontrolle von Körper und Geist von Hunden jedoch vervielfacht. Viele der auf dem Markt erhältlichen Produkte sind Verfeinerungen bereits bestehender Techniken. Diese „Verfeinerungen" beinhalten typischerweise eine zunehmend konzentrierte und gleichzeitig zunehmend distanzierte Machtausübung und fügen ihren ursprünglichen Ausführungen auch noch Aspekte moralischer Komplikationen hinzu.

Einige der technischen Hilfsmittel sind grundlegende Instrumente zur physischen Bewegungskontrolle (Leinen), andere sind Trainingsgeräte (Clicker), wieder andere einige kombinieren Training mit Bestrafung (Schockhalsbänder) und manche sind Abschreckungsmethoden (ultraschallbasierte Anti-Bell-Geräte, stromführende Bodenmatten). Manchmal hat ein Instrument mehrere Funktionen gleichzeitig. Ein Halsband kann zum Beispiel ein Werkzeug zur Begrenzung, ein Werkzeug zum Schutz eines Hundes vor Schaden, ein Werkzeug zur Verwendung in Training und zur Verhaltensänderung oder ein Werkzeug zur Bestrafung sein. Dasselbe technische Hilfsmittel kann je nach Anwendung von schützend bis grausam wirken. Ein Halsband kann allein mit einem harten und schnellen Ruck an der Leine eine neutrale Erfahrung zu einer schmerzhaften, beängstigenden und möglicherweise sogar verletzenden machen. Oft weiß der Mensch, der ein bestimmtes Mittel anwendet, nicht genau, was er damit bezwecken will (Kontrolle? Training? Abschreckung?), was zu Missbrauch und – vorhersehbar – zu Verwirrung beim Hund führt.

Man ist versucht zu sagen, dass „Instrumente zur Kontrollausübung" per definitionem schlecht sind, weil sie alle Beispiel dafür sind, dass Menschen Macht über Hunde ausüben, eine asymmetrische Beziehung erzwingen und sie dazu bringen, unsere Haustiere zu sein und sich auf bestimmte Weise zu verhalten. Dabei ist ein solches Hilfsmittel, wenn man es auf den kleinsten Nenner herunterbricht, lediglich ein Werkzeug, das dazu entworfen wurde, ein Problem zu lösen. Wir müssen uns anschauen, welche Probleme wir zu lösen versuchen, wie wir diese formulieren und wie wir Hilfsmittel innerhalb dieses Rahmens anwenden. Und wir müssen uns ansehen, welche Auswirkungen die Hilfsmittel haben. Wie werden sie von unseren Hunden erlebt? Wie beeinflussen sie die Beziehungen zu unseren Hunden? Fördern sie den Aufbau einer Zusammenarbeit oder verstärken sie Muster von Konflikten und Missverständnissen? Jedes dieser Werkzeuge bietet die Möglichkeit zur Kollaboration, die aber fließend in eine offene Kontrolle und durch die Kontrolle in Zwang übergehen kann. („Zusammenarbeit" kann leicht zu einem Euphemismus werden. Ein Hund, der ein Elektroschockhalsband trägt, arbeitet wohl kaum zusammen, während ein Hund, der ein Geschirr und eine Leine trägt, es vielleicht tut. Kann man es Zusammenarbeit nennen, wenn eine Bestrafung droht?)

Kontrolle über einen Hund auszuüben ist nicht per se ethisch problematisch, hat aber sicherlich das Potenzial dafür. Es gibt zwingende Gründe, die Körper, Bewegungen und Verhaltensweisen von Hunden gerade jetzt zu kontrollieren: Das Gesetz schreibt es vor, es ist rücksichtsvoll gegenüber anderen Hunden und Menschen, es bewahrt Hunde vor Schaden. Dennoch ist das Maß an Kontrolle, das Menschen über Hunde ausüben, übermäßig hoch. Die extreme Kontrolle auf ein normales Maß zu bekommen, ist in den Vereinigten Staaten und anderen Ländern, in denen eine intensive Haushundehaltung üblich ist, besonders dringend. Meinem Eindruck nach stellen die Machtasymmetrien, die sich in der Bandbreite der verfügbaren Hilfsmittel wiederspiegeln – und – was noch wichtiger ist – in der Art und Weise, wie diejenigen, die mit Hunden leben, diese Hilfsmittel einsetzen, eine bedeutende Schadensquelle dar. Sie tragen viel zu der Erklärung bei, warum intensiv in Wohnräumen gehaltene Hunde sich in einer Krise befinden. (Das „intensiv" in

„intensiv gehalten“ bezieht sich auf die Qualität und Quantität unserer psychologischen und Verhaltensmanipulation und -invasion.)

Diese Hilfsmittel verändern auch die Art und Weise, wie wir mit unseren Hunden interagieren und sie wahrnehmen. High-Tech-Hundezubehör ermöglicht das ferngesteuerte Auslösen von Schmerz oder Angst mittels Knopfdruck. Die Stacheln eines Elektroschockhalsbands verursachen Schmerz, nicht wir. Die Art und Weise, wie diese Hilfsmittel entwickelt und vermarktet werden, stellen den Hund als Verursacher von Problemen hin. Sie werden zu dem Zweck entworfen, unerwünschten Verhaltensweisen entgegenzuwirken und den Ungehorsam von Hunden in den Griff zu bekommen. Diese Hilfsmittel lassen die Mensch-Hund-Beziehung als etwas Rivalisierendes begreifen: „Endlich können Sie den Kampf mit Ihrem Hund ein für alle Mal gewinnen!“ Die Anwendung oder Empfehlung dieser Hilfsmittel durch Trainer und andere Experten unterdrückt unsere Neugier darüber, wie und warum sie funktionieren. Und das nimmt uns den Mut, uns auf einen vergleichsweise längeren und intensiveren Prozess der Zusammenarbeit einzulassen. Menschen wollen schnelle Ergebnisse. Einige der Hilfsmittel scheinen welche zu liefern – allerdings mit versteckten Kosten sowohl für unsere Hunde als auch unsere Mensch-Hund-Beziehung.

Mir geht es nicht darum, den Menschen vorzuschreiben, ob oder wie sie diese Hilfsmittel verwenden sollen, sondern vielmehr darum, zu untersuchen, warum jedes Element in unserem Arsenal der Kontrollwerkzeuge ethisch belastet ist – selbst diejenigen, die harmlos erscheinen mögen. Obwohl Elektroschockhalsbänder vielleicht am ehesten den Zorn von Tierschützern hervorrufen, und das aus gutem Grund, haben Leinen und flache Halsbänder (das Standardhalsband aus Nylon oder Leder, das flach am Hals eines Hundes liegt) das Potenzial zu schaden. Vielleicht umso mehr, weil die Wahrscheinlichkeit geringer ist, dass wir uns darüber Gedanken machen, wie und warum wir diese Werkzeuge verwenden, die sich zwischen die Erfahrung unseres Hundes und seine Umwelt stellen. Die Tatsache, dass wir eine so umfangreiche Auswahl an Werkzeugen zur Kontrolle von Hunden zur Verfügung haben, ist ein Problem für sich. Wie können wir Entscheidungen darüber treffen, welche Werkzeuge in einer fürsorglichen und kooperativen Beziehung zu unserem Hund nützlich sein können? Wie können wir lernen, Werkzeuge zur Verbesserung der Kommunikation mit unserem Hund einzusetzen, anstatt unseren Willen durchzusetzen?

Diskussionen über die ethische Vertretbarkeit bestimmter Kontrollwerkzeuge bleiben häufig im Spannungsfeld zwischen Wirksamkeit (oder wahrgenommener Wirksamkeit) und Schaden stecken. Wir werden in den nächsten beiden Kapiteln noch auf diese Spannungsfelder zurückkommen, und zwar im Zusammenhang mit dem Einsatz so genannter Aversiva im Training und zur Verhaltensänderung. (Im Kontext des Hundetrainings ist ein „Aversivum" ein unangenehmer Reiz, der mit der Absicht angewendet wird, das Auftreten eines Verhaltens zu verringern). An dieser Stelle möchte ich nur festhalten, dass Effizienz zwar nicht unwichtig ist, allerdings „Funktioniert das denn?" grundsätzlich die falsche Frage ist.[93]

## Arten physischer Kontrolle

Hunde leben unter nahezu ständigen Bedingungen intensiver körperlicher und sozialer Einschränkungen. Fast jeder Hund – oder zumindest jeder „gute" Hund – trägt ein Halsband und ist außerhalb des Hauses angeleint. Diese beiden grundlegenden Hilfsmittel markieren den menschlichen Besitz und die Kontrolle über die Interaktionen des Hundes mit seiner Umwelt. Tatsächlich gehören sie zu den ältesten Kontrollwerkzeugen, die Menschen bei Hunden verwenden und sind für fast alle Haushunde Teil ihres Lebens.

Diese Werkzeuge sind natürlich die gleichen, die Hunden auch ein gewisses Maß an Freiheit innerhalb der menschlichen Gesellschaft ermöglichen. Beide bieten das Potenzial, kooperativ und respektvoll eingesetzt zu werden und die Eigenständigkeit der Hunde zu respektieren. Wenn es zu unseren Betreuungsaufgaben gehört, unseren Hund in die Welt hinauszuführen, damit er sich bewegen und sozial stimuliert werden kann, dann besteht eine unserer ergänzenden Aufgaben darin, dies auf die richtige Weise zu tun. Und es gibt viele Meinungen darüber, welches der richtige Weg ist. Die richtige Wahl (wobei „richtig" hier unter dem Begriff von Gefangenschaft und Kontrolle steht) für Halsband, Geschirr und Leine hängt von der Größe, dem Alter und dem Körperbau des

Hundes sowie der Größe, dem Alter und dem Körpertyp des Menschen ab.

## Halsbänder

Das Halsband verkörpert eine Kombination aus Machtverhältnissen und sozialen Gewohnheiten. Es ist das ursprüngliche Symbol für den Hund als Gefangener. Indem wir ein Band um den Hals befestigen, sorgen wir dafür, dass Hunde uns nicht entkommen können. Es ist auch das Hauptmerkmal, worin sich ein als Haustier gehaltener Hund von einem freilaufenden, verwilderten, leinen- und herrenlosen Hund unterscheidet. Das Vorhandensein eines Halsbands identifiziert Hunde als zum Pool der Haushunde gehörend. Oft gibt es auch die Details der Zugehörigkeit des Hundes an: Name, Telefonnummer und Adresse des Besitzers. Wenn Sie einem unangeleinten Hund begegnen, überprüfen Sie als Erstes, ob er ein Halsband trägt. Ist das der Fall, fühlen Sie wahrscheinlich eine gewisse Erleichterung. Sie können die Situation möglicherweise beheben und den Hund mit seinem Besitzer zusammenführen. Halsbänder sind eine faszinierende, bunte Mischerscheinung: Ein Ausdruck menschlicher Macht und Liebe zur gleichen Zeit. Außerdem sind sie, wie unsere Kleidung, ein Ausdruck dessen, wer wir sind – gespiegelt im Hund.

Ein Halsband, besonders wenn es mit einer Leine verbunden ist, managt die physische Interaktion eines Hundes mit seiner Umwelt und schränkt seine körperliche Bewegung ein. Viele Hunde widersetzen sich dieser Beschränkung, was das Halsband zu einer potenziellen Schadensquelle macht. In Verbindung mit einer Leine kann ein Halsband nicht nur eine Quelle der Frustration sein – „Ich möchte wirklich an dieser Stelle schnüffeln, aber ich ... komm ... gerade ... nicht ... ganz ... dran" – sondern auch die Quelle körperlicher Verletzungen. Halsbänder, die sich als Reaktion auf das Vorwärtsziehen eines Hundes an der Leine zusammenziehen, wie Würge-, Stachel- und Zughalsbänder, stellen für Hunde besonders akute Gefahren dar. Das Problem mit diesen Halsbändern ist, dass praktisch niemand sie mit dem Wissen, der Fertigkeit und dem präzisen Timing einsetzt, die für eine Effizienz bei minimalem Schaden nötig wären. Bei falscher Anwendung können diese Halsbänder Schmerzen und sogar Verletzungen verursachen. Karen Overall sagt zum Beispiel, dass Hunden mit Würgehalsbändern typischerweise erlaubt wird, am Halsband zu ziehen und den Zug aufrechtzuerhalten. Sie lernen bald, das Unbehagen des Würgers zu ignorieren. Anhaltendes Ziehen kann aber die empfindlichen Strukturen der Hundekehle wie Kehlkopf und Speiseröhre schädigen, während sich durch Ziehen am Halsband der Augeninnendruck erhöhen und die Augen eines Hundes schädigen kann.[94]

Selbst flache Halsbänder können, wenn sie nicht richtig angepasst und verwendet werden, Verletzungen am Hals eines Hundes verursachen. In einer 2020 veröffentlichten Studie in der *Veterinary Record* untersuchte Anne J. Carter, Forscherin für Verhalten und Wohlbefinden bei Tieren, zusammen mit ihren Kollegen von der Universität Nottingham, Donal S. McNally und Amanda L. Roshier, an einem simulierten Modell des Hundehalses verschiedene Halsbandtypen unter Einwirkung verschiedener Kräfte („fester Zug", „starker Zug", „Ruck"). Sie kamen zu dem Schluss, dass bei keinem einzigen Halsband der Druck auf den Hals eines Hundes, wenn dieser an der Leine zieht, niedrig genug war, um das Verletzungsrisiko zu mindern.[95]

Mit anderen Worten: Keines der Halsbänder war ungefährlich. Was die richtige Passform betrifft, empfiehlt Overall, dass ein Halsband so eng sein sollte, dass es an Ort und Stelle bleibt, wenn das Tier den Kopf senkt, aber gleichzeitig so locker, dass es den Kopf herausziehen kann, wenn es sich verfängt oder verheddert. Wenn ein Halsband nicht richtig angepasst ist, warnt sie, kann es in die Haut einschneiden und einen Hund gar zu Tode strangulieren.[96]

Expertenratschläge zu Halsbändern sind nicht immer fundiert, vielleicht, weil die Gefahren von Halsbändern noch nicht ausreichend erkannt werden und möglicherweise auch, weil Empfehlungen für Halsbänder oft als einmalige Ratschläge gegeben werden, ohne den Kontext von Hund und Halter zu berücksichtigen und ohne die fortlaufende Ausbildung und Aufsicht, die ein Halter zur sicheren Verwendung benötigt. Meine Pointer-Mix Hündin war eine schreckliche Leinenzieherin. Sie zerrte so stark an der Leine, dass sie heiser röchelte wie Darth Vader. Ich bekam von Hundetrainern und unserem örtlichen Tierschutzverband verschiedene Halsband-Ratschläge, die ich alle befolgte und die alle nicht funktionierten. Man riet mir, ein Metallstachelhalsband (bestehend aus Metallringen mit Stacheln, die sich bei Zug in den Hals des Hundes drücken) zu verwenden, ein sogenanntes „Good-Dog-Collar" (die sanftere Version eines Stahlstachelhalsbandes, mit Zinken aus Kunststoff statt Metall), ein „Gentle Leader" Kopfhalfter (das um die Schnauze des Hundes geschlungen wird und den Kopf des Hundes zur Seite zieht, wenn er auch nur den geringsten Druck auf die Leine ausübt), Leinenrucke (ein harter, schneller Ruck, der den Hund überrascht und / oder verletzt) und einen sofortigen Richtungswechsel, wenn mir Maya keine Aufmerksamkeit schenkte – das Äquivalent eines Leinenrucks. Ein professioneller Trainer sagte mir auch, dass Maya als Jagdhund eine besonders robuste Nackenmuskulatur habe, die an das Laufen durch dichtes Gestrüpp nach Vögeln angepasst sei, und dass sie nichts spüre, selbst wenn sie gegen die festen Kunststoffstacheln des „Good-Dog-Halsbandes" zog, was sie wie den Dunklen Lord der Sith klingen ließ. In jedem der Fälle konnte das jeweils empfohlene Halsband das Ziehen nicht reduzieren und ich verwarf jede dieser Optionen schnell wieder – entweder, weil ich mir Sorgen um Mayas Hals machte (Stachel- und Good-Dog-Halsband), weil Maya auf unseren Spaziergängen unglücklich war (Kopfhalfter) oder weil es sich, egal, wie genervt ich von der Zieherei war, gemein anfühlte, ihr Schmerz zuzufügen (Leinenruck, Richtungswechsel). Meine Fehler lagen damals in meiner Auffassung des Problems (Maya als „Leinenzieherin" zu betrachten) und meinem Glauben, dass ein technisches Hilfsmittel die Dinge lösen könnte. Was ich stattdessen brauchte, war eine Ausbildung, die mir zeigte, wie ich mit Maya zusammen gehen konnte, ohne dass wir beide frustriert waren. Was die Aussage über „Jagdhunde mit robusten Nacken" betrifft, gehört dies in die überfüllte Schublade voller ausgemachter Hundemärchen. Wegen des Verletzungsrisikos und der Neigung vieler Hunde, gegen ein Halsband zu ziehen, wenn sie an der Leine sind (ein Zeichen des Widerstands gegen die Beschränkung) würde ich Menschen für das Gehen mit einem angeleinten Hund ausschließlich zur Verwendung eines Brustgeschirrs raten.

## Kennzeichnung

Eine der Hauptfunktionen des Halsbands besteht darin, den Hund zu kennzeichnen. Das bloße Vorhandensein eines Halsbands zeigt den Status eines Hundes als „hat einen Besitzer“ an, und die meisten Halsbänder haben Anhänger, die sie mit einem bestimmten Menschen verbinden. Hunde in den Vereinigten Staaten, die keinen Besitzer haben, nicht markiert sind und auf die keiner einen Anspruch hat, gelten als illegal. Das heißt, ein Hund, der nicht unter direkter Kontrolle eines bestimmten Menschen steht, kann sofort eingezogen werden, wenn er aufgegriffen wird. Die Kennzeichnung von Hunden ist eine Mischung aus gesetzlichen Anforderungen und allgemeinen Richtlinien für „verantwortungsvolle Hundehaltung“, die von Tierschutz- und Veterinärorganisationen aufgestellt werden. In den Vereinigten Staaten müssen Hunde einen Anhänger tragen, der den positiven Impfstatus gegen Tollwut anzeigt, und nach den meisten Gerichtsbarkeiten müssen sie auch eine Hundelizenz bei sich haben. Diese ist tatsächlich keine Hundelizenz, sondern eine Lizenz für den Menschen, die einer Person die Erlaubnis gibt, einen Hund zu halten und anzeigt, dass der Besitzer Unterlagen ausgefüllt, eine kleine Gebühr bezahlt und einen Impfnachweis vorgelegt hat.

Bei der Kennzeichnung ihres Hundes geht es den meisten Haltern weniger um gesetzliche Vorschriften als vielmehr darum, ihren Hund vor der unhaltbaren Freiheit des „Verlorengehens“ zu schützen. Verlorengegangene Hunde wissen möglicherweise genau, wo sie sind, aber wenn sie physisch von ihrem Halter getrennt sind, können sie Gefahr laufen, verletzt oder eingesperrt zu werden oder in die Hände eines Menschen mit böswilligen Absichten zu geraten. Einen verlorengegangenen Hund zu haben, ist eine der schlimmsten Erfahrungen, die ein liebevoller Hundebesitzer machen kann – und leider auch ziemlich häufig. In *Dog Gone Missing* schätzt die Autorin und Hundeschutzaktivistin Amy Mall, dass jedes Jahr etwa eine Million Hunde in den Vereinigten Staaten verschwinden – sie jagen ein Reh und kommen nicht zurück, werden erschreckt und ziehen sich aus Halsbändern oder springen über Zäune, schleichen sich durch Tore, die versehentlich offen gelassen wurden, oder werden absichtlich entführt. Angesichts der Situation für Hunde ist das Beste, was wir tun können, sicherzustellen, dass sie ordnungsgemäß und deutlich gekennzeichnet sind, auch wenn wir uns gegen die Vorstellung sträuben, dass ein Hund ein Stück Eigentum ist. Anhänger, die an einem Halsband befestigt sind, können abfallen, weshalb viele Menschen ihre Hunde mit Halsbändern ausstatten, die mit einer Kontakttelefonnummer bestickt sind. Aber auch Halsbänder können abfallen oder entfernt werden, weshalb viele Halter sich entscheiden, einen Mikrochip unter die Haut des Hundes setzen zu lassen, der von Tierheimen und Tierarztpraxen gescannt werden kann. (In manchen Regionen ist das Mikrochippen gesetzlich für alle Haustiere vorgeschrieben.) Manche Hunde bekommen Tattoos am Bauch oder an der Innenseite des Beins. Tracker, die mit GPS ausgestattet sind und an einem Geschirr oder Halsband befestigt werden, bieten eine zusätzliche Schutzmaßnahme für Hunde und beruhigen die Halter, indem sie ihnen das Verfolgen des Standortes in Echtzeit ermöglichen. Bella hat einen ID-Anhänger mit meinem Namen und meiner Adresse, der um ihr Halsband gewickelt und mit Klett befestigt ist. Ich lasse Bella tagsüber ein Halsband tragen, insbesondere, wenn wir unterwegs sind. Vor der Abgabe an mich wurde sie im Tierheim mit einem Mikrochip versehen. Als Hundebesitzerin habe ich im Großen und Ganzen an unsere örtlichen Vorschriften zu Lizenzen und Hundemarken gehalten: Bella hat eine Tollwutmarke, eine Stadtlizenz und einen Rückruf- Anhänger („Voice- und Sight-Control") für die Stadt Boulder, der es ihr erlaubt, in bestimmten Bereichen unangeleint zu laufen (jetzt abgelaufen, da wir nicht mehr wandern gehen). Ich befestige diese Anhänger nicht an Bellas Halsband, weil sie schwer sind und klappern, sondern trage sie in ihrer Leckerlitasche bei mir. Da Bella ein Weimaraner ist, der es sich zur Lebensaufgabe gemacht hat, uns zu beschützen, mussten wir uns nie wirklich Sorgen machen, dass sie allein umherstreift oder einem Reh nachjagt, und jetzt, da ihre Mobilität so stark eingeschränkt ist, mache ich mir überhaupt keine Sorgen mehr darum. Aber wenn Bella jung wäre und zum Umherstreifen neigen würde, würde ich wahrscheinlich für meinen Seelenfrieden einen GPS-Tracker an ihrem Halsband befestigen.

## Leinen

Im Laufe der Jahre ist in allen Gesprächen, die ich mit Trainern, Verhaltensforschern und Wissenschaftlern geführt habe, immer wieder ein Motiv aufgetaucht: Die Leine als Problemquelle für den modernen Haushund. Als ich Mark Derr, den Autor von *A Dog's History of America*, fragte, warum sich Hunde heute in einer Krise befinden, nannte er gleich zwei Gründe. Erstens den Beginn der intensiven Zucht vor gut hundert Jahren, als Rassen und Zuchtvereine aufkamen.[97] Der zweite Grund entstand in den 1960er Jahren mit der Durchsetzung von Vorschriften gegen freilaufende Hunde – oft als „Leinenpflicht" bezeichnet. Hunde verloren plötzlich die Freiheit, umherzustreifen.[98] Ihr Leben wurde viel intensiver eingegrenzt.

Eine Leine schränkt die Fähigkeit eines Hundes ein, auf natürliche Weise mit seiner Umwelt zu interagieren. Sehr oft sieht man eine Person und einen angeleinten Hund zusammen die Straße entlanggehen. Die Leine zwingt den Hund, in einer geraden Linie zu gehen (langweilig!), im Tempo des Zweibeiners (unnatürlich!), direkt in der Mitte des Gehwegs. Dabei befinden sich all die interessanten Dinge, wie zum Beispiel Hundepipi, am Wegrand (frustrierend!). Die Leine kann genutzt werden, um den Hund daran zu hindern, menschliche und hündische Passanten zu begrüßen und zieht ihn weiter, bevor er überhaupt begonnen hat, an einem anderen Hund zu schnüffeln, wodurch seine ohnehin schon kleine soziale Welt weiter eingeschränkt wird. Die Leine kann auch manchmal verwendet werden, um einen Hund zu zwingen, unangenehm nah an einem unbekannten Menschen oder Hund vorbeizugehen, ohne Kontrolle über den physischen Abstand, den der Hund zwischen sich und eine wahrgenommene Bedrohung bringen kann. Wenn ein Eichhörnchen über den Gehweg huscht und der Instinkt des Hundes zum Jagen einsetzt, könnte er sich schmerzhaft zur Seite gerissen oder flach auf den Rücken geworfen wiederfinden.

Leider wird das Problem mit Leinen oft als Problem mit den Hunden selbst dargestellt. Eine ganze Kategorie von Verhaltensproblemen fällt unter den Begriff „Leinenreaktivität". Die Tatsache, dass so viele Hunde leinenbezogene Probleme haben – ob Ziehen, aggressiv gegenüber anderen Hunden werden oder nach Radfahrern schnappen – sollte uns keinen Zweifel daran lassen, dass Leinen tatsächlich ein Werkzeug mit tiefgreifenden Auswirkungen auf das Wohlbefinden von Hunden sind.

Leinen haben nicht nur eine Auswirkung auf Hunde; sie wirken sich auch auf die Beziehung zwischen Mensch und Hund aus. Die Art und Weise, wie und ob eine Leine benutzt wird, spiegelt oft die Einschätzung der Menschen dazu wider, wie gut ihre Hunde ausgebildet sind. „Ohne Leine" ist ein Zeichen von Vertrauen und ein Vertrauensbeweis. Einerseits scheint es an diesem Vertrauen zu mangeln. In einer Umfrage unter Hundehaltern in den Vereinigten Staaten gab weniger als die Hälfte an, dass sie sich wohl dabei fühlen, ihren Hund in der Öffentlichkeit von der Leine zu lassen.[99] Diese Statistik deckt sich mit meinen Beobachtungen. Ich treffe oft Leute, die mit ihren Hunden in den Wäldern rund um meine Stadt spazieren gehen. Das Gehen ohne Leine ist völlig legal, aber ich schätze, dass etwa die Hälfte aller Hunde, die ich treffe, angeleint sind. Andererseits sind viele Hundehalter unrealistisch zuversichtlich, was den Rückruf ihres Hundes angeht, und unkontrollierte Hunde – die oft von einem Menschen verfolgt werden, der „Komm! Komm her! Komm sofort her!" ruft – sind in Parks und anderen Bereichen, in denen Hunde ausgeführt werden, keine Seltenheit.

Leinen können, wie Halsbänder und Geschirre auch, auf eine Weise eingesetzt werden, die Hunden nicht schadet; sie können Werkzeuge der Zusammenarbeit und des Kompromisses sein. Sie können aber auch – und werden sehr oft – in einer Weise eingesetzt, die schädlich ist. Es ist wichtig, darüber nachzudenken, was diese Technologien bewirken sollen und wie wir sie einsetzen können, um unsere Ziele zu erreichen und dabei unseren Hund physisch und psychisch unversehrt zu belassen.

Einer meiner Nachbarn weigert sich in einem Akt des zivilen Ungehorsams, seinem Hund Duke ein Halsband oder eine Marke anzulegen, und Duke ist nie angeleint. Ich bin mir nicht sicher, ob Steve überhaupt eine Leine besitzt. Sein Ansatz basiert auf der Philosophie, dass Duke kein Eigentum ist und dass er sich genauso frei in der Welt bewegen sollte wie wir selbst. Duke kommt oft von Steves Haus herunter, um Bella zu begrüßen, wenn wir an dem kleinen See in unserer Nähe sind. Ich muss sagen, dass Duke ein sehr gutes Leben zu haben scheint und dass es gut für ihn ist, ohne Halsband und ohne Leine zu leben. Aber das würde nicht an vielen Orten gut funktionieren. Steve und Duke leben in einer winzigen ländlichen Gemeinde mit einer hohen Toleranz gegenüber Hunden und menschlichem Individualismus, schmalen unbefestigten Straßen, die die Leute zwingen, langsam zu fahren, und ohne regelmäßig patrouillierende Tierschutzbeamte.

## Maulkörbe

Aus einem Subreddit-Post zu „Reaktiver Hund":

***Maulkorb-Shaming / Tierhandlungs-Angestellte verantwortlich für Schuldgefühle***

*Unser süßes Hundchen hat gegenüber unserem anderen Hund ein reaktives Verhalten entwickelt. [Uns] ist klar geworden, dass wir mit ihm ein Maulkorbtraining beginnen sollten, damit wir die Übungen (allein und mit professioneller Hilfe), durch die wir hoffentlich ein besseres Leben führen werden, alle beruhigter durchführen könnten.*
*Also sind wir zum Zoogeschäft gegangen, um einen Maulkorb mit guten Bewertungen zu kaufen, um ihn für kurze Zeitspannen in schwierigen Situationen nutzen zu können und uns keine Sorgen zu machen, dass er einen anderen Hund beißen könnte. Die Kassiererin scannte die Trainingsleckerlis, den Adaptil-Stecker (ist einen Versuch wert?) und den Maulkorb. Als sie beim Maulkorb angelangt war, verflog ihre gute Laune, sie wurde verlegen und stotterte herum. Dann begann sie, persönliche Fragen zu stellen, warum wir ihn kauften, und als ich erklärte, dass wir mit einem reaktiven Hund arbeiten, fing sie an, uns zu erklären, dass Maulkörbe schlecht seien und uns ein schlechtes Gewissen zu machen.*
*Einfach ärgerlich. Ich denke, das ist der Start in unser neuen Leben, aber wir sind so niedergeschlagen, und wir möchten doch ein glücklicheres Leben für die Hunde und uns haben, daher trifft uns ihre Kritik wie Nadelstiche.*[100]

Der Anblick eines Maulkorbs an einem Hund verschafft vielen Menschen ein unbehagliches Gefühl, sowohl weil wir uns um das Wohlergehen des Hundes sorgen als auch, weil wir uns um unsere eigene Sicherheit in der Nähe des Hundes Gedanken machen könnten. Wenn man im Internet nach „Hundemaulkorb“ sucht, erscheinen Bilder von wild aussehenden Schäferhunden, die in die Kamera springen. Maulkörbe werden seit langem als Symbol für den Hund als gefährliche Waffe stereotypisiert. Der Maulkorb ist die Sicherung an der Waffe. Er lässt einen Hund böse erscheinen und hält gleichzeitig einen Hund zurück, der darauf trainiert wurde, böse zu sein.

Dennoch werden Maulkörbe allmählich immer öfter als Hilfsmittel verantwortungsvoller Hundehaltung eingesetzt. Warum ist das so? Weil es im Leben vieler, vieler Haustiere einen Zeitpunkt gibt, an dem ein Maulkorb ein nützliches Instrument ist, um seiner Fürsorge Ausdruck zu verleihen und Hunde und Menschen in Sicherheit zu bringen.

Lange Zeit bin ich selbst dem Glauben an die negativen Stereotype erlegen. Ich entdeckte den Wert des Maulkorbtrainings erst, als es zu spät war. Mein Aha-Moment kam vor etwa fünf Jahren während eines Campingausflugs in einem abgelegenen Teil Colorados. Bella trat auf einen Kaktus und hatte eine Mange schmerzhafter winziger Kaktusstacheln in den Ballen beider Vorderpfoten stecken. Sie hatte kein Interesse daran, uns diese herausziehen zu lassen – sie versuchte uns jedes Mal zu beißen, wenn wir ihre Pfoten berührten – und die Stacheln waren zu klein, als dass sie sie mit ihren Zähnen hätte entfernen können. Sie konnte überhaupt nicht laufen, und die sieben Stunden zu warten, bis wir zu Hause waren und zu unserem Tierarzt gehen konnten, erschien uns keine gute Option zu sein. Wir mussten eine Maulschlinge aus einer Leine improvisieren, und mein Mann hielt Bella fest, während ich die Kaktusstachelentfernung vornahm. Die Angst vor dem Festhalten verstärkte Bellas Unbehagen. Ich hatte das Gefühl, dass ich sie im Stich gelassen hatte, weil ich nicht vorausgesehen hatte, wie ich mit einem solchen Szenario umgehen würde.

Noch am Tag unserer Heimkehr begann ich mit dem Maulkorbtraining. Jetzt fühlt sich Bella wohl dabei, ihre Schnauze in die Schlaufen zu stecken und mich den Riemen um ihren Kopf befestigen zu lassen und freut sich sogar, wenn ich den Maulkorb zum Üben aus ihrer Schublade hole. Als Bella sich das Kreuzband riss und im Sommer 2020 ihre TPLO-Operation hatte, trug sie bei mehreren Tierarztbesuchen einen

Maulkorb, und die Tatsache, dass sie damit bereits vertraut war, hat ihr Leiden wahrscheinlich um ein oder zwei Stufen verringert – es war ein Punkt weniger, an dem wir Zwang ausüben mussten. Ich bewahre jetzt auch einen Maulkorb in meinem Hunde-Erste-Hilfe-Set im Auto auf, und wir sind besser auf Reisenotfälle vorbereitet.

Obwohl – wie ich – viele Menschen zu Maulkorb-Befürwortern geworden sind, gibt es immer noch negative Assoziationen. Meine Freundin trainiert ihren Hund Poppy seit dem Welpenalter gewissenhaft mit dem Maulkorb. Eine Zeit lang führten sie und Poppy Maulkorb-Trainingseinheiten im Vorgarten ihres Hauses in Boulder durch. Ohne jede Ausnahme starrten vorbeikommende Passanten mit weit aufgerissenen Augen auf die mit Maulkorb versehene Poppy und wechselten dann hastig auf die andere Straßenseite.

Das „Muzzle Up Project" ist eine gemeinnützige Organisation, die sich für einen Wandel in der Wahrnehmung von Maulkörben einsetzt und Maulkörbe mit liebevoller, sanfter Fürsorge statt mit Zwang und Angst in Verbindung bringt.[101] Es versucht auch, Hundehalter darüber aufzuklären, wie man den richtigen Maulkorb findet und anpasst und wie man einen Hund achtsam daran gewöhnt. Denn Maulkörbe können Hunden schaden, wenn sie nicht richtig angepasst sind oder ein Hund ohne angemessene Konditionierung und Training einen Maulkorb verpasst bekommt. Hunde mit Maulkorb müssen frei atmen, hecheln, Leckerlis annehmen und Wasser trinken können.

In einer der wenigen veröffentlichten Studien zur Maulkorbnutzung befragten die Tierärztin Christine Arhant und ihre Kollegen Hundehalter zu Eingewöhnungstechniken für das Tragen eines Maulkorbs und stellten große Unterschiede fest. Während einige Hundehalter einen sehr graduellen, langfristigen Ansatz zur Gewöhnung verfolgten – was aus Sicht des Hundewohls als am besten gilt – verließen sich andere auf ein schnelles, intensives Training oder führten gar kein Training durch. Wenig überraschend hatte die gewählte Technik erhebliche Auswirkungen auf unerwünschtes Verhalten bei Hunden mit Maulkorb. Mehr als ein Fünftel der Halter berichteten von Schäden am Fell oder der Haut ihres Hundes, Problemen mit der Wärmeregulierung oder Augen- oder Magen-Darm-Problemen durch den Maulkorb.[102]

## Hilfsmittel zur Beschränkung

Die Haltung von Hunden als Haustiere umfasst ihre Beschränkung auf bestimmte Räume, insbesondere unsere Häuser, Garagen oder Höfe, und oft auf kleinere Bereiche innerhalb dieser Räume. Wir schränken Hunde ein, weil sie unser Eigentum sind, weil wir nicht wollen, dass sie uns verlassen, weil wir sie schützen wollen und weil wir müssen: In unserer Gesellschaft gelten Hunde als freilaufend, wenn ihr Bewegungsradius nicht beschränkt ist, und ein freies Herumlaufen ist illegal. Das Ausmaß der Beschränkung, die Hunde erfahren, variiert stark – einige Haushunde verbringen viele Stunden am Stück in einem Käfig oder Zwinger, der nicht viel größer als ihr Körper ist, während andere Hunde relativ freien Zugang zu ihrem gesamten Zuhause, einem Hof und manchmal sogar einer größeren Gemeinschaft genießen. Viele Hunde haben ein Leben, das reich und interessant genug ist, dass ihre Einschränkung innerhalb der Wände eines Hauses nicht als ernsthafte Entbehrung empfunden wird. Dennoch ist es wichtig, dass wir uns dieses grundlegende moralische Dilemma nicht schönreden: Für einen guten Hundehalter ist es unvermeidbar, den Hund physisch gefangen zu halten. Und Gefangenschaft ist eine Form von Schaden. Wie sollte es uns damit gehen?

Der zur Verfügung stehende Raum des Durchschnittshundes in den Vereinigten Staaten schrumpft seit etwa den 1970er Jahren kontinuierlich. Eine ganze Reihe demografischer und kultureller Veränderungen in der Hundehaltung haben zu dieser Verengung beigetragen, darunter die Einführung und Durchsetzung von Beschlagnahmungsgesetzen, der Übergang von Hunden von draußen zu im Haus lebenden Tieren und das stetige Wachstum der Hunde- und Menschenpopulation. Hunde finden sich nun häufiger am Ende einer Leine, hinter einem Zaun oder auf der falschen Seite einer Tür wieder und haben nicht mehr freien Auslauf in ihrer Nachbarschaft. Eine größere Dichte von Hunden und mehr Hunde, die durch Leinen und Halsbänder eingeschränkt sind, haben möglicherweise zu häufigeren und stressigeren Interaktionen mit anderen Hunden geführt, was eine zunehmende Hund-Hund-Reaktivität zur Folge hatte.

Durch die Beschränkung von Hunden beschneiden wir ihre Raumnutzung, ihre Fähigkeit, natürliche Verhaltensweisen wie das Ausscheiden auszuüben, ihr Beziehungsnetzwerk und ihre Möglichkeiten zur Interaktion mit ihrer Umwelt. Hauptsächlich tun wir dies, indem wir Hunde in unserem Zuhause einsperren, häufig ohne die Möglichkeit, nach draußen zu gehen. Wir tun dies, wenn wir zu Hause sind und wenn wir abwesend sind, obwohl wir dazu neigen, Hunde nur dann als „eingesperrt" zu betrachten, wenn wir nicht bei ihnen sind. Das Einsperren hat zwei wichtige, miteinander verknüpfte Folgen: die Auferlegung von psychologischem Stress und die Verringerung der physischen, sozialen und sensorischen Welt und Möglichkeiten eines Hundes.

## Boxen

Die Haltung von Hunden im Haus ist zunehmend mit einer Praxis des Einsperrens in eine Hundebox verbunden. Obwohl das Einsperren von Hunden und anderen Haustieren nichts Neues ist, hat der Käfig – der Käfig im Käfig (also der Käfig im Haus) – an Popularität gewonnen. Tatsächlich gehören Boxen oft zu den Dingen, die alle verantwortungsvollen Hundebesitzer haben und nutzen. Diese Kontrolltechnologie ist inzwischen so allgegenwärtig und unangefochten, dass im Englischen das Substantiv „crate" (Käfig) zu einem Verb geworden ist, einer Praxis der Hundehaltung: „crating". „Einen Moment, ich crate meinen Hund." Ich bin mir nicht sicher, wann die Bezeichnung sich gewandelt hat, aber dieses clevere Rebranding wurde zweifellos von der Heimtierindustrie unterstützt. „Sperre deinen Hund in einen Käfig, während du weg bist" klingt schrecklich; „Crate deinen Hund, während du nicht zu Hause bist" klingt harmlos. Im Deutschen Sprachgebrauch ist „Box" üblicher als „Käfig" und klingt ebenfalls deutlich netter.

Boxenbefürworter behaupten, dass sich Hunde gerne in Boxen befänden. Die Box, so sagen sie, sei ein natürlicher Rückzugsort, der Hunde beruhigt. Eine Box sei wie eine Höhle. Dies ist ein häufiger und hinterhältiger Austausch von etwas Unnatürlichem gegen etwas Natürliches. Ja, das Höhlenverhalten ist Teil des mütterlichen Verhaltens bei freilaufenden Hunden und anderen Caniden. Aber kein Canide lebt über das frühe Welpenalter hinaus in einer Höhle oder in einem Bau. Im Gegenteil, Hunde sind hoch soziale Tiere, die in der Nähe ihrer Familie sein müssen und wollen. Hunde in Käfige zu isolieren ist eines der unnatürlichsten Dinge, die wir ihnen antun.

In einer Arbeit der niederländischen Verhaltensforscherin Bonne Beerda und Kollegen in der Zeitschrift *Physiology and Behavior* aus dem Jahr 1999 wurde der erfolgreiche Einsatz von sozialer und räumlicher Beschränkung diskutiert, um chronischen Stress bei einer Gruppe von Labor-Beagles hervorzurufen. Die Hunde wurden sechs Wochen lang in Einzelboxen gehalten, ohne soziale Interaktion oder sogar visuellen Zugang zu anderen Hunden. Die sozial und räumlich eingeschränkten Hunde „zeigten einen erhöhten Zustand von Aggression, Aufregung und Unsicherheit" und wiesen hormonelle und immunologische Veränderungen auf, die mit hohen Stressniveaus verbunden sind.[103]

Wie unterscheidet sich das Einsperren eines Hundes im Haus von dem, was in diesen Artikeln als „soziale und räumliche Beschränkung" im Labor beschrieben wird? Welche tägliche Käfigzeit für einen Haushund würde zu chronischem Stress führen? Eine Stunde? Acht Stunden? Zwölf Stunden?

Wenn ich mit Menschen über ihren Einsatz von Hundeboxen spreche, spüre ich oft einen Unterton von Unbehagen. Unaufgefordert erzählen mir die Leute, dass sie eine Box haben und ihren Welpen „boxentrainiert" haben. „Aber", fügen sie schnell hinzu, „wir machen die Tür nie zu. Und Bailey liebt ihre Box wirklich. Sie geht ganz von alleine rein, wenn sie sich sicher fühlen will." Dies erinnert an das scheinbar kontraintuitive Verhalten von Ex-Gefangenen, die sich nach der Sicherheit der Gefangenschaft sehnen. Aber die Botschaft, die man daraus ziehen sollte, ist nicht, dass inhaftierte Menschen eingesperrt bleiben wollen, weil sie ihre Zeit im Gefängnis genossen haben. Die psychologische Motivation, die dahintersteckt, ist ein Trauma – der chronische Verlust der freien Wahl verändert Menschen. Ziemlich sicher verändert er auch Hunde. Und in einem Käfig zu sein, ob als Welpe oder ausgewachsener Hund, bedeutet einen chronischen Verlust der freien Wahl.

Wie das Elektroschockhalsband, so ist auch die Box ein vertrautes Hilfsmittel im Kontext der extremen Ausbeutung von Hunden in der Laborforschung. Seltsamerweise sind die Richtlinien zur angemessenen Boxengröße, die vom US-Landwirtschaftsministerium (USDA) festgelegt wurden – das nicht gerade als großer Freund der Tiere bekannt ist – strenger als die, die typischerweise von einzelnen Hundebesitzern beachtet werden.[104] Tatsächlich gibt es für den einzelnen Hundebesitzer keine gesetzliche Verpflichtung, den Richtlinien des USDA Animal Welfare Act zu folgen, noch gibt es Einschränkungen, wie Hundeboxen vermarktet und verkauft werden dürfen. Meiner Einschätzung nach würden fast alle Boxen, die zur Einschränkung von Hunden verwendet werden, vom USDA als zu klein beurteilt.

Ich folgte den Berechnungen des USDA, um die richtige Boxengröße für Bella zu finden: Bella ist knapp einen Meter lang. Also müsste die Bodenfläche ihrer Box etwa 1,3 Quadratmeter betragen. Die Größenempfehlung auf der Website von Chewy für den Frisco Fold & Carry (die wie die Box aussieht, die wir für Bella haben) beträgt eher einen Dreiviertel Quadratmeter. Das setzt voraus, dass ich die Spalte „Gewicht Ihres Hundes“ ignoriere, die Bella in ein mittleres Modell mit etwas über einem halben Quadratmeter einsortieren würde. Der einzige Trost für Bella ist, dass sie nicht in ihrer Box lebt, wie das bei Hunden in einer Forschungseinrichtung oder in einer kommerziellen Zuchtanlage der Fall ist. Die Box steht zusammengeklappt im Keller und ist nur für tierärztliche Notfälle da.

Wie Maulkörbe sind Boxen ebenso ein Werkzeug von großem Wert in einem sehr engen Spektrum von Situationen. Wir sollten es als Gefälligkeit betrachten, wenn wir allen Hunden beibringen, sich in einem Käfig wohlzufühlen. Die Box – mit weit geöffneter Tür – kann ein sicherer Ort für einen Hund sein, wenn er etwas Zeit allein verbringen oder Zuflucht vor schreienden Kindern, anderen Haustieren usw. suchen möchte. Wenn man sie auf diese Weise nutzt, erhöht die Box die Autonomie eines Hundes, da er sich aus sozialen Interaktionen mit anderen im Haushalt zurückziehen kann. Ebenfalls wertvoll ist es, dem Hund beizubringen, dass er sich auch in einer geschlossenen Box wohlfühlt. Eine derartige Beschränkung kann einmal wichtig werden. Das offensichtlichste Beispiel, das mir einfällt, ist während einer Krankheit oder nach einer Operation, wenn ein Hund möglicherweise in der Tierklinik und während der Erholung zu Hause eingesperrt werden muss. Das Einsperren könnte auch während Evakuierungen bei Bränden, Überschwemmungen oder anderen Naturkatastrophen notwendig sein. Wenn das Eingesperrtsein vertraut ist und positive Assoziationen hat –

viele Leckerlis und Lob, minimale Angst oder Unruhe – dann kann das den Stress einer Operation, Krankheit oder einer großen Veränderung im Leben etwas reduzieren.

Die Art und Weise, wie Boxen vermarktet, verkauft und in der Trainingsliteratur beschrieben werden, könnte dazu beitragen, ihre Nutzung durch Hundebesitzer zu reduzieren und zu verfeinern, indem das Narrativ von dem offensichtlich absurden „alle verantwortungsvollen Hundebesitzer nutzen eine Box“ zu dem vernünftigeren „dies ist ein Hilfsmittel, das Sie in Betracht ziehen könnten, aber es sollte mit äußerster Vorsicht verwendet werden“ verschoben wird.

### Zäune, Höfe, Hundeklappen

Wie wir bereits gesehen haben, fungieren Werkzeuge zur Einschränkung gleichzeitig auch als Freiheitsverbesserer. Höfe sind eine räumlich begrenzte Fläche, und die meisten sind viel kleiner, als Hunde es wünschen oder brauchen. Dennoch bieten sie einen wunderbaren Ort zum Spielen, zur Beschäftigung der Sinne und für soziale Kontakte. Zäune begrenzen Hunde, das stimmt. Aber sie erweitern auch den Bewegungsspielraum der Hunde und ermöglichen es ihnen, sich ohne Leine im Freien aufzuhalten.

Auch eine Hundeklappe ist etwas, das entweder geöffnet oder geschlossen werden kann. Sie setzt eine Grenze, begrenzt einen Raum. Trotzdem bietet eine Klappe – insbesondere eine, die von Hunden selbst geöffnet werden kann – eine Quelle der Handlungsfreiheit: einer – wenn auch begrenzten – Freiheit sowie Kontrolle für Hunde. Hundeklappen sind in der Regel auf Grundstücken zu finden, auf denen es Zäune und Höfe gibt, sodass die Freiheit der Hunde zwar schrittweise, jedoch auf eine recht sichere Art und Weise erweitert wird.

## Gedankenkontrolle

Kaum ein Thema ist unter Hundefreunden so umstritten wie die angemessene Rolle von ferngesteuerten Geräten wie dem Elektroschockhalsband, dem unsichtbaren Zaun und Antibell-Halsbändern. Einige betrachten sie als unverzichtbare Werkzeuge zur Kontrolle und Modifikation des Hundeverhaltens, mit deren Hilfe Hunde und Menschen glücklicher zusammen sind. Für andere sind sie Werk des Teufels. Mein Ziel in diesem Abschnitt ist eng gefasst: Ich möchte die ethischen Fragen erkunden, die durch Verwendung und Verbreitung von Hilfsmitteln mit Fernbedienung aufgeworfen werden, ohne die Debatten über Wirksamkeit und Schaden abschließend zu beurteilen. Auf die Rolle von Bestrafung im Training werde ich in Kapitel sechs zurückkommen.

Diese ferngesteuerten Geräte haben mehrere Gemeinsamkeiten: Man setzt sie ein, um das Verhalten von Hunden zu kontrollieren oder zu modifizieren; sie sorgen für ein Stück Anonymität zwischen einem Hund und seinem menschlichen Kontrolleur (es gibt keinen körperlichen Kontakt – das Signal oder die Bestrafung erfolgen indirekt); wie andere Mittel zur Kontrollausübung zielen sie oft auf die Kontrolle oder Modifikation von für Hunden natürlichen Verhaltensweisen wie Erkundungsverhalten und Bellen ab; und sie alle basieren auf der Verwendung eines aversiven Reizes. Nachfolgend einige Fragen und meine Antworten dazu. Es steht Ihnen frei, anders zu antworten.

1. Sind diese Techniken nötig, um Hunde sicher zu halten? Nein.
2. Können sie die Freiheit von Hunden verbessern? Ja.
3. Schaden sie Hunden? Ja.
4. Schaden sie uns? Ja.
5. Können sie die Zusammenarbeit zwischen Hunden und Menschen fördern? Unwahrscheinlich, aber möglich.
6. Würden Sie eines dieser Geräte bei Ihrem Hund verwenden? Nein.

## Elektroschockhalsbänder und „E-Halsbänder"

Ich verbrachte einen Vormittag damit, mich in die Franchise-Welt von „Sit Means Sit" („Sitz heißt Sitz") zu vertiefen. Ich war neugierig auf diese Hundeschule– besonders, nachdem eine solche in einer nahegelegenen Stadt eröffnet hatte. Die Website von „Sit Means Sit" zeigt verschiedene Hunde, die „brav" sind und feiert „Abschlusszeremonien".

In einem Video geht eine Abschlussklasse Hund für Hund durch einen Raum voller Platten mit Thanksgiving-Truthahn und anderen für Hunde verlockenden Leckereien. Die Hunde trotten an Tellern mit Essen vorbei, bewegen sich über Rampen und an weiteren Platten mit Futter vorbei. Um den Hals jedes Hundes befindet sich sichtbar das schwarze Elektroschockhalsband mit einer kleinen Box. Die Gesichter der Menschen sind nicht sichtbar, nur ihre Körpermitte, in den Händen halten sie die schwarze Fernbedienung. Die Hunde machen ihre Sache perfekt, obwohl sie sichtbar unbehaglich wirken.

Das „Sit Means Sit"-Video scheint den heutigen Standard widerzugeben: Elektro-Halsbänder sind überall. Ich schätze, dass mindestens die Hälfte aller Hunde, die ich auf unseren lokalen Wanderwegen sehe, ein elektrisches Halsband irgendeiner Art tragen – ein altmodisches Elektroschockhalsband oder ein neumodisches „E-Stim"-Halsband. Und die Menschen, die mit ihren Hunden unterwegs sind, scheinen, soweit ich das beurteilen kann, gute Hunde*halter* zu sein – sie nehmen ihre Hunde mit auf eine Wanderung im Wald, und ich vermute, dass viele von ihnen sich nur wegen des Elektrohalsbands wohl damit fühlen, ihren Hund von der Leine zu lassen.

Ich möchte klarstellen, dass ich nicht jeden Hundebesitzer, der seinem Hund ein Elektrohalsband anlegt, für einen schlechten Menschen halte. Aber ich möchte auch deutlich sagen, dass ich es in meinen Augen etwas Schlechtes ist, das man einem Hund antut. Elektrische Halsbänder oder „E-Halsbänder" geben in der Regel ein „Signal" über zwei metallene Kontaktstifte an der Innenseite des Halsbandes, durch die ein elektrischer Schock oder Impuls an die empfindliche Haut des Hundehalses abgegeben wird. Die meisten dieser Halsbänder werden als Trainingshilfen vermarktet. Ich fasse hier alle Elektrohalsbänder mit Fernsteuerung zusammen; einige Arten von E-Halsbändern mögen problematischer sein als andere. Dieses Thema legt dramatische Brüche in der Trainingsphilosophie offen – die Abwägung von Zweckmäßigkeit gegen Wohlergehen und, um es freundlich auszudrücken, das Abwägen von Wohlergehen gegen Wohlergehen (einen Hund jetzt verletzen, um zu verhindern, dass er später verletzt wird oder um zu verhindern, dass er andere Hunde, Tiere oder Menschen verletzt). Die Literatur zu diesem Thema ist umfangreich und wächst, und sie ist nicht unumstritten. Es scheint darauf hinauszulaufen, dass ihr eng begrenzter, aber signifikanter Nutzen gegenüber den sehr realen und weit verbreiteten Problemen des Missbrauchs abzuwägen ist.

Wie flache Halsbänder und Geschirre sind auch E-Halsbänder eine Form der physischen Kontrolle. Aber sie sind auch mehr als das: Sie sind Gedankenkontrolle. Ironischerweise werden E-Halsbänder oft als Werkzeug beworben, das Hunden mehr Freiheit gibt – und in gewisser Weise könnten sie dieses Versprechen auch einlösen, wie bei den vielen Hunden, die auf Wanderungen leinenlose Freiheit genießen, weil ihr Besitzer sich im Rückruf durch das E-Halsband sicherer fühlt. Dennoch stellen sie auch eine bestimmte Form der Gefangenschaft für Hunde dar, und zwar eine besonders heimtückische und schädliche. Bei normalem Halsband mit Leine wird ganz direkt die physische Interaktion eines Hundes mit seiner Umwelt gemanagt und die körperlichen Effekte wie der Druck des Halsbands können (idealerweise und bis zu einem gewissen Grad) vom Hund selbst kontrolliert werden. Der Hund behält ein gewisses Maß an Handlungsspielraum. Im Fall des Fernschockgeräts mag die Welt frei und verfügbar erscheinen, wird aber von Angst überschattet. Stellen Sie sich vor, Sie gehen durch ein Spukhaus und wissen, dass jederzeit eine als Gespenst verkleidete Person auftauchen und „Buh!" rufen könnte. Sie können sich nicht entspannen; Adrenalin pumpt durch Ihre Adern. Hunde, die Gefahr laufen, „stimuliert" zu werden, könnten sich in einem Zustand ständiger erhöhter Erregung befinden, insbesondere, wenn die Fernsteuerung in den Händen eines unerfahrenen oder ungeschickten Besitzers oder Trainers liegt, der die Nuancen der operanten Konditionierung nicht beherrscht.

Das Elektroschockhalsband – und elektrische Schocks im Allgemeinen – haben eine lange Tradition in der Verhaltensforschung, insbesondere in der Forschung zum Verständnis und zur Entwicklung von Behandlungsmethoden für psychische Erkrankungen. Das sollte ein Alarmsignal sein. Hier auf die Schnelle zwei relevante Beispiele: Die Forschung des amerikanischen Psychologen Martin Seligman zur erlernten Hilflosigkeit setzte Hunde unausweichlichen Elektroschocks aus. Eines von Seligmans Versuchsgeräten, die sogenannte Shuttle-Box, schickte durch einen elektrifizierten Boden einen Stromstoß an die Pfoten der Hunde. B. F. Skinner, ein weiterer amerikanischer Psychologe, verwendete elektrische Schocks, um Verstärkungspläne und operante Konditionierung zu studieren. Skinner stellte fest, dass bestimmte „Pläne" vorhersehbar zu Neurosen führen: Wenn ein Tier nicht genau vorhersagen kann, wann ein Verstärker (z. B. ein Stromstoß) kommt, also der Verstärker in keiner verständlichen Weise mit dem hervorgerufenen Verhalten in Beziehung steht, entwickelt das Tier das, was Skinner als „superstitious behavior" (Aberglaube) bezeichnete, eine Form der Neurose.[105] Das empfohlene Timing für einen Verstärker, das durch viel Versuch und Irrtum sowie Neurosen von Caniden entdeckt wurde – beträgt 0,05 Sekunden nach der Reaktion. Das ist verdammt schnell. Der Elektroschock war also ein zentrales Instrument zur experimentellen Erzeugung von Neurosen bei Versuchstieren. Es scheint kein Zufall zu sein, dass die wachsende Beliebtheit von Elektrohalsbändern mit Fernbedienung in den letzten zwei Jahrzehnten denselben Verlauf genommen hat wie die aufkeimende Krise der psychischen Gesundheit von Hunden in den Vereinigten Staaten.[106]

Großen Anlass zur Sorge gibt die Verwendung von Elektrohalsbändern durch unerfahrene oder unaufmerksame Hundebesitzer oder Trainer. Der Zeitpunkt eines Schockverstärkers muss ganz genau mit dem Verhalten korrelieren, für das der Schock als Abschreckung verwendet wird, andernfalls wird der Bestrafungsplan als unvorhersehbar erlebt, was effektiv einen Verstärkungsplan schafft, der einen Hund verrückt macht, wie von Skinner untersucht. Diese Sorge scheint mir nicht übertrieben. Selbst die besten Trainer der Welt brauchen Jahre, um diese Fähigkeit zu entwickeln. Wenn Sie einen guten Trainer bei der Arbeit sehen, ist er laserscharf auf seine Interaktionen mit einem Hund fokussiert – es ist höchst unwahrscheinlich, dass er dabei am Handy hängt und über die Netflix-Serie von letzter Nacht plaudert.

Ferngesteuerte Halsbänder schaden nicht nur den Hunden, sondern können auch dazu beitragen, dass das Vertrauen in die Beziehung zwischen Hund und Mensch gestört wird – eine Beziehung, die bei vielen Hunden und Menschen ohnehin bereits auf der Kippe zu stehen scheint. Ein weiteres und wenig anerkanntes Übel ist, dass die Ausübung von Gewalt, die Verursachung von Angst und Unbehagen auch uns Menschen schaden. Indem wir Hunde brutal behandeln, verrohen wir auch selbst.

Die Hidden Fence Company, die eine Vielzahl von Kontrolltechnologien vertreibt, gibt sich große Mühe, den Verbrauchern zu erklären, dass es sich bei einem E-Halsband nicht um eines dieser altmodischen Elektroschockhalsbänder handelt, die so viel schlechte Presse hatten und in vielen Ländern der Welt illegal verkauft werden. Die neue Generation von E-Halsbändern „sollte nicht auf übertriebene und verleumderische Weise als ‚Schockhalsbänder' bezeichnet werden." „Elektronische Halsbänder", behauptet das Unternehmen, „wurden geschaffen, um das Wohlergehen von Tieren zu fördern, indem die Klarheit und Geschwindigkeit des reizbasierten Lernens maximiert werden."[107] Was nicht ganz stimmt. E-Halsbänder sind einfach eine neuere Generation derselben Kontrolltechnologie, deren ursprüngliche Funktion darin bestand, bei Versuchstieren Neurosen hervorzurufen. In der Werbung wird behauptet, dass Trainingshilfen mit Elektroimpulsen mit elektronischer Stimulation und nicht mit Elektroschocks arbeiten, was anscheinend bedeutet, dass sich „Stimulation" gut anfühlt, im Gegensatz zu „Schock", der sich schlecht anfühlt. Elektronische Stimulation oder TENS – transkutane elektrische Nervenstimulation – funktioniert, indem das Gerät eine elektrische Stimulation oder einen Impuls durch Gewebe zwischen zwei Kontaktpunkten, den beiden metallischen Stiften am E-Halsband, sendet. Aber das Problem liegt nicht in der relativen Schmerzhaftigkeit der „Bestrafung" oder „aversiven" Reaktion, sondern in der Auswahl einer aversiven Reaktion überhaupt. (Und übrigens, wenn Sie jemals ein TENS-Gerät bei schmerzenden Muskeln verwendet haben, bezweifle ich, dass Sie die Erfahrung als „stimulierend" im positiven Sinne beschreiben würden.)

Können elektrische Halsbänder also unerwünschtes Verhalten stoppen? Ja, vorübergehend. Können sie von erfahrenen Trainern mit äußerster Sorgfalt so eingesetzt werden, dass die Gefahr für Hunde minimal ist? Ja. Aber in den Händen von Durchschnittshundebesitzern ist diese Technologie zu einer ernsthaften Bedrohung für Hunde geworden. Angesichts der Tatsache, dass es praktikable Alternativen gibt, müssen wir vielleicht andere Entscheidungen treffen, wenn es um die Ausübung von Kontrolle über Hunde geht. Gibt es Raum für den Einsatz von Tele-Halsbändern? Möglicherweise ja. Nicht alle Tele-Halsbänder basieren auf schmerzhaften Reizen, und wenn sie im richtigen Kontext verwendet werden, könnten sie den Partnern Mensch und Hund bei der Zusammenarbeit helfen. Tele-Halsbänder, die auf sanften Vibrationen basieren, könnten beispielsweise verwendet werden, um mit tauben Hunden zu kommunizieren. Einem tauben Hund könnte beigebracht werden, dass er, wenn sein Halsband vibriert, seinen Menschen ansehen soll – dass er ein Leckerli bekommt. Sein Mensch könnte dann Handzeichen oder Gesten verwenden, um Verhaltensweisen abzurufen oder Absichten zu kommunizieren. Ein Halsband, das unterschiedliche Töne verwendet (aber nicht hochfrequente, für Menschen unhörbare Geräusche, die für die Ohren von Hunden schmerzhaft sind), um Inhalte zu kommunizieren, könnte in einem Umfeld nützlich sein, in dem ein Hund ohne Leine und nicht in unmittelbarem Hörbereich seines Menschen ist. In diesen Situationen – und ich bin mir sicher, dass es noch andere gibt – verursacht das Halsband kein Unbehagen und wird im Kontext von positiver Verstärkung und Zusammenarbeit verwendet.

Ein weiterer enger Rahmen, in dem offene Diskussionen geführt werden müssen, ist das Training von Hunden durch professionelle Trainer, um riskante Arbeiten zu verrichten, und bei denen eine absolute und präzise Reaktion der Hunde auf ihre Partner oder Trainer für die Sicherheit aller notwendig ist. Die Arbeit von Polizei- und Diensthunden beim Militär kommt mir da in den Sinn. Neben den ethischen Fragen zur Verwendung von Elektroschockhalsbändern in diesen Situationen werden auch wichtige Diskussionen darüber geführt, ob es moralisch vertretbar ist, Hunde zum Nutzen des Menschen extremen Risiken auszusetzen.

## Antibell-Geräte

Alle hier diskutierten Technologien zielen darauf ab, das natürliche Verhalten von Hunden zu kontrollieren oder zu modifizieren. Leinen und Halsbänder hindern Hunde daran, frei zu erkunden, zu sozialisieren, zu rennen, umherzulaufen, zu jagen und so weiter. Aber einige wenige sind eigens darauf ausgelegt, das natürliche Verhalten von Hunden durch Bestrafung zu unterdrücken. Diese erscheinen mir als unfair gegenüber Hunden. Antibell-Geräte beispielsweise sind besonders heimtückisch, weil sie das natürliche Verhalten unterdrücken oder, in Fällen, in denen obsessives Bellen ein Symptom für beeinträchtigtes psychisches Wohlbefinden ist, zur Verletzung auch noch Beleidigung hinzufügen. Antibell-Geräte gibt es in vielen Varianten, von den stärker bis zu den weniger stark aversiven (Stromstoß, Ultraschall-Ton, ein Sprühstoß ins Gesicht mit Citronella-Öl oder Wasser), aber sie tun alle dasselbe: Sie bestrafen einen Hund dafür, dass er sich normal verhält. Die Unterdrückung natürlichen Verhaltens kann wiederum zu psychischen Schäden führen, die sich dann in unerwünschtem Verhalten äußern können... wie zum Beispiel zwanghaftem Bellen. Der menschliche Halter, vom widerspenstigen und „störrischen" Hund immer frustrierter, erhöht nun möglicherweise den Einsatz und verschärft die Bestrafung. Ultraschall-basierte Antibell-Geräte, die Bellen aus etwa fünfundzwanzig Metern Entfernung erkennen und unterbinden, können auch von Personen erworben und installiert werden, die gar nicht der Besitzer des Hundes sind – wie etwa ein Nachbar, der von einem ununterbrochen im angrenzenden Garten bellenden Hund genervt ist. Das kann für jemanden mit rücksichtslosen Nachbarn wie ein Geschenk des Himmels erscheinen. Ich habe E-Mails von Menschen erhalten, die zwar Verständnis für die Schäden haben, die diese Geräte den Hunden zufügen, sich aber dennoch verzweifelt nach Ruhe und Frieden sehnen. Ein älterer Herr beschrieb, wie sich seine Lebensqualität verschlechtert hatte, weil die Nachbarhunde ununterbrochen bellen. Er könne nicht mehr schlafen und sich nicht mehr konzentrieren. Die Nachbarn seien unhöflich und weigerten sich, über das Problem des Bellens zu sprechen. Ich habe aber auch E-Mails von Menschen bekommen, deren Hunde durch ein Antibell-Gerät eines Nachbarn geschädigt wurden. Eine Frau beschrieb, wie ihr einst geselliger, fröhlicher Hund völlig abschaltete, nachdem die Nachbarn ein ultraschallbasiertes Antibell-Gerät installiert hatten. Er geht nicht mehr nach draußen, weigert sich, spazieren zu gehen, will nicht fressen und ist lustlos und depressiv. Die potenziell schädlichen Auswirkungen solcher Geräte sind für geräuschempfindliche Hunde noch akuter. Unternehmen, die Antibell-Geräte verkaufen, verteidigen deren Verwendung oft als freundlichere und sanftere Alternative zur chirurgischen Entfernung des Kehlkopfes. Hier ist die moralische Logik– dass das Unmoralische an der chirurgischen „Antibell-Maßnahme" als moralische Rechtfertigung für die Antibell-Geräte dient – schlichtweg verrückt.

Wie bei anderen ferngesteuerten Technologien wie elektrischen Zäunen und E-Halsbändern ist die Vermarktung von Antibell-Geräten hochgradig irreführend und unethisch. Fast ohne Ausnahme wird potenziellen Käufern gesagt, dass die Geräte völlig human seien und niemandem Unbehagen zufügten. Tatsächlich ging eine Website so weit, ein Antibell-Gerät als etwas zu beschreiben, das Ultraschall einsetzt, indem es „Wellen aussendet, die beruhigend auf Ihren Hund wirken." Ernsthaft?

Das alles soll nicht heißen, dass Hundegebell für den Menschen unproblematisch ist. Denn das kann es durchaus sein. Doch was sich hier ändern muss, sind unsere Erwartungen an Hunde und an die Gestaltung der Zusammenarbeit beim Aushandeln von Kompromissen (mehr dazu in Kapitel 7).

## Unsichtbare Zäune

Anstelle einer sichtbaren, physischen Grenze, die ein Hund sehen und mit der er interagieren kann, funktioniert ein unsichtbarer Zaun mit einer Art ferngesteuerter „Erfahrung" – entweder über einen elektrischen Schock am Halsband, das der Besitzer am Hund anbringt, oder einen unangenehmen Ultraschallton, der von einem Gerät an einem Baum oder im Boden ausgesendet wird – um einen Hund auf ein bestimmtes Gebiet zu beschränken. *(Die Verwendung, nicht aber der Vertrieb solcher Zäune ist in Deutschland verboten, Anm. d. dt. Verlages.)* Genau wie Antibell-Geräte unterdrücken Fernzäune das natürliche Verhalten eines Hundes – in diesem Fall den Drang zum Erkunden und Umherstreifen. Die Zäune funktionieren, indem sie Angst oder Erschrecken hervorrufen und werden wie Antibell-Geräte oft nicht als Trainingsmittel, sondern als Abschreckung eingesetzt. Ein Hund kann nur durch Überschreiten der Grenze feststellen, wo diese (willkürliche) Grenze liegt. Dabei erfährt er eine Bestrafung. Ultraschallzäune, die durch Aussenden eines aversiven Geräusches beim Überqueren funktionieren, können wie Antibell-Geräte von Nachbarn aufgestellt werden. Sie liegen außerhalb der Kontrolle des Hundebesitzers. Diese Technologien machen keinen Unterschied dabei, auf wen sie einwirken.

Gibt es Situationen, in denen ein unsichtbarer Zaun eine Überlegung wert sein könnte? Wahrscheinlich schon. Eine Freundin, die auf einer zwanzig Hektar großen Farm lebt, welche auf einer Seite an eine stark befahrene Straße grenzt, nutzt einen unsichtbaren Zaun, um ihre drei Hunde auf ihrem Grundstück zu halten. Sie hält den Bau eines so langen festen Zauns für unerschwinglich teuer, und findet, es sei den Kompromiss wert, dass ihre Hunde im Austausch für die Möglichkeit eines Stromstoßes beim Überqueren der Linie so viel Freiheit zum Umherstreifen haben. Zumindest setzt sie diese Technik bewusst ein, und nur sie und ihre Hunde können diese Entscheidung wirklich treffen.

Grenzenlose Freiheit ist für Hunde in den Vereinigten Staaten selten eine sichere Option, und wie ich oben erwähnte, können einige Kontrollwerkzeuge manchmal die Freiheiten gefangener Hunde erweitern. Aber wie Schockhalsbänder und Antibell-Geräte auch, so werden elektrische Zäune, E-Zäune, unsichtbare Zäune – wie auch immer wir sie beschönigend nennen – über Notwendigkeit verkauft und übermäßig eingesetzt und die potenziellen Gefahren für Hunde werden unterschätzt.

Der heilige Gral der fernkontrollierten Hundezauntechnologie – zumindest lautet so der Anspruch auf der Produkt-Website – heißt Halo: „Der persönliche Schutzschirm Ihres Hundes." Halo wird „Ihren Hund befreien!" Er wird nicht als intelligentes Halsband, sondern als „das Hundesicherheitssystem der nächsten Generation" angepriesen, und er, vereint mehrere Kontrolltechniken – Überwachung, Beschränkung, Aktivitätsverfolgung und Verhaltensmodifikation – in einem Gerät. Der Halo bietet totale Konnektivität, sodass Sie noch mehr Zeit mit Ihrem Handy verbringen können, während Sie vorgeben, mit Ihrem Hund zusammen zu sein.[108]

Eine der bemerkenswerten und zugleich erschreckenden Funktionen des Halo ist, dass Sie mit einer speziellen Mapping-App auf Ihrem Telefon bis zu zwanzig verschiedene unsichtbare Zäune erstellen können, bei deren Überquerung Ihrem Hund einen unangenehmen Reiz erfährt. Zwanzig elektrifizierte Grenzen für Ihren Hund, die Sie jederzeit verändern können! Dies mag für unbedarfte Menschen eine nette Funktion sein, aber stellen Sie sich die Verwirrung eines Hundes vor, dessen „Territorium" sich ständig aus keinem erkennbaren Grund verschiebt; die Außenwelt wird zu einer einzigen riesigen Landschaft der Angst. (Ist es ein Zufall, dass die meisten Hunde auf den Werbefotos auf der Halo-Website hecheln?)

## Tölpelfallen

„Spike's Dog Blog" auf der Acme Training Website gibt folgenden Ratschlag:

„Tölpelfallen sind Fallen, bei denen man etwas Verlockendes anbietet. Das Ganze ist so getarnt, dass der Hund bei dem Versuch, die Verlockung zu berühren, etwas ausreichend Erschreckendes oder Abscheuliches erlebt. Die gebräuchlichsten Fallen sind Mausefallen (für leicht zu entmutigende Hunde auch die Variante „Snappy Trainer", an der eine Plastikklappe angebracht ist, die einen erhöhten Schreck-Effekt auslöst, mit der aber vermieden wird, dass eine Pfote oder Nase eingeklemmt wird). Sie können verlockendes Futter mit scharfer Soße, Cayennepfeffer, Bitterapfelspray, Zitronensaft usw. präparieren. Vorausgesetzt, Ihr Hund liebt keine seltsamen Dinge und untersucht das Futter nicht gründlich, bevor er es frisst, haben Sie die Chance, ihm beizubringen, dass das Futter auf der Küchenarbeitsplatte eklig schmeckt.

Manche Leute berichten, dass sie Erfolg damit haben, einen Stapel Blechdosen oder Tortenplatten so anzuordnen, dass sie mit einem Krachen umstürzen, wenn sie angestoßen werden. Wenn Sie verschließbare Dosen verwenden, legen Sie einige Münzen oder Kieselsteine hinein und kleben die Dosen mit Klebeband zu. Wählen Sie außerdem ein sehr leckeres, verlockendes und stark riechendes Lebensmittel als Köder aus. Der Hund schnappt sich den Köder und wirft den Dosenstapel um, der daraufhin krachend umfällt. Der Hund rennt in Deckung und lernt dabei eine Lektion.

Eine andere Version beinhaltet verlockendes Futter, ein Backblech, ein dünnes Seil, mehrere Münzen und Getränkedosen und ein gutes Versteck für den Menschen. Legen Sie das Futter auf das Backblech – je herrlicher duftend, desto besser. Legen Sie das Backblech weit genug hinten auf die Arbeitsplatte, damit der Hund es nicht sehen kann. Umgeben Sie das Futter mit Getränkedosen, in die Sie Münzen gelegt haben. Befestigen Sie die Schnur so am Tablett, dass Sie sich verstecken können, während Sie die Schnur noch festhalten. Warten Sie, bis der Hund hereinkommt und das Futter findet. Sobald er sich unartig benimmt [das Futter zu stehlen versucht], ziehen Sie an der Schnur. Der Trick dabei ist, dass der Hund nicht sieht, dass Sie alles zum Einsturz gebracht haben."[109]

Sind Tölpelfallen problematisch? Nun, sie werden in der Kriegsführung eingesetzt, was uns etwas sagen sollte. Die Formulierung „ausreichend erschreckend und abschreckend" gibt weitere Hinweise. Die Bandbreite der Tölpelfallen reicht von selbst gebastelten Fallen aus Schnüren und Keksen bis hin zur Erziehungsmatte („ScatMat"), die einen elektrischen Schlag abgibt, wenn der Hund seine Pfote auf die Arbeitsplatte legt. Wenn es problematisch ist, das Verhalten eines Hundes durch Angst, Schmerz oder Schreckreaktionen zu beeinflussen – ein Punkt, der in Kapitel 7 behandelt wird –, dann sollten Fallen auf der No-Go-Liste stehen. Schlimmer noch: Wie die Worte „Köder" und „Trick" schon andeuten, sind Tölpelfallen so konzipiert, dass sie Hunde dazu verleiten, etwas Falsches zu tun: Wir geben ihnen einen Anreiz, in die Falle zu gehen und verleiten sie zu Übertretungen. Das ist ein schmutziger Trick, den wir niemandem antun sollten, den wir lieben.

Wie viele unserer ferngesteuerten Kontrolltechnologien werden auch Tölpelfallen oft als Trainingshilfen bezeichnet. Aber das sind sie in Wirklichkeit nicht. Sie sind eine Form der Fernabschreckung und Bestrafung. Wie unsere anderen Fernkontrolltechnologien schaffen auch Tölpelfallen Landschaften der Angst. Und wie Antibell-Halsbänder und unsichtbare Zäune unterdrücken sie die natürlichen Verhaltensweisen von Hunden, insbesondere ihren Hang zu Neugier, Erkundung und Futtersuche. Es gibt kaum einen Hund, der nicht ständig auf der Suche nach Futter ist und der Futter nicht als belohnend empfindet – insbesondere köstlich verlockendes (menschliches) Essen. Es ist grausam, Hunde dafür zu bestrafen, dass sie nach den Freuden des Fressens streben.

Fallen gehen auch davon aus – meiner Meinung nach zu Unrecht –, dass ein Hund, der versucht, an „unser" Essen zu kommen, ein Verbrechen begeht. Den meisten Haushunden wird die Möglichkeit verwehrt, sich selbst zu ernähren – wir halten die Zügel in der Hand, was das vielleicht wichtigste Motivationsbedürfnis von Hunden anbelangt, und behalten die strenge Kontrolle darüber, was, wann und wie viel ein Hund bekommen darf. Es erscheint mir vernünftig, dass Hunde unter diesen Bedingungen versuchen werden und sogar versuchen sollten, ihre Versorgung selbst in die Hand zu nehmen.

## Clicker

Eine der ikonischsten Trainingstechniken – gleich nach dem Schockhalsband und am anderen Ende des Spektrums – ist der Clicker, der unauslöschlich mit der Tiertrainerin Karen Pryor verbunden ist. Die Diskussion über Clicker ist gerade deshalb so interessant, weil dieses Instrument ausschließlich im Zusammenhang mit belohnungsbasiertem Training verwendet wird. So scheint es zumindest. Die Nuancen seiner Verwendung laden uns jedoch zum Nachdenken darüber ein, warum und wie wir Technologien bei der Interaktion mit unseren Hunden einsetzen.

Der Clicker verbindet Hund und Mensch durch ein tragbares Gerät von der Größe eines Radiergummis: In einer kleinen Kunststoffbox befindet sich ein Metallstreifen, der beim Drücken ein deutliches Klickgeräusch erzeugt. Der Clicker wird verwendet, um dem Hund zu signalisieren, dass der Mensch ein bestimmtes Verhalten wünscht; auf den Click folgt immer ein Leckerli. Der Sinn des Geräts besteht darin, das möglicherweise ungeschickte Timing der menschlichen Kommunikation mit dem Hund zu glätten und den Hund nicht erraten zu lassen, welches Verhalten mit einem bestimmten Leckerli belohnt wird. Der Klick sagt: „Ja! So ist es richtig!"

In einer Studie aus dem Jahr 2021 unter der Leitung von Giulia Cimarelli vom *Clever Dog Lab* in Wien wurde eine Frage gestellt, die mir sinnvoll erscheint: Clicker-Training gilt weithin als tierschutzkonform, aber ist es auch völlig unbedenklich? Cimarelli und ihre Kollegen waren der Meinung, dass diese Frage eine weitere Betrachtung wert ist. Wie sie anmerken, gibt es Unterschiede in der Art und Weise, wie das Clickertraining durchgeführt wird. Einige Clickertrainer geben nach einem Klick immer eine Belohnung, zum Beispiel ein Leckerli, während andere nur teilweise belohnen – ein Leckerli wird nur manchmal und (aus Sicht des Hundes) scheinbar zufällig gegeben. Die Theorie besagt, dass Hunde schneller lernen, wenn sie nicht wissen, ob sie eine Belohnung erhalten werden. Cimarellis Gruppe fragte sich jedoch: Wenn Hunde ein Leckerli erwarten und keines erhalten, könnten sie dann Frustration empfinden? Und sollten wir uns über Frustration Gedanken machen, um das Wohlbefinden der Hunde zu gewährleisten?

Cimarelli und ihr Team kamen zu dem Schluss, dass partielles Belohnen die Trainingseffizienz nicht verbesserte. Es wurde jedoch mit einem „negativ bewerteten affektiven Zustand" in Verbindung gebracht – mit anderen Worten, die Hunde hatten schlechte Gefühle – was ihre Hypothese stützt, dass partielle Belohnung das Wohlbefinden negativ beeinflussen könnte.[110] Ich habe die Trainerin Rain Jordan gefragt, was sie vom Clickertraining mit teilweiser Belohnung hält, und sie sagte, dass sie den Click als ein Versprechen ansieht: Das Futter kommt gleich, ich kann es nur nicht schnell genug aus dem Belohnungsbeutel holen. Es ist unfair, das Versprechen nicht einzuhalten und nicht für jeden Klick ein Leckerli zu geben. Selbst wenn Studien ergeben haben, dass frustrierte Hunde eine Aufgabe oder ein Kommando schneller lernen als nicht frustrierte Hunde, ist dann die Schnelligkeit beim Lernen ein so wichtiges Ziel, dass wir dafür negative Gefühle in Kauf nehmen sollten?

Ein weiteres mögliches Problem im Zusammenhang mit Clickern ist, dass einige Hunde das Klickgeräusch als erschreckend oder beängstigend empfinden könnten. Obwohl die Angstreaktion wahrscheinlich nachlässt, sobald der Klick fest mit einem Leckerli verknüpft ist, könnte der Klick dennoch unangenehm bleiben. Unsere Hunde sind bereits einem endlosen Strom akustischer Überreizung ausgesetzt, und wenn die Verwendung eines Clickers das langfristige Lernen und Behalten nicht wesentlich verbessert, ist er den Kompromiss vielleicht nicht wert (hier sind wir wieder bei der Spannung zwischen Wirksamkeit und Schaden).

Die Sache mit den Clickern ist, auch wenn die Forschung dazu nicht eindeutig ist, dass sie eine exakte Erinnerung an die Bedeutung des Timings darstellen und somit Menschen helfen können, geschickter mit Hunden zu kommunizieren. Dies deutet natürlich darauf hin, dass Clicker in Wirklichkeit als Kontrolltechnik für den *Menschen* konzipiert sind. Clicker können auch dazu beitragen, noch mehr Zweifel an der Angemessenheit von Elektroschockhalsbändern zu wecken, weil sie zeigen, wie schlampig das menschliche Timing ist. Wenn der Schaden, der aus dieser Schlampigkeit resultiert, einfach nur ein Klickgeräusch ist, ist das eine Sache. Aber wenn das Schlimme, das daraus resultiert, ein schmerzhafter oder beängstigender elektrischer Schock oder eine Muskelkontraktion ist, dann ist dies ein weiteres gutes Argument für äußerste Vorsicht, wenn es um elektronische Halsbänder geht.

Alles in allem ist der Clicker wahrscheinlich ein harmloses Hilfsmittel. Man sollte ihn trotzdem als Kontrollwerkzeug sehen. Wie die Hundeverhaltensberaterin und angewandte Ethologin Kim Brophey sagt – ein Punkt, auf den wir in den nächsten beiden Kapiteln zurückkommen werden – ist jede Verhaltensänderung invasiv und muss mit Achtsamkeit angegangen werden.

## Arten der Überwachung

Hunde und Menschen überwachen sich gegenseitig wie selbstverständlich. Man könnte sagen, dass eine der wichtigsten Aufgaben von Hunden die sorgfältige Überwachung, das Aufspüren und Beobachten von Menschen ist, und zwar sowohl von vertrauten als auch von fremden. Genauso sollten wir als verantwortungsbewusste Halter darauf achten, wo sich unser Hund aufhält, um sicherzustellen, dass er in Sicherheit ist. Aber als Hundehalter heben wir die Überwachung auf eine ganz neue Ebene und werden für unsere Hunde zu dem Panoptikum, das in Michel Foucaults *Überwachen und Strafen* so treffend beschrieben wird. Wir sind zu einem großen, ferngesteuerten Auge geworden, das unser Zuhause ständig überwacht, auch wenn wir nicht da sind, um sicherzustellen, dass unsere Hunde brav sind. (Haben Haushunde den Blick des elektronischen Auges verinnerlicht?)

Da Hunde immer intensiver als Heimtiere gehalten werden – mit weniger Bewegungsfreiheit und weniger Platz im Freien – ist die häusliche Sphäre ein zunehmend problematischer Ort für Hunde und ein immer wichtigerer Ort der Pflege. Die so genannte Pet-Cam gibt uns einen noch nie dagewesenen und manchmal unangenehmen Einblick in diese häusliche Blase, indem sie uns in Echtzeit zeigt, was unsere Hunde tun, wenn wir sie allein zu Hause lassen. Der Heimtiermarkt ist voll von diesen Überwachungsgeräten für Hunde, bei denen es sich in der Regel um eine kleine Kamera oder eine Reihe von Kameras handelt, die strategisch im Haus platziert oder manchmal sogar an unserem Hund befestigt sind und die einen Live-Feed ihrer Aktivitäten an eine App auf unserem Smartphone senden.

YouTube ist voll von Beiträgen mit Aufnahmen von Haustierkameras. Ein Paar stellt zu seiner Freude fest, dass sein Hund den ganzen Tag schlafend in seinem Bett verbringt, den Kopf auf den Kissen. Eine andere Familie ist entsetzt, als sie feststellt, dass ihr Hund zehn Stunden lang eine Reihe von sich wiederholenden Verhaltensmustern an den Tag legt: Er läuft hektisch von einem Zimmer zum anderen, kratzt am Türrahmen und heult. Trotz eines kleinen Ekelfaktors bei der Verletzung der Privatsphäre durch die Heimtierkamera – nicht wegen der Auswirkungen auf die Hunde selbst, sondern wegen der Auswirkungen auf uns in Bezug auf unsere Hunde – halte ich diese Überwachungstechnologien eher für nützlich als für schädlich. Wenn sie als Fenster zu den Erlebnissen unseres allein gelassenen Hundes dienen und nicht, wie es manchmal der Fall ist, um unsere Hunde für das eine oder andere Vergehen zu erwischen, kann die Haustierkamera uns gute Informationen liefern.

Es ist erstaunlich, welchen Grad des Eindringens und der Kontrolle wir bei Haushunden als normal, ja sogar als vorteilhaft ansehen. Und es ist wohl eine merkwürdige Ironie der Hundehaltung, dass mit dem Grad des Verantwortungsbewusstseins, dem Grad der Überwachungsgenauigkeit und auch der Aggressivität der Überwachung das (Kamera)-Auge ebenso an Größe wächst.

## Widerstand

In diesem Kapitel haben wir eine Reihe von Werkzeugen und technischen Hilfsmitteln untersucht, mit denen Menschen versuchen, Macht über Hunde auszuüben, und zwar oft auf eine Art und Weise, die dominierend, schädlich und übertrieben ist. Diese Werkzeuge und technischen Hilfsmittel scheinen insgesamt darauf ausgelegt zu sein, den Widerstand von Hunden gegen ein Leben als unser Haustier zu brechen. Aber Hunde lassen sich nicht so leicht überreden. Hunde können die Kontrolle durch uns Menschen auf vielfältige Art und Weise auf die Probe stellen.

Hunde müssen mühsam daran gewöhnt werden, Halsbänder und Leinen zu tolerieren. Ein Welpe, dem zum ersten Mal ein Nylonhalsband angelegt wird, kratzt sich am Hals und wird unruhig. Wenn dieses Nylonband an einer Leine befestigt wird und er beim Vorwärtsgehen Druck gegen den Hals verspürt, kann es sein, dass er mit seinem weichen Hinterteil auf den Boden plumpst und die Pfoten aus Protest vorstemmt. Die meisten Hunde werden gelegentlich versuchen, sich aus ihrem Halsband zu befreien. Manche Hunde bleiben ihr ganzes Leben lang „leinenresistent". Türen stellen sowohl Orte des Widerstands (Kratzen und Bellen) als auch Fluchtpunkte dar. Hunde, die durch Zäune eingeengt sind, graben Löcher, klettern, springen und schlüpfen durch leicht angelehnte Gatter. Manchmal entscheiden sie sich trotz eines schmerzhaften Stromstoßes dafür, eine unsichtbare Umzäunung zu überqueren.

Die Tatsache, dass wir uns gezwungen sehen, Hilfsmittel zur Kontrolle von Hunden einzusetzen, zeugt von Widerstand: Ohne Zäune, Mauern, Türen, Halsbänder und Leinen würden Hunde fliehen. Allein schon die Existenz eines enormen und ständig wachsenden Arsenals an Kontrollmöglichkeiten deutet darauf hin, dass Hunde einen starken Widerstand dagegen leisten, gefangen gehalten zu werden. Leider werden diese Hilfsmittel oft einseitig und strafend eingesetzt und es wird zu wenig darauf geachtet, welche Folgen sie für die Hunde haben. Fast immer wird den Hunden zu wenig zugetraut, dass sie in der Lage und bereit sind, mit uns zusammenzuarbeiten.

Wie gehen wir mit dem Bedürfnis um, Hunde, die wir als unsere Haustiere halten, kontrollieren zu müssen? Können wir Kontrolle mit Selbstkontrolle ausüben? Achtsamkeit in Bezug darauf, wie und wann wir diese Technologien einsetzen – und welche wir wählen – kann viel dazu beitragen, ihr Schadenspotenzial zu verringern. Wenn wir uns darüber im Klaren sind, wie diese Technologien das Wohlbefinden unseres Hundes beeinträchtigen können und uns der Machtasymmetrien bewusst sind, die mit ihrer Anwendung einhergehen, können wir denjenigen Technologien den Vorzug geben, die die Zusammenarbeit fördern, die Handlungsfähigkeit des Hundes stärken und ihn gleichzeitig schützen und die uns zu einer Verhandlungslösung bewegen. Brustgeschirre, Leinen, Zäune, Türen und Clicker bieten ein größeres Potenzial für die Zusammenarbeit als flache Halsbänder, Stachelhalsbänder, Elektroschockhalsbänder, Tölpelfallen und unsichtbare Abgrenzungen. Die Details, wie diese verschiedenen Technologien bei unseren Verhandlungen funktionieren könnten, hängen letztlich von den einzigartigen Herausforderungen und Nuancen jeder einzelnen Hund-Mensch-Kooperation ab.

# Kapitel sechs

## Hunde zum Bravsein erziehen

Als ich mir eines Tages im Salon „Highlights" die Haare schneiden lasse, frage ich Frank nach seinem Mini-Foxterrier „The Colonel". Frank legt mit einer langen Tirade über seine Nachbarin los, die zu Beginn der Pandemie einen Welpen übernommen hat.

„Shee-doodle nennt man das glaub ich", sagt er. „Ein Mix aus Schäferhund und Pudel. Ich würde mir ja nie einen dieser Designerhunde zulegen, so eine Rassekreuzung." Die Nachbarin verbringt sehr viel Zeit mit Frank und seinem Mann, weil sie geschieden ist, diesen Welpen hat und Hilfe braucht. Sie habe sich jüngst einen Welpen zugelegt und brauche Hilfe. „The Colonel" hat wiederholt etwas aggressives Verhalten gezeigt.

„Er ist eifersüchtig", sagt Frank. „Er hat das Einzelhund-Syndrom." Die Nachbarin verziehe ihren Hund und mache ihn verrückt, fährt er fort. In der ersten Nacht in der Box heulte der Welpe, also ließ sie ihn raus und sperrte ihn nie wieder ein. Jetzt könne sie ihn nicht mehr allein lassen. „Diese Doodle-Hunde sind verrückt", fährt er fort und ereifert sich zusehends. „Sie hätte ihn in eine Box sperren sollen. Alle Hunde sollten in die Box." Er ist genervt davon, dass sie es nicht schafft, ihren Welpen zu erziehen. Die COVID-19-Pandemie mag ja ein Stück weit Entschuldigung sein, gibt er zu. „Aber trotzdem", seufzt er, „das zu sehen, macht mich einfach verrückt." Ich weise ihn darauf hin, dass einige mir bekannte Hundetrainer Online-Training anbieten und darüber berichten, dass es eine ganz gute Methode sein kann, um mit Hunden zu arbeiten. Im gleichen Moment denke ich, dass das vielleicht ein bisschen übergriffig von mir ist und füge schnell hinzu: „Klar können Privatstunden ziemlich teuer sein. Vielleicht ist das keine praktikable Option für sie."

„Ach komm, Süße!", schreit er mich fast an. „Geld ist nicht das Problem. Sie hat gerade ihr Haus für 3,2 Millionen Dollar verkauft."

Ich bin erstaunt, wie viel Frank in diesem kurzen Ausbruch gesagt hat. Hier haben wir gleich eine ganze Sammlung von Meinungen und Klischees allgemeiner und spezieller Art. Bestimmte Hunderassen sind von Natur aus schwierig und „ungezogen"; Hunde spiegeln archetypische Verhaltensweisen wie das „Einzelhund-Syndrom" und das „Kleinhund-Syndrom" (The Colonel hat anscheinend beide); die Menschen müssen Rückgrat beweisen, wenn es um die Erziehung von Welpen geht (so ähnlich wie bei der „Lass sie sich in den Schlaf weinen"-Schule der Kindererziehung); die Box ist ein unverzichtbares Hilfsmittel zur Verhaltensformung, das von allen guten Hundehaltern verwendet wird; und Menschen, die ihren Hund nicht richtig sozialisieren und / oder erziehen, sind erbärmlich.

Und das ist nur die Spitze des Eisbergs. Wenn Sie zuhören, wie Leute über Hundeverhalten und Hundeerziehung sprechen, tauchen Sie in einen schier endlosen und völlig widersprüchlichen Strom von Behauptungen und Gegenbehauptungen, Volksglauben und Pseudowissenschaft ein. Aber natürlich werden Sie auch einiges an guter Wissenschaft und gesundem Menschenverstand zu hören bekommen.

In der Praxis gehen Training und Verhaltensmodifikation ineinander über. In diesem Buch habe ich versucht, beides voneinander zu trennen, auch wenn diese Trennung etwas künstlich erscheinen mag. In diesem Kapitel geht es ganz allgemein darum, wie man durch Training gute Hunde schafft und um die Verantwortung der Halter, gute Trainer zu sein. Gutes Training, wie ich es definiere, bedeutet, Hunden aktiv die Fähigkeiten zu vermitteln, die sie brauchen, um als Begleittiere in menschlicher Umgebung zu überleben und zu gedeihen. Verhaltensmodifikation, das Thema des nächsten Kapitels, kommt oft ins Spiel, wenn ein Hund „böse" ist – also wenn er Schwierigkeiten hat, sich anzupassen. In beiden Kapiteln geht es ebenso sehr um menschliches Verhalten und menschliche Erwartungen wie um das Verhalten des Hundes.[111]

Die ethische Diskussion im Bereich des Trainings konzentriert sich in der Regel auf den Einsatz bestimmter Trainingsmethoden oder -instrumente, zum Beispiel die Verwendung von Schockhalsbändern. Diese Sichtweise des Problems verdeckt jedoch tiefer liegende Fragen. Mit jedem Training, egal, wie positiv und belohnungsbasiert es auch sein mag, versuchen wir, das Verhalten eines anderen Lebewesens zu verändern; es ist eine im Wesentlichen invasive Art der Interaktion. Wir lieben Hunde nicht für das, was sie sind – wir lieben sie, möchten aber, dass sie jemand anderes sind. Hundehalter haben eine ganze Reihe von Erwartungen, was „gute" Hunde sind und wie sie sich verhalten. Diese Erwartungen werden von den Medien, von Zuchtverbänden, Trainingsbüchern und Fernsehsendungen oder von Leuten, die Trainingshilfsmittel verkaufen möchten, genährt – nicht aber von Hundewissenschaftlern, die Hunde so zu sehen versuchen, wie sie sind. Unsere Erwartungen sind unrealistisch und arbeiten eher gegen die Hunde als mit ihnen: „Gute Hunde" sind diejenigen, die am besten in der Lage sind, natürliche Verhaltensweisen zu unterdrücken. Das Training ist zu einer einseitigen Auferlegung menschlicher Regeln und Erwartungen an Hunde geworden und nicht zu einem kontinuierlichen Muster ausgehandelter Vereinbarungen zwischen den Arten. Schon die Verwendung des Wortes „Training" deutet auf das Problem hin: Wir versuchen, Hunde auf eine ganz bestimmte, ziemlich unrealistische und offen gesagt ungerechte Art und Weise zu trainieren, in der Welt zu existieren. Wir versuchen, eckige Klötzchen in runde Löcher zu stecken, und zwar oft oft durch den Einsatz von Gewalt und Zwangsumformung. Wie ich weiter unten erwähnen werde, würde ich es begrüßen, wenn das Wort „Training" abgeschafft und durch „Lehre" oder „Zusammenarbeit" ersetzt würde. „Training" hat zu viel Ballast.

Es ist großartig, dass die explosionsartige Zunahme von Trainingsvideos, Fernsehsendungen, Büchern, YouTube und Webseiten Informationen über das Verhalten und das Training von Hunden auf breiter Basis verfügbar macht. Aber wirklich zu verstehen, wie Tiere lernen und Lerntheorien hochstrukturiert anzuwenden, wie es professionelle Vollzeittrainer tun, ist extrem komplex und erfordert eine Menge an Fähigkeiten und Erfahrung. Manche Hundehalter arbeiten mit einem unvollkommenen und bruchstückhaften Verständnis. Wenn Trainingstechniken falsch angewendet werden – zum Beispiel, wenn das Timing von Belohnungen nachlässig ist oder aversive Reize in Situationen eingesetzt werden, in denen die Kommunikation unklar ist – besteht die Gefahr, dass der Hund körperlichen und emotionalen Schaden nimmt.

Vielleicht haben Hunde große Schwierigkeiten, sich an die häusliche Umgebung des Menschen anzupassen. Vielleicht leiden sie darunter, Angstlandschaften ausgesetzt zu sein und wissen nicht, wie sie unsere Erwartungen erfüllen sollen. Das Training ist unser verzweifelter und meist scheiternder Versuch, mit einer Situation fertig zu werden, die nicht funktioniert. Je verrückter die Hunde werden, desto mehr Training brauchen sie.

Höchstwahrscheinlich handelt es sich um ein klassisches Henne-und-Ei-Problem. Aber zu diesem Rätsel später mehr.

## Was ist der Sinn von Training?

Wie sind die Menschen fünfzehn- oder zwanzigtausend Jahre lang mit ihren Hunden ausgekommen ohne die Vorteile der Lerntheorie, des Tierverhaltens, der Trainingstechniken und -werkzeuge und ohne ein Heer von Experten? Hatten die Menschen schlecht erzogene Hunde? Reaktive Hunde, die Passanten anpöbeln? Hunde mit so starker Trennungsangst, dass sie die Inneneinrichtung einer Wohnung zerstörten? Oder ist es eine Besonderheit der modernen Hundehaltung, dass ein umfangreiches und wissenschaftlich fundiertes Training zum richtigen Zeitpunkt, auf die richtige Art und Weise und von der richtigen Person durchgeführt werden muss, damit der Hund nicht völlig außer Kontrolle gerät? Wir neigen dazu, die Kameradschaft als den zentralen Punkt der Mensch-Hund-Dyade zu betrachten. Und vielleicht ist das auch so. Aber eine glückliche Partnerschaft hängt von einer erfolgreichen Aushandlung der Bedingungen des Zusammenlebens zwischen den Arten ab. Sobald wir einen Hund in unser Haus holen, beginnen wir eine lange, manchmal schmerzhafte Verhandlung über angemessenes Verhalten. Meistens handelt es sich dabei um einen unauffälligen Prozess, ein Hin und Her aus gegenseitiger Beobachtung, Kommunikation und Kompromissen. Zusammen bauen wir einen gemeinsamen Lebensweg auf. Aber das Erzielen von Verhandlungslösungen nimmt auch eine aktivere Form an, die Menschen üblicherweise als „Training“ bezeichnen.

Hundetraining wird oft als etwas uneingeschränkt moralisch Gutes bezeichnet: Die Ausbildung des eigenen Hundes ist ein zentraler Bestandteil einer verantwortungsvollen Hundehaltung. Je mehr Training, desto besser. Wer nicht trainiert, ist faul und unverantwortlich, wie Frank konstatierte. Aber was genau wollen wir mit dem Training erreichen? Was wollen wir unserem Hund beibringen, und warum ist das wichtig? Welche Methoden setzen wir ein, um dieses Ziel zu erreichen? Woran erkennen wir, dass wir erfolgreich waren? Für viele Hundehalter und vielleicht sogar für einige Ausbilder sind die Antworten auf diese Fragen unklar. Das Ziel des Trainings ist, kurz gesagt, einen guten Hund zu erziehen.

Allerdings das kann viele verschiedene Dinge bedeuten. Hier sind einige Möglichkeiten:

- Einen Hund so zu formen, dass er unserer Vorstellung vom Profil eines „guten Hundes“ entspricht – diese Erwartungen werden von Mensch zu Mensch sehr unterschiedlich sein.
- Unseren Hund an die Erwartungen der menschlichen Gesellschaft anzupassen.
- Uns das Zusammenleben mit unseren Hunden zu erleichtern oder zumindest weniger schwierig zu machen.
- Verhaltensprobleme bei unseren Hunden zu beheben.
- Unsere Hunde gehorsam zu machen; sie unserem Willen zu unterwerfen.
- Unsere Hunde von Gefahren fernzuhalten.
- Unseren Hunden emotionales Wohlbefinden zu vermitteln. Ihnen zu helfen, sich in der häuslichen Umgebung zurechtzufinden und sich an sie anzupassen, ohne ein hohes Maß an Stress zu erleben.
- Unseren Hunden zu verstehen helfen, was von ihnen erwartet wird, damit sie sich ruhig und zufrieden fühlen und ein gutes, glückliches Leben führen können.
- Mit unserem Hund zusammenzuarbeiten, um ein Leben mit minimalen Konflikten, maximaler Kooperation und Harmonie auszuhandeln.

Obwohl Hundehalter und sogar Trainer vielleicht nicht immer oder nicht ausdrücklich über die Philosophie nachdenken, die hinter ihrer Herangehensweise an die Interaktionen mit ihrem Hund stehen – insbesondere die spezialisierten, zielgerichteten, die im Allgemeinen als „Training“ bezeichnet werden –, beruhen unsere Versuche, das Verhalten von Hunden zu formen, doch auf einer Reihe von Grundannahmen darüber, wer Hunde sind, wie Hunde lernen, was Hunde brauchen und was ethische Interaktionen zwischen Mensch ausmacht. Auch wenn einige von uns sich diese ab und zu bewusst machen mögen, lauern doch viele davon unter der Oberfläche unserer unmittelbaren Aufmerksamkeit. Unsere Vorstellungen darüber, wie Tiere lernen und unsere umfassenderen Rahmenbedingungen für das Verständnis und die Interpretation von Tierverhalten sind immer durch das wissenschaftliche Paradigma begrenzt und belastet, aus dem sie entstanden sind.

Das heutige Hundetraining ist aus der Tierverhaltensforschung, insbesondere derjenigen der letzten vier oder fünf Jahrzehnte, hervorgegangen und basiert auf ihr. Diese Wissenschaft leidet immer noch unter dem ständigen Sog der Vergangenheit, namentlich unter einem latenten Nicht-Anerkennen von Empfindungsfähigkeit, Bewusstsein, Handlungsfähigkeit und moralischen Wert von nichtmenschlichen Säugetieren. Sie wird ständig von einem sich beharrlich haltenden Verständnis des menschlichen Exzeptionalismus zurückgedrängt, also der Überzeugung, dass Menschen etwas anderes sind als Tiere. Das meiste, worüber ich in diesem Kapitel spreche, gehört zu diesem Paradigma des Exzeptionalismus. Dennoch eröffnen die laufenden Diskussionen über die angemessene Rolle von Strafe und den Einsatz von Aversiva auch den Weg für bedeutende philosophische Brüche und zeigen uns Risse im Paradigma. Sie decken auf, wo wir feststecken und weisen uns gleichzeitig den Weg zu etwas anderem.

## In welchem Alter sollten Hunde trainiert werden?

Das lässt sich kurz beantworten: In jedem.

In der Regel wird die Frage nach dem richtigen Zeitpunkt für das Training so formuliert: „Was ist das beste Alter für das Training eines Welpen?“ Hinter dieser scheinbar einfachen Frage verbergen sich viele Unterfragen. Wann sind Welpen so weit in ihrer Entwicklung, dass sie Fertigkeiten wie Bleiben und Kommen lernen können? Wann sind Welpen in der Lage, sich problemlos auf strukturiertes Lernen einzulassen? Das „beste Alter“ ist natürlich relativ zu unseren Zielen zu sehen. Was wollen wir erreichen? Den besten Gehorsam? Am wenigsten Stress? Die geringste Wahrscheinlichkeit für Verhaltensprobleme?

Ratschläge dazu, wann man mit dem Welpentraining beginnen sollte, können in mehrfacher Hinsicht irreführend sein.

Erstens wird das Training manchmal mit der Sozialisation und der Habituation verwechselt, obwohl es sich dabei um unterschiedliche Prozesse mit verschiedenen, sich jedoch überschneidenden Zielen handelt. Die achtsame Sozialisation von Welpen ist wohl eine der wichtigsten moralischen Aufgaben der Hundeerziehung. Man hilft ihnen dabei, den

Umgang mit Menschen und anderen Hunden zu erlernen. Ziel der Habituation ist es, den Hunden beizubringen, sich an die verschiedenen Reize, denen sie in der menschlichen Umgebung begegnen, anzupassen, sodass diese keine überwältigende Stressreaktion hervorrufen, die zu chronischer Angst und Furcht führt. Unter Training versteht man, zumindest nach dem Verständnis der Hundehalter, das Erlernen spezifischer Fähigkeiten und das Erlernen angemessener Reaktionen auf Stimmsignale und Gesten. Training ist wie das Sahnehäubchen auf dem Kuchen der Sozialisation und Habituation; wenn es nicht auf einer soliden Grundlage von Selbstvertrauen und einer angenehmen Anpassung an die Lebensumgebung des Hundes aufbaut, ist es nicht besonders gut.

Zweitens kann die Diskussion über das „beste Alter" den Eindruck erwecken, dass Training etwas ist, das man für einen begrenzten Zeitraum macht – man trainiert seinen Welpen und lebt dann glücklich bis an sein Lebensende. Aber Lernen ist lebenslang und muss ständig verstärkt werden, besonders wenn wir von Hunden verlangen, gegen ihre Instinkte zu handeln. Hunde ändern sich im Laufe der Zeit, ebenso wie die Art und Weise ihres Lernverhaltens. Auch was sie lernen müssen, kann sich ändern. Ein halbwüchsiger Hund muss beispielsweise in erster Linie lernen, sich selbst zu kontrollieren, während ein älterer Hund vielleicht neue Fähigkeiten zur Anpassung an seine Seh- oder Hörschwäche erlernen muss. Ein erwachsener Hund, der von einem Haushalt in einen anderen umzieht, muss enorm viel lernen, zum Beispiel wie er am besten versteht, was seine neuen menschlichen Betreuer wollen, was von ihm erwartet wird und wie er sich in seiner neuen Umgebung zurechtfindet. Auch wir Menschen verändern uns mit der Zeit, und das, was wir von unseren Hunden lernen, muss immer wieder bestätigt werden.

Die Frage nach dem besten Alter stellt ein ethisches Dilemma dar. Welpen beginnen mit dem Lernen, sobald sie geboren sind – oder sogar noch früher. In einer natürlichen Umgebung lernen Hunde und andere Caniden von ihrer Mutter und ihren Wurfgeschwistern sowie von Vätern, älteren Geschwistern und anderen Elternteilen.[112] Unser Ziel bei Haushunden ist, sie in dem Alter aus ihrer natürlichen Umgebung zu nehmen, das ein Gleichgewicht schafft zwischen Trauma durch zu frühe Trennung und Verpassen des Zeitfensters, in dem ein Welpe sich am besten an uns binden kann. Aber dieser goldene Mittelweg ist schwer zu finden. Nach Ansicht vieler Verhaltensforscher liegt das ideale Alter für den Beginn der Eingewöhnung von Welpen in ein Leben mit dem Menschen bei etwa sieben bis zwölf Wochen.[113] Gleichzeitig deuten Forschungsergebnisse darauf hin, dass es für Welpen und Muttertiere schädlich ist, wenn sie vor der vollständigen Entwöhnung, die bei freilebenden Hunden zwischen der siebten und dreizehnten Lebenswoche liegt, aus ihrer gewohnten Umgebung herausgenommen werden. In Anbetracht der gängigen Praxis, Welpen für den Verkauf an Menschen bereitzuhalten und der Notwendigkeit, sie im Alter von acht Wochen transport- und abgabefähig zu machen, werden viele Welpen zu früh von ihrer Mutter weggenommen, oft sogar noch vor der vollständigen Entwöhnung.[114] Ein frühes Trauma erschwert die emotionale Regulierung, die kognitive Verarbeitung und das Lernen und schafft eine lebenslange Herausforderung.

Eine Frage, die seltener gestellt wird, aber ebenso wichtig ist: In welchem Alter lernen Menschen am besten, mit einem Hund zusammenzuarbeiten? Meine Antwort darauf ist, dass es nie zu früh ist. Menschen können von klein auf lernen, Mitgefühl zu empfinden, Freundlichkeit und Einfühlungsvermögen zu zeigen und gute Manieren im Umgang mit Tieren zu haben. Das Aufwachsen in einem Haus mit mehreren Tierarten bietet reichhaltige Möglichkeiten für dieses Lernen, birgt aber auch die Gefahr, dass den Kindern die Botschaft vermittelt wird, Tiere gehörten zu den Menschen. Eltern können ihre Kinder zu ethischer Selbstreflexion und Neugier ermutigen, indem sie sie in offene Gespräche über die moralischen Widersprüche der Haustierhaltung einbeziehen. Hunde selbst können wunderbare Lehrmeister sein, aber es ist nicht die Aufgabe eines Hundes, Kinder zu verantwortungsbewusstem Handeln zu erziehen. Für das Verhalten der Kinder sind in erster Linie die Eltern verantwortlich, die verantwortungsbewusstes Verhalten und gesunde Mensch-Hund-Beziehungen anleiten müssen.

Erfolgreich mit einem Hund zusammenarbeiten kann jeder lernen, egal in welchem Alter. Wir müssen nicht schon als Kind damit anfangen. Und wir alle, unabhängig von unserer Lebensgeschichte mit Hunden, können die gesamte Zeit, in der wir mit einem Hund leben und für ihn sorgen, als „Erwachsenen-Fortbildung" betrachten.

## Was müssen gute Hunde können?

In einer Buchwerbung auf der „Your Dog"-Website der Tufts University ist zu lesen: „Dieser komplett illustrierte Leitfaden mit Hunderten von Schritt-für-Schritt-Fotos ist vom Anfänger- bis zum Profiniveau gegliedert. Sie lernen Tricks, die jeder wohlerzogene Hund beherrschen sollte – Apportieren, Pfötchengeben, Rolle, Sitz, Auszeit, Keks-Pfote – bis hin zu Tanz-Kunststücken oder Frisbeeakrobatik."[115] Warum, so könnte man sich fragen, sollten wohlerzogene Hunde die Keks-Pfote kennen, bei der man einen Keks auf die Pfote des Hundes legt und ihn zwingt, absolut stillzuhalten und den Keks nicht zu fressen, bis wir das OK-Kommando geben? Das mag vielleicht nur ein Beispiel für übertriebene Werbung sein, aber es wirft eine grundlegende Frage über gute Hunde und gute Halter auf. Welche Fähigkeiten müssen gute Hunde haben? Was sind die wesentlichen Bestandteile eines Lehrplans für gute Hunde?

Ich fragte Lisa Tenzin-Dolma, Trainerin und Gründerin der International School for Canine Psychology and Behaviour, nach ihrem Trainingsplan. „Es gibt zwei grundlegende Auffassungen von Training", erklärte sie mir. „Erstens: Das ganze Leben ist Training. Und zweitens: Training ist sehr spezifisch – der Erwerb einer bestimmten Reihe von Fähigkeiten zu einem bestimmten Zeitpunkt."[116] Sie neigt zu der Philosophie „Training ist sehr spezifisch", räumt aber ein, dass die Verhaltensformung etwas ist, das die ganze Zeit über stattfindet.

Ich fragte sie dann danach, welche besonderen Fähigkeiten alle Hunde lernen müssen. Sie brauchte nicht zu überlegen, bevor sie antwortete. Hunde brauchen drei Fähigkeiten:

1. Der Rückruf, auch bekannt als „Hier": Die Bereitschaft eines Hundes, auf ein Signal hin sofort zu seinem Menschen zurückzukehren. Dies ist die wichtigste Fähigkeit, die Hunde brauchen, weil sie sie in Sicherheit bringt und ihnen zu Freiheit verhilft.
2. Soziale Fähigkeiten für angemessene soziale Interaktionen, insbesondere für höfliche Begrüßungen mit Menschen und anderen Hunden. Dies bedeutet, dass ein Hund mit Selbstbeherrschung „Hallo" sagen kann, ohne Menschen oder andere Hunde anzusprin-

gen oder zu bellen oder zu aufdringlich oder zu ängstlich zu sein, wenn er sich in unmittelbarer Nähe zu fremden Hunden und Menschen befindet.

3. „Platz", was ihrer Meinung nach nützlicher ist als „Sitz". Das Hinlegen kann ein Signal für einen Hund sein, an Ort und Stelle zu bleiben und ruhig zu bleiben. Das Hinlegen wird physiologisch mit einem Zustand der Ruhe assoziiert und ist ein Mittel, das dem Hund eine emotionale Selbstregulierung ermöglicht. Das Kommando „Platz" kann bei potenziell aktivierenden Interaktionen mit anderen Hunden und Menschen nützlich sein, aber auch in der Tierarztpraxis, bei Behandlungen, die mit Körperkontakt verbunden sind, wie Zähneputzen und Ohrenreinigen – und in Notfällen wie dem Entfernen von Kaktusstacheln aus einer Pfote.

Alle Trainer und Verhaltensforscher, die ich befragte, nannten mit leichten Abweichungen in der Reihenfolge und im Detail dieselbe Liste von Grundfertigkeiten.

Was in keiner der Listen auftauchte – und was mich zunächst überraschte –, war der kultigste Begriff in der Hundeerziehung: „Sitz". „Sitz" ist die erste Fähigkeit, die fast jeder Hund hierzulande lernt. Viele der Trainer, mit denen ich sprach, gaben jedoch an, dass sie „Sitz" nicht lehren oder es zumindest nicht für ein besonders nützliches Kommando halten. Wenn wir Hunde auffordern, sich zu setzen, können wir ihnen auf subtile Weise schaden, indem wir sie zu einem Verhalten zwingen, das ihnen nicht leichtfällt und das sich für sie nicht natürlich anfühlt. Ich fragte die Hundetrainerin und Verhaltensforscherin Barrie Finger, warum „Sitz" nach wie vor ein so wichtiger Bestandteil der Hundeerziehung sei. Sie sagte, dass es vor allem dazu dient, sicherzustellen, dass der Hund aufmerksam ist und die Befehle befolgt. Außerdem – und das ist vielleicht noch wichtiger – ist es für Hundehalter relativ leicht zu erlernen: Sie können das Verhalten durch das Hochhalten eines Leckerlis gerade so weit formen, dass der Hund seinen Hals ganz natürlich nach oben streckt und seinen Hintern auf den Boden senkt. Es ist ein gutes Einstiegsverhalten für Menschen.[117]

Ein Blog der Hundetrainerin Turid Rugaas mit dem Titel „When, Where, and How Do Dogs Sit?" [Wann, wo und wie machen Hunde

Sitz?] erklärt, warum sie die Hunde, mit denen sie zusammenlebt oder die sie trainiert, nicht mehr zum Sitzen auffordert. Sie und ihre Schüler führten zwanzig Jahre lang eine Sitzstudie durch, bei der sie die Hunde beobachteten, wenn sie zum Sitzen aufgefordert wurden. Wenn man sie sich selbst überlässt, setzen sich Hunde nicht sehr oft, und vor allem Welpen tun dies nicht oft – sie haben nicht die nötige Muskelkontrolle oder Kraft, und Sitzen ist harte Arbeit. Außerdem kann es ihre sich noch entwickelnden Gelenke belasten, meint sie. Auch älteren Hunden oder Hunden mit Hüft- oder Knieproblemen kann das Sitzen schwer fallen – es kann einfach wehtun. Wie sie sagt: Wenn Sie selbst Lust haben, sich hinzusetzen, dann setzen Sie sich. Aber fordern Sie Ihren Hund nicht auf, sich zu setzen.[118]

Neben dem Training mit dem Ziel, dass Hundes bestimmte Dinge tun sollen, ist es auch die Aufgabe guter Halter, Hunden zu vermitteln, bestimmte Dinge nicht zu tun. Offensichtliche Kandidaten für schlechtes Verhalten sind das Hochspringen an Menschen, das Angreifen anderer Hunde, das Betteln und das Ziehen an der Leine. Die Hundehalter, die diese unartigen Dinge zulassen, werden oft entweder direkt und persönlich oder hinter ihrem Rücken gescholten, weil sie ihrer Pflicht, ihren Hund richtig zu erziehen, nicht nachgekommen sind.

Man könnte sagen, dass das Erlernen von Fähigkeiten verhindert, dass schlechte Gewohnheiten überhaupt erst entstehen. Und wenn wir ein Verhalten abstellen oder ändern müssen, haben wir bereits versagt: Unser Hund hätte es besser wissen müssen, und wir haben unsere Erwartungen nicht klar kommuniziert. Jetzt haben wir ein Problem, das wir lösen müssen.

## Wer entscheidet, was gutes Verhalten ist?

Als menschlicher Begleiter eines ungezogenen Hundes bin ich oft in Situationen gefangen, in denen Bella einen scheinbar schändlichen Mangel an Erziehung an den Tag legt. Sie bettelt um Futter. Sie klettert auf Sitzmöbel. Sie hebt eine Lefze, wenn ich eine Grenze ihres persönlichen Bereichs überschreite. Ich habe eine sehr wertende Freundin (zufällig Nicht-Hundehalterin), die mich öfters ankreischt: „Du lieber

Himmel! Ich kann nicht glauben, dass du Bella [was auch immer] lässt. Worauf ich antworte: „Warum stört dich, was Bella tut? Du lebst ja nicht mit ihr zusammen. Ich zähle dir jetzt mal die Sachen auf, die Bella an dir nicht ausstehen kann." Ihr Kommentar geht über unaufgeforderte Erziehungsratschläge hinaus und führt in jenen seltsamen Bereich, in dem meine privaten Interaktionen mit Bella von dem kulturellen Verständnis vom „verantwortungsvollen Hundebesitzer" und „guten Hund" überlagert werden. Gute Hunde betteln nicht. Gute Hunde bleiben auf dem Boden, wo sie hingehören. Gute Hunde sind freundlich und gefügig. In unserem gemeinsamen Jahrzehnt mit Bella habe ich beschlossen, dass der Versuch, sie zum perfekt erzogenen Hund umzuformen, bedeuten würde, sie zu jemand zu machen, der sie nicht ist. Nicht nur das, es gibt auch „schlechte" Verhaltensweisen wie das Betteln, die mich einfach nicht kümmern. Ich habe sogar dazu beigetragen, Bellas Bettelverhalten zu formen, weil ich mein Essen gerne mit ihr teile – ich komme mir geizig vor, wenn ich die guten Sachen für mich allein behalte. Außerdem bin ich der Meinung, dass das Bitten um Futter ein natürliches Verhalten für einen Hund ist, mit dem wir unter den gegebenen Umständen rechnen sollten und das wir vielleicht gar nicht zu unterdrücken versuchen sollten. Wie kam es zur Domestizierung des Hundes, wenn nicht durch Tausende von Jahren, in denen Hunde um Futter baten und Menschen Futter anboten? Wenn wir die Kontrolle über das Futter haben, was für die meisten Hundehalter zutrifft, dann sollten wir damit rechnen, dass die Hunde uns bitten werden, die Zügel zu lockern und zu teilen, was wir haben. Manche Menschen ziehen es vor, dass ihr Hund während des Essens nicht um Futter bettelt, und das ist auch in Ordnung. Bestärken Sie dieses Verhalten nicht und der Hund wird schnell lernen, dass es ihm nichts bringt, wenn er zu dieser Zeit nach Futter fragt. Aber es muss keine allgemeine Regel dafür gegen geben, dass Hunde nicht um Futter bitten sollten. Sogar die Bezeichnung des Bittens um Futter als „Betteln" impliziert, dass es sich um ein schlechtes Verhalten handelt, ebenso wie die Bezeichnung der Futtersuche zu Hause als „Stehlen". Und übrigens es ist erwähnenswert, dass wir bei Hunden genauso betteln, wie sie bei uns: „Bitte, bitte liebe mich!" Welche Verhaltensweisen wichtig sind und welche nicht, das bleibt eine Verhandlungssache zwischen jedem individuellen Menschen und seinem Hund.

## Tricktraining

Die oben erwähnte Werbung von „Your Dog" bezieht sich auf das Buch *The Big Book of Tricks for the Best Dog Ever* (Das große Buch der Tricks für den besten Hund aller Zeiten) von Larry Kay und Chris Perondi, das 118 Tricks für Ihren Hund verspricht. Wie viele davon sind Grundfertigkeiten? Was aber nicht bedeutet, dass es sich nicht lohnt, sie dem Hund beizubringen.

Im Hundetraining werden Fähigkeiten oft als „Tricks" bezeichnet. Ich würde zwischen lebenswichtigen Fertigkeiten für ein sicheres Leben in menschlicher Umgebung (Komm, Bleib, Leg dich hin) und Tricks unterscheiden, zu denen zum Beispiel „Pfötchen geben", „Lautgeben" und „Hol meine Hausschuhe" gehören. Es herrscht Uneinigkeit darüber, ob Tricktraining gut für Hunde ist (geistig anregend, körperlich herausfordernd), schlecht für Hunde (bevormundend, würdelos) oder unnötig, aber nicht schädlich. Die Antwort liegt meiner Meinung nach irgendwo in der Mitte. Hunde brauchen keine „Tricks" zu können – es trägt nicht wesentlich zu ihrer „Güte" bei. Der Prozess des Tricktrainings an sich kann jedoch sowohl für den Hund als auch für den Menschen von Vorteil sein, wenn die richtige Einstellung und der richtige Ansatz dahinter stehen.

Tricktraining kann für Hunde durchaus erniedrigend sein. Tenzin-Dolma sagte mir, dass sie kein großer Fan davon ist, obwohl es, wie sie sagt, auf die Methode und die Motivation ankommt. Wir bringen einem Hund bei, auf den Hinterbeinen zu tanzen oder „Kekspfote" zu machen, weil wir es lustig finden und über ihn lachen – oder um Kontrolle über einen Hund auszuüben: „Siehst du, er ist ein Roboter, der auf alle meine Befehle reagiert!"[119]

In *The Ethics of Captivity* (Ethik der Gefangenschaft) argumentiert die Philosophin Lori Gruen, dass es erniedrigend und schädlich ist, Tiere zu dressieren, damit sie Kunststücke ausführen, die nicht zum normalen Verhaltensrepertoire ihrer Art gehören – wie zum Beispiel einen Elefanten zu trainieren, Fahrrad zu fahren oder einen Löwen, durch einen Feuerring zu springen. „Wenn Individuen gezwungen werden, unfreiwillig Aktionen auszuführen, die nicht zu ihrem Verhaltensrepertoire gehören, wird ihre Würde verletzt."[120] Sie fährt fort: „In Gefangenschaft werden Tiere oft gezwungen, Dinge nicht mehr zu tun, die wir als unangenehm empfinden, und sie werden zu Dingen gezwungen, die sie aufgrund unserer eigenen Vorlieben normalerweise nicht tun. Das stellt eine Ausübung von Herrschaft und eine Verletzung der Würde dar, auch wenn es kein offensichtliches Leiden verursacht."[121]

Vor ein paar Jahren berichtete BuzzFeed über einen Australian Shpeherd namens Secret, der gelernt hat, wie man Jenga spielt.[122] Man könnte dies als ein Beispiel dafür ansehen, dass man von einem Tier etwas verlangt, was für es unnatürlich ist – das Äquivalent dazu, dass man einem Bären das Fahrradfahren im Zirkus beibringt. Man kann es aber auch so sehen, dass diese Aussiehündin und ihr Mensch eine erstaunliche Beziehung haben und wunderbar zusammenarbeiten. Und ich muss sagen, dass der Hund im Video des Jenga-Spiels sehr viel Spaß zu haben scheint.

Zazie Todd bringt die andere Seite der Medaille sehr schön auf den Punkt: Tricktraining ist, wenn es richtig gemacht wird, eine Form der Bereicherung, wobei „richtig" bedeutet, dass es mit belohnungsbasiertem Training durchgeführt wird. Tricktraining kann Spaß machen und zur Verbesserung der Kommunikation beitragen. Sie weist darauf hin, dass das Lehren von Tricks eine schöne Form des Trainings ist, denn im Gegensatz zu Grundfertigkeiten wie „Komm" sind Tricks nur zum Spaß gedacht. Es besteht weniger Druck, ein bestimmtes Ergebnis zu erreichen. Das kann die Erfahrung sowohl für Hund als auch für Mensch angenehmer machen.

Tricktraining kann also Vorteile bieten wie zum Beispiel kognitive Bereicherung, körperliche Bewegung, verbesserte Mensch-Hund-Kommunikation, Bindung und Zeit, in der unser Hund unsere volle Aufmerksamkeit hat – diese vielzitierte, schwer fassbare „Quality Time". Tricktraining kann auch eine großartige Möglichkeit für Kinder sein, etwas über das Verhalten und die Wahrnehmung von Hunden zu lernen, und zwar ganz ohne die schwerwiegenden Folgen, die sich aus verwirrendem oder ungeschicktem Training von wichtigen Fähigkeiten wie dem Rückruf ergeben können. Und letztlich wissen wir aus der wissenschaftlichen Forschung, dass das Lösen von Problemen positive Emotionen hervorruft. Tricktraining hat das Potenzial, bei Hunden für glückliche Begeisterung zu sorgen. Wir sollten jedoch auf unseren Hund hören.

Wenn es bestimmte Tricks gibt, die er nicht zu mögen scheint, sollten wir sie von der Liste streichen. Es kann sein, dass ein Hund sich physisch oder psychisch mit etwas nicht wohlfühlt (so mögen viele Hunde die Wippen im Agility-Parcours nicht). Wenn etwas Angst auslöst, sollten Sie es nicht tun. Und wenn ein Hund generell keinen Spaß an Training hat, ist es vielleicht keine gute Idee, an Tricks zu arbeiten.

## Menschentraining

Ein Abschnitt des Verhaltensfragebogens in *Overall's Manual of Clinical Behavioral Medicine* fragt:

Welche Hundeschule / welches Training hat Ihr Hund absolviert?

a. Keine Schule / eigenes Training
b. Welpenstunde
c. Gruppenunterricht – Anfänger
d. Gruppenunterricht – Fortgeschrittene
e. Einzelstunden – an Trainer verwiesen
f. Agility
g. Flyball
h. Spezialtraining (Jagd, Hüten usw.); bitte spezifizieren.[123]

Diese Liste sieht aus wie ein Beweis für das Engagement eines Halters bei der Ausbildung seines Hundes: Je weiter unten man auf der Liste steht, desto besser ist man. Ich neige dazu, dem zuzustimmen, aber es kann auch sein, dass Sie keines dieser Dinge getan haben und trotzdem hervorragend mit Ihrem Hund zurechtkommen.

Lassen Sie uns den Rahmen etwas verschieben und das Engagement für das Training aus einem anderen Blickwinkel betrachten: Nicht, wie viel Arbeit Sie in das Training Ihres Hundes investiert haben, sondern wie viel Arbeit Sie in Ihre eigenen Trainingsfähigkeiten gesteckt haben und wie bereitwillig und gekonnt Sie von Ihrem Hund trainiert wurden. Je weiter wir in der obigen Overall-Liste der Trainingshistorie nach unten gehen, desto kooperativer sind die Einträge geprägt und erfordern immer mehr Aufwand und Engagement von Seiten des Menschen. Agility ist etwas, das Hunde und Menschen gemeinsam tun – das gilt auch für Flyball, eine Art Staffellauf, bei dem Teams von Hunden über eine Reihe von Hindernissen zu einer Box mit Federmechanismus laufen, die einen Ball freigibt. Das Gleiche gilt auch für die Jagd und das Hüten. Um bei Agility, Flyball oder Spezialtraining erfolgreich zu sein, muss der Mensch viel über das Verhalten von Hunden im Allgemeinen lernen, das Verhalten seines Hundes verstehen und erstklassige Kommunikationsfähigkeiten entwickeln.

Der Lehrplan ist ein gemeinsamer Raum, ein gemeinsames Lernen, und nicht eine Reihe von Worten, Fähigkeiten oder Tricks, die wir unseren Hunden aufdrücken. Unsere Hunde bringen uns etwas bei – oder versuchen es zumindest – und wir haben noch viel zu lernen. Um gut mit unseren Hunden zusammenzuarbeiten, können wir uns auf drei verschiedene Arten vorbereiten. Erstens können wir etwas über das Verhalten und die Biologie von Hunden lernen, und zwar sowohl durch das Lesen wissenschaftlicher Bücher als auch durch sorgfältige Beobachtungen. Denken Sie einmal an die Diskussion über Ethogramme in Kapitel 2 zurück. Diese können ein wichtiges Hilfsmittel für die Ausbildung des Menschen darstellen. Zweitens können wir menschlichen Experten wie Trainern, Verhaltensforschern, Tierärzten und Ethologen zuhören. Drittens, und das ist das Erfreulichste, können wir uns für das öffnen, was unsere Hunde uns selbst zu lehren versuchen.

Vicki Hearne bietet in ihrem Buch *Adam's Task* ein Beispiel menschlicher Offenheit für das Lernen im Zusammenhang mit „Hundetraining". Hearne schreibt über ihre Erfahrungen mit der Spürhundausbildung eines Retrievers namens Belle. Wenn Hunde die Bedeutung von Wörtern lernen, „haben sie sich die Lebensformen vorgestellt, die Äußerungen wie ‚Such!' eine Bedeutung geben. Sie haben eigentlich nichts *von* uns gelernt – nichts, das wir vor ihnen wussten." Belle lernt die Bedeutung von „Such!" von Hearne, die dann wiederum von Belle erfährt, dass „Such!" weit mehr bedeutet, als sie sich zunächst vorgestellt hat. Hearne lernt, was es für einen Retriever wie Belle bedeutet, einer Duftspur zu folgen.[124] Neben einem tieferen Verständnis für die Bedeutung des Wortes „Such!" wird Hearne auch zu einem Hund im Sinne von David Abram: Obwohl sie nicht direkt das Verfolgen von Duftspuren lernt – etwas, das wir als Menschen nicht können – entwickelt sie ein „Windbewusstsein".[125] Sie nimmt subtile Veränderungen in Richtung und Stärke von Luftströmungen wahr und kann zumindest erahnen, wie sich der Duft in und um Belle entlang dieser Strömungen verbreitet.

Die Arbeit mit Hunden, so Hearne, zwingt die Beteiligten dazu, „die Vernunft von Hunden anzuerkennen, die jenseits der Grenzen des Wissens des Hundeführers liegt". Wir können unsere Hunde allzu leicht in den einschränkenden Apparat unserer eigenen Annahmen „einsperren".[126]

## Prüfungen

Ich sehe keine sinnvolle Rolle für Prüfungen oder „Tests" in der Ausbildung von Hunden. In manchen Hundeschulen und Trainingskursen müssen die Hunde eine Art Abschlussprüfung ablegen, in denen der Hund und sein Halter zeigen, wie gut der Hund den Inhalt des Lehrplans beherrscht. In den in Kapitel 5 erwähnten Abschlussprüfungs-Videos „Sitz bedeutet Sitz" wird von den Hunden erwartet, dass sie Befehle befolgen und konzentriert bleiben, während sie sich um Futterteller schlängeln. Der vom American Kennel Club angebotene Canine Good Citizen-Kurs endet ebenfalls mit einer abschließenden Prüfung, bei der der Hund ruhig neben seinem Halter gehen, ruhig und in unmittelbarer Nähe an einem fremden Hund vorbeigehen und ruhig mit einem fremden Menschen interagieren muss. Wenn der Hund die Prüfung besteht, erhält er das Prädikat „Canine Good Citizen" (dt. etwa: Guter Hundebürger). Ich möchte diese Art von Tests von den Verhaltenstests unterscheiden, die man in Tierheimen durchführt, um herauszufinden, ob ein Hund ein erhebliches Risiko für die körperliche Unversehrtheit potenzieller neuer Besitzer darstellt und welche Erwartungen realistisch sind. Diese Verhaltenstests sind zwar nicht ganz unproblematisch, verfolgen aber gute Absichten: Sie dienen der Sicherheit von Hunden und Menschen und verbessern die Chancen auf eine erfolgreiche Vermittlung.

Die Probleme mit Abschlussprüfungen sind vielfältig. Erstens schaffen sie einen Anreiz für Halter und Ausbilder, aversive Techniken wie Schockhalsbänder einzusetzen, da diese oft schnelle Ergebnisse zu erzielen scheinen, obwohl sie langfristig schaden können. Zweitens setzen sie Hunde und deren Menschen unter Druck, eine Reihe komplexer Fähigkeiten sehr schnell und unter stressigen und unnatürlichen Bedingungen zu erlernen. Drittens werden die Hunde in ungewöhnlich reizstarke Szenarien gebracht, was ihnen unnötigen Schaden zufügt. Viertens implizieren die Bewertungstests, dass der Hund der Schüler / Auszubildende und der Mensch der Lehrer / Boss ist, wodurch eine asymmetrische und nicht auf Kooperation beruhende Machtdynamik verstärkt wird. Fünftens vermitteln die Tests den Eindruck, dass das Training ein zeitlich begrenztes Ereignis mit einem Vorher und Nachher ist. Ihr Hund absolviert den Kurs, und dann sind Sie mit dem Training fertig. Verhandlungslösungen sind jedoch ein sich entwickelnder, niemals abgeschlossener Prozess. Und zu guter Letzt enthalten solche Prüfungen auch die Möglichkeit des Scheiterns. Mein Hund Topaz wurde von unserem (Ex-)Tierarzt als bösartiger Hund eingestuft. Der Canine Good Citizen-Kurs wurde als letzter Versuch einer Rehabilitation empfohlen. Topaz und ich konnten während des fünfwöchigen Kurses seine emotionale Reaktivität nicht in den Griff bekommen. Das Nichtbestehen des Tests bedeutete, dass Topaz auch das Etikett des bösartigen Hundes nicht loswurde. Die Botschaft war klar: Er war nicht geeignet, ein Mitglied der Gesellschaft zu sein.

## Belohnung und Bestrafung

Es gibt viele Möglichkeiten, wie man Belohnung und Bestrafung verstehen kann, und ein großes Problem im Bereich des Hundetrainings ist die Unschärfe dieser Begriffe. In der Lerntheorie stehen Belohnung und Bestrafung für zwei grundlegende Motivationssysteme: Dinge, die Tiere wollen und für die sie arbeiten (Belohnungen), und Dinge, die sie nicht wollen und die sie zu vermeiden versuchen (Bestrafungen). Steven Lindsay, Berater für Hundeverhalten, sagt: „Richtig verstanden sind Belohnung und Bestrafung moralisch neutral, das eine ist weder besser noch schlechter als das andere. Beide Ergebnisse dienen gleichermaßen der Perfektionierung der Anpassung eines Tieres an seine soziale und physische Umgebung."[127] Aus der Verhaltensperspektive sind Bestrafung und Belohnung allgegenwärtig und ein fester Bestandteil der Interaktion von Organismen mit ihrer Umwelt.

Ethische Bedenken in Bezug auf Belohnung und Bestrafung entstehen auf zwei Ebenen. Professionelle Verhaltensexperten und Hundetrainer, die die theoretische Literatur über das Lernen von Tieren kennen und verstehen, führen eine ständige und kontroverse Debatte darüber, welche Motivationssysteme ethisch vertretbar eingesetzt werden können, um gewünschte Verhaltensweisen bei unseren Hunden hervorzurufen. Obwohl die „Bestrafung" für das Überleben aller Organismen unerlässlich sein mag, da sie zur Vermeidung von Reizen dient, die körperlichen Schaden verursachen – ist es angemessen, dieses Motivationssystem bei unseren Hunden absichtlich zu manipulieren? Auf diese heikle Frage werden wir weiter unten zurückkommen.

Eine damit zusammenhängende Frage – oder vielleicht ist es gar keine Frage, sondern eher ein Problem – ist, was passiert, wenn die moralisch neutralen Verhaltensbezeichnungen „Belohnung" und „Bestrafung" Teil des Vokabulars von Millionen von Hundehaltern werden. Wie gehen wir mit der unvermeidlichen Verwirrung um, mit dem Überschwappen von Fachbegriffen in die alltäglichen Interaktionen zwischen Haltern und ihren Hunden? Man könnte dies als „Trickle-Down-Effekt" in der Hundeerziehung bezeichnen, bei dem Hundehalter über Belohnungen und Bestrafungen, Verstärker und Vermeidung sprechen und diese Begriffe auch ausgiebig nutzen, ohne wirklich zu wissen, worum es sich dabei handelt und ohne die möglichen Auswirkungen auf die Hunde zu verstehen. Die moralischen Gefahren sind im Hinblick auf die Bestrafung besonders akut. Wenn die Unterscheidung zwischen der technischen Bedeutung von „Bestrafung" als Motivationssystem und der volkstümlichen Bedeutung von „Bestrafung" als strafende Reaktion auf vermeintliches Fehlverhalten verloren geht, dann haben Hunde ein Problem.

Lassen Sie uns hier einen kurzen Bogen schlagen, um einige zusätzliche Begriffe zu definieren, die aus der Lerntheorie in den alltäglichen Hundetrainingsjargon einfließen und verwirrend sein können. Erstens: Viele Hundetrainer und Trainingsbücher sprechen von Verstärkung und Verstärkern. Ein Verstärker ist nicht dasselbe wie eine Belohnung. „Belohnung" bezieht sich auf ein Motivationssystem im Gehirn; ein Verstärker hingegen ist ein Reiz, der die Wahrscheinlichkeit erhöht, dass das vorangegangene Verhalten wiederholt wird.

Es gibt sowohl positive als auch negative Verstärker, und beide erhöhen theoretisch die Wiederholung eines Verhaltens. Bei der positiven Verstärkung wird ein angenehmer Reiz hinzugefügt, um ein Zielverhalten zu verstärken; bei der negativen Verstärkung wird ein unangenehmer Reiz entfernt, um ein Zielverhalten zu verstärken. Ein Leckerbissen ist ein positiver Verstärker (der verwirrenderweise auch als „Belohnung" bezeichnet wird). Die Verwendung eines Elektroschocks kann ein negativer Verstärker sein: Der Schock hört auf, wenn das gewünschte Verhalten auftritt. Das Wichtigste für unsere Zwecke ist, dass „Verstärkung" von jemandem, der keinen Doktortitel in Psychologie hat, leicht als etwas Nettes missverstanden werden kann. „Wenn Sie Ihren Hund lieben, geben Sie ihm eine Verstärkung!" Ein weiterer Begriff, der in der Hundetrainingsliteratur immer wieder auftaucht, ist „aversiv", ein unangenehmer Reiz, der mit der Absicht eingesetzt wird, das Auftreten eines Verhaltens zu reduzieren. Bei der Debatte über Bestrafung in der Hundeerziehung geht es eigentlich um die Angemessenheit des Einsatzes von Aversiva. Sollten Sie jetzt völlig verwirrt sein, so befinden Sie sich in guter Gesellschaft!

## Belohnungen

Der Grundgedanke des belohnungsbasierten Trainings besteht darin, dass wir uns darauf konzentrieren können, Verhalten zu formen, indem wir dem Hund Dinge anbieten, die er erreichen möchte. Es besteht keine Notwendigkeit, in den Bereich des „Vermeidenwollens" vorzudringen. Der Begriff, der sich für diese Pädagogik eingebürgert hat, lautet „positives Training" und suggeriert – fälschlicherweise –, dass das Training immer nur den Einsatz von Belohnungen und positiver Verstärkung beinhalten kann und wird und niemals in den Bereich der Bestrafung oder Vermeidung abgleitet. Wie viele in der Welt des Hundetrainings anmerken, ist „rein positiv" eine irreführende Bezeichnung, da es unmöglich ist, einen Hund zu trainieren, geschweige denn mit ihm zu interagieren, ohne dass einige aversive Erfahrungen hinzukommen. Belohnung und Bestrafung sind in das Leben eingewoben.

Dennoch ist es sinnvoll, in einem allgemeinen Leitfaden zur Hundeerziehung darauf hinzuweisen, dass Belohnungen eingesetzt und Bestrafungen vermieden werden sollten. Belohnung birgt ein geringeres Schadensrisiko für den Hund und die Beziehung zwischen Hund und Mensch. Der Unterschied zwischen der technischen Bedeutung von „Bestrafung“ als Motivationssystem und der volkstümlichen Bedeutung von „Bestrafung“, die darin besteht, einem Hund eine Zeitung über den Kopf zu schlagen oder ihm Wasser ins Gesicht zu spritzen, wird vielen Hundehaltern nicht bewusst sein. Warum also nicht den vorsichtigen Weg einschlagen und die Menschen zu sichereren Interaktionen mit geringerem Potenzial für physische und psychische Schäden für Hunde anleiten? Dies ist besonders überzeugend, weil wir unsere Ziele auf jeden Fall erreichen können, ohne auf Praktiken zurückzugreifen, von denen wir wissen, dass sie Schaden anrichten. (Außerdem sollten wir unsere Ziele vielleicht neu überdenken.)

Aber das sollte nicht das Ende des Gesprächs sein. In der Regel werden die Dinge folgendermaßen gelöst: Das Wesen der positiven Verstärkung oder des belohnungsbasierten Trainings ist Freundlichkeit. Ein freundlicher und sanfter Umgang mit Hunden und anderen Tieren ist nicht nur die ethisch angemessene Art und Weise, wie wir uns verhalten, sondern fördert auch das effektivste Lernen bei unseren Hunden. Dies ist eine pädagogische Philosophie – dass positives Training der effektivste Weg ist, um Hunden ein dem Menschen angemessenes Verhalten beizubringen. Es ist auch eine ethische Haltung: Wir sollten die Freundlichkeit maximieren und den Schaden minimieren. Diese beiden Begründungsstränge geraten oft durcheinander, aber es lohnt sich, sie auseinanderzuhalten. „Freundlich sein“ und „Training mit Belohnungen“ sind nicht gleichwertig.

Ein belohnungsbasiertes Training birgt sicherlich weniger Risiken als eine Bestrafung, aber es ist ethisch nicht unbedenklich. Hier einige Überlegungen dazu. Ich bin sicher, es gibt noch mehr.

Obwohl Hundetrainer von positiver und negativer Verstärkung sowie von positiver und negativer Bestrafung sprechen, als ob diese Unterscheidungen völlig klar wären, sind sie es nicht – vor allem nicht für Hundehalter, die keine formale Ausbildung in Tierverhalten oder Psychologie haben. Die Grenze zwischen Belohnung und Bestrafung ist in der Tat ziemlich fließend. Die Interaktion zwischen Mensch und Hund, sogar der Prozess von Signal und Reaktion, ist unglaublich komplex. Selbst bei Trainingseinheiten, die auf positiver Verstärkung basieren, streuen die meisten Hundehalter wahrscheinlich etwas Bestrafung in die Suppe. Und auch im weiteren Rahmen unserer täglichen Interaktionen mit unseren Hunden, in denen wohl das wesentlichste und nachhaltigste Lernen stattfindet, setzen wir eine Mischung aus Belohnung und Bestrafung ein. Unser Hund tut dasselbe mit uns. „Belohnung / Bestrafung" ist also kein Entweder-Oder, und die Vorstellung von Hundehaltern, dass dem so sei, ist irreführend.

Die Sprache von Belohnung und Bestrafung ist nicht nur eher verwirrend als erhellend, sie passt auch zu leicht auf die moralische Waagschale „Bestrafung = schlecht / Belohnung = gut" und verringert die Neugier auf die ethischen Implikationen eines belohnungsbasierten, positiven Trainings. Belohnungsstrukturen zu manipulieren ist nicht per se gutartig: Es handelt sich immer noch um Verhaltensmanipulation. Wir bringen Hunde dazu, das zu tun, was wir wollen; wir tun es nur auf eine nette Art und Weise. Die Moralisierung als Bestrafungs-Übel und Belohnungs-Unschuld verschleiert einige bedeutende moralische Gefahren.

Verschiedene Belohnungen sprechen unterschiedliche Motivationssysteme an, und einzelne Hunde sind durch verschiedene Arten von Belohnungen unterschiedlich motiviert. Manche Hunde sind stark futtermotiviert, während andere eher durch die soziale Interaktion mit ihrem Menschen oder die Verlockungen des Spiels motiviert werden. Um effektiv mit einem Hund arbeiten zu können, muss man verstehen, was ihn motiviert und seine besonderen Bedürfnisse und Wünsche ausspielen.

Futter ist einer der besten Verstärker und für viele Hunde der stärkste.[128] Der Einsatz von Futter als Belohnung ist jedoch kompliziert. Der Zugang zu Futter ist an das psychische Wohlbefinden geknüpft: Futterknappheit oder -unsicherheit führt zu Angstzuständen. Wie wir in Kapitel 3 erörtert haben, haben Hunde wahrscheinlich bereits eine gewisse Hintergrundangst im Zusammenhang mit dem Futter, da sie fast keine Kontrolle darüber haben, wann und was sie fressen. Wenn wir Futter als Belohnung einsetzen, spielen wir manchmal mit der Unsicherheit des Hundes. Besonders problematisch ist die Verknüpfung von Training und Futterentzug. In vielen Trainingsbüchern wird empfohlen, dann zu trainieren, wenn der Hund sehr hungrig ist, weil er dann besonders motiviert ist, zu gehorchen. Manchmal wird Hundehaltern sogar empfohlen, die Mahlzeit eines Hundes auszulassen, wenn dieser besonders widerspenstig zu sein scheint. Dann, so die Logik, wird der Hund stärker motiviert sein, den Anforderungen des Menschen nachzukommen. Diese Praxis erscheint zutiefst ungerecht und unfreundlich.[129]

Wir können ähnliche Fragen zu anderen Belohnungen stellen, die wir Hunden vorenthalten, bis sie einem Befehl folgen oder ein Verhalten zeigen, das wir verstärken wollen. Was ist, wenn Zuneigung verweigert wird? Spielen?

Ein weiteres, ganz anderes Problem bei der Verwendung von Futterverstärkern ist, dass viele Hunde, obwohl sie keinen Zugang zu Futter haben, dennoch an Übergewicht leiden. Wie lässt sich ein Gleichgewicht zwischen der Verwendung von Futter als Motivator und der Erhaltung eines gesunden Gewichts herstellen, insbesondere bei älteren Hunden, die viel Training benötigen, sich aber nur begrenzt bewegen können?

Karen Overall schlägt vor, Belohnungen im Zusammenhang mit dem Training auf eine andere Art zu betrachten. Tiere arbeiten für eine Belohnung und belohnte Verhaltensweisen werden wiederholt. Aber, so sagt sie, „wir sollten auch verstehen, dass die Evolution dafür gesorgt hat, dass die wertvollste Belohnung von allen gute Information ist". Hunde arbeiten für Informationen, insbesondere in Bezug auf Risiken.[130] Wir müssen also darauf achten, wie effektiv wir mit ihnen über unsere Erwartungen und Wünsche kommunizieren.

Wie die Psychologin und Expertin für Hundeerziehung Susan Friedman in ihrer Arbeit festgestellt hat, ist Kontrolle ebenfalls ein primärer Verstärker für Hunde.[131] Wenn man Hunden das Gefühl gibt, selbst zu bestimmen und ihnen Wahlmöglichkeiten gibt, ist das lohnend und führt wahrscheinlich zu einer stärkeren Kooperation und Beteiligung der Hunde am Training. Wir sollten das Training also nicht als einen Prozess betrachten, durch den wir die Freiheit des Hundes einschränken, sondern als einen Prozess, durch den wir sie erweitern.

Eine letzte Bemerkung zum Thema Belohnung: Belohnung und Liebe sind nicht dasselbe, wie jedes Kind von hoch motivierten Eltern bestätigen kann. Ein Belohnungssystem kann erdrückend werden, wenn die Erwartungen zu hoch oder unrealistisch sind und das „Kind“ immer hinter seinen Erwartungen zurückbleibt. Übermäßiger Leistungsdruck, auch nur durch Belohnungen, kann psychologisch ebenso schädlich sein wie die Bestrafung bei offenkundigem Versagen. Wir können unseren Hund loben und ihm Leckerlis geben, ohne dass wir erwarten, dass er eine Aufgabe oder einen Job erledigt, denn dies sind keine Belohnungen im technischen Sinne, sondern einfach Akte der Liebe und Zuneigung.

## Die Rolle der Bestrafung im Training

Wie ich bereits erwähnt habe, ist die Rolle der Bestrafung eines der umstrittensten Themen in der Hundeerziehung. Strenggenommen und im engen Kontext der psychologischen Theorie der operanten Konditionierung – aus der wir die Begriffe Belohnung und Bestrafung kennen – bezieht sich Bestrafung auf ein Ereignis oder einen Reiz, das bzw. der nach einem Verhalten auftritt und die Wahrscheinlichkeit verringert, dass das Verhalten in Zukunft auftreten wird. Bestrafung zielt darauf ab, ein unerwünschtes Verhalten zu verringern oder zu beseitigen, während Verstärkung darauf abzielt, ein erwünschtes Verhalten zu verstärken. Um auf Lindsay zurückzukommen: „Richtig verstanden sind Belohnung und Bestrafung moralisch neutral, das eine ist weder besser noch schlechter als das andere. Beide Ergebnisse erfüllen gleichermaßen wichtige Funktionen bei der Perfektionierung der Anpassung eines Tieres an seine soziale und physische Umwelt.“[132] Bestrafung beinhaltet manchmal, wenn auch nicht immer, ein Aversivum.

Obwohl Bestrafung in dem speziellen Kontext von Lindsays Bemerkung moralisch neutral sein mag, erhält sie ein erhebliches moralisches Gewicht, sobald wir die Tür zum wirklichen Leben öffnen und Bestrafung ein fester Bestandteil der Art und Weise wird, wie Menschen Hunde trainieren und mit ihnen umgehen. Bestrafung ist fast immer etwas, das wir Hunden antun; es handelt sich um ein „Ereignis oder einen Reiz“, das bzw. der von uns aktiv und absichtlich herbeigeführt wird. Als solche hat sie das Potenzial, die Art unserer Beziehung zu unserem Hund zu beeinflussen. Wir können in Bezug auf unseren Hund eine Bestrafungsmentalität entwickeln. Wir glauben vielleicht, dass wir unseren Hund bestrafen, damit er ein „guter Hund“ wird. Aber vielleicht ist es gar nicht im Interesse unseres Hundes, ein guter Hund zu werden; vielleicht ist unser Hund gut, unabhängig davon, ob er den oberflächlichen kulturellen Vorstellungen davon entspricht, wie sich Haushunde verhalten sollten – in diesem Fall bestrafen wir ihn grundlos.

## Die LIMA-Regel

Manche Hundetrainer und Tierschützer argumentieren, dass in der Beziehung zwischen Mensch und Hund – selbst im Rahmen des Trainings – kein Platz für Bestrafung ist und dass positive Verstärkung der einzige ethische Weg sei, um das Verhalten von Hunden zu beeinflussen. Andere, darunter auch Lindsay, verteidigen den Einsatz von Strafe im Hundetraining, sagen aber, dass humane Trainer immer die am wenigsten einschneidende Strafe wählen werden, um ihre Verhaltensziele zu erreichen.[133] Dies ist der Kern dessen, was als LIMA bezeichnet wird – Least Intrusive Minimally Aversive, d. h. die Philosophie der am wenigsten einschneidenden, minimal aversiven Maßnahmen. Die LIMA-Philosophie steht im Mittelpunkt einer der umstrittensten Auseinandersetzungen auf dem Gebiet der Hundeerziehung. Zu sagen, dass es zwei konkurrierende Trainingsphilosophien gibt – nur positive Verstärkung und LIMA – vereinfacht das, was in Wirklichkeit eine komplexe Diskussion über Belohnung, Bestrafung, Schaden, Wirksamkeit, Ergebnisse und Charakter ist.

Die International Association for Animal Behavior Consultants (IAABC) nimmt die LIMA-Regel mit Vorsicht auf. Ein LIMA-Trainer, so heißt es dort, ist „jemand, der die am wenigsten einschneidende, minimal aversive Strategie aus einer Reihe von humanen und effektiven Taktiken anwendet, die wahrscheinlich zum Erreichen eines Trainings- oder Verhaltensänderungsziels führen“.[134] Die IAABC rät nachdrücklich von der Verwendung von Schockhalsbändern ab und möchte sie abschaffen. „Die LIMA-Richtlinien“, so der Verband, „rechtfertigen nicht den Einsatz von aversiven Methoden und Hilfsmitteln, einschließlich, aber nicht beschränkt auf die Verwendung von Elektro-, Würge- oder

Stachelhalsbändern anstelle anderer wirksamer positiver Verstärkungsmaßnahmen und -strategien."[135] Die IAABC ermutigt auch zur Einhaltung der „Humanen Hierarchie", einem von Susan Friedman entwickelten Rahmenwerk: „Die Hierarchie ist ein Vorsichtsinstrument, um sowohl das Befolgen dogmatischer Regeln als auch die Praxis nach Vertrautheit oder Bequemlichkeit zu reduzieren. Sie bietet einen ethischen Kontrollpunkt für Berater, um sorgfältig abzuwägen, wie im Einzelfall effektive Ergebnisse am humansten erreicht werden können."[136]

Obwohl der Einsatz „humaner" Aversiva nicht vom Tisch ist, bestätigen LIMA-Praktiker bereitwillig, dass Hunde durch positive Verstärkung und belohnungsbasiertes Training besser lernen als durch Bestrafung und dass bestrafungsbasiertes Training ein langfristiges psychologisches Trauma verursachen kann und oft zu schlechteren Verhaltensergebnissen führt.

Es gibt drei Gründe, die dafür sprechen, dass wir bei unseren Interaktionen mit Hunden immer wieder Aversiva einsetzen. Erstens: Hunde können durch Bestrafung lernen und tun dies auch. Zweitens: In manchen Situationen sind andere Trainingsmethoden erschöpft und nicht erfolgreich, sodass der Halter aufrüsten und Aversiva einsetzen muss. (Was „erschöpft" bedeutet, hängt von der Ausbildung, den Fähigkeiten und der Erfahrung des Trainers sowie von den Fähigkeiten und dem Engagement des Hundehalters ab). Drittens ist die Situation manchmal sehr ernst und die Vorteile (z. B. die Rettung eines Hundes vor der Abgabe oder Euthanasie) überwiegen möglicherweise die Risiken.

Ich habe Barrie Finger, eine Mitbegründerin der Organisation LIMA Beings, nach ihrer Meinung zu LIMA gefragt.[137] „Verhaltensänderungen sind von Natur aus einschneidend, und nur weil wir beabsichtigen, so freundlich und sanft wie möglich zu sein, heißt das nicht, dass wir es immer sind. Manchmal kann sogar das Anleinen aus Sicht des Hundes als störend empfunden werden, vor allem, wenn der Hund unter nicht diagnostizierten Schmerzen leidet. Für mich sind LIMA und die Humane Hierarchie Rahmenwerke, die all die Überlegungen unterstreichen, die in die Entscheidung einfließen, welche Strategien und Hilfsmittel wir verwenden und die eine ehrliche Reflexion darüber ermöglichen, wie sich unsere Handlungen auf unsere Hunde auswirken."[138]

Und genau hier ergibt sich ein interessantes Gesprächspotenzial. Es ist leicht, mit dem Finger auf etwas wie Schockhalsbänder zu zeigen und zu sagen: „Die sind schlecht." Sie verursachen bei Hunden körperliche Schmerzen und oft auch Verletzungen (Verbrennungen der Haut, Defibrillation des Herzens) sowie psychische Schmerzen und Traumata. Aber jedes Training, jede Verhaltensänderung hat das Potenzial, invasiv zu sein. Der Sinn des Trainings sollte darin bestehen, dass sich der Hund sicher fühlt und weiß, was vor sich geht und was von ihm erwartet wird. Die Trainer haben den Menschen möglicherweise versehentlich beigebracht, die menschliche Zuwendung zu Hunden zu unterdrücken: Wir sollen unsere Zuneigung als eine Form des Unterrichts zurückhalten und man rät uns, unserem Hund eine Auszeit zu geben oder ihm den Rücken zuzuwenden. Das Ergebnis ist, dass selbst ein Training, bei dem keine Aversiva eingesetzt werden, für den Hund emotional schädlich sein kann. Meiner Meinung nach bedeutet das nicht, dass wir Aversiva befürworten sollten; es bedeutet vielmehr, dass alle Formen des Trainings das Potenzial haben, Schaden anzurichten und wir müssen an jedes Training mit klaren Absichten, angemessenem Wissen und Achtsamkeit gegenüber den Risiken herangehen.

## Weitere problematische Trainingsbegriffe

Noch ein paar weitere Begriffe, die in der Sprache der Hundeerziehung vorkommen, verdienen Aufmerksamkeit: „Gehorsam", „Korrektur" und „Befehl".

### Gehorsam

„Gehorsamkeitstraining" *(im englischen Obedience, im Deutschen eher „Unterordnung" Anm. des dt. Verlages)* ist ein seltsamer Begriff. Viele Hundehalter denken, dass sie Gehorsamkeitstraining machen müssen, um ein verantwortungsvoller Halter zu sein. Die Vorstellung von Gehorsam beinhaltet, dass wir Hunde unserem Willen unterwerfen: Sie tun, was wir sagen, weil wir es sagen, nicht weil es verhaltenstechnisch sinnvoll ist.

In *Adam's Task* sagt Hearne, dass wir, wenn wir Hunde trainieren, sie zu guten Mitgliedern der Gesellschaft erziehen. Wir sollten auf Hunde „die Idee anwenden, dass Freiheit eher Gehorsam gegenüber der Notwendigkeit als Freiheit von ihr ist". Die Freiheit, die hochausgebildete Arbeitshunde haben, unterscheidet sich von der Freiheit, die wilde Tiere haben; sie ist eher mit der Freiheit verwandt, die das Gesetz und der Gehorsam gegenüber dem Gesetz den Menschen ermöglicht. „Freiheit", sagt sie, „wird durch bestimmte Arten von moralischen Beziehungen geschaffen und nicht einfach durch sie ermöglicht und verstärkt."[139] Mit anderen Worten: Die Freiheit eines Hundes konstituiert sich durch eine Beziehung des vollständigen Gehorsams gegenüber seinem menschlichen Betreuer. Sie unterscheidet zwischen Befehlen, die mit rechtmäßiger Autorität erteilt werden, und Befehlen, die reine Gewaltakte sind. Wir müssen uns die rechtmäßige Befugnis, einem Hund Befehle zu erteilen, verdienen, indem wir uns den Respekt des Hundes verdienen und erhalten. Absoluter Gehorsam eines Hundes „verleiht dem Hund Adel, Charakter und Würde".[140] (Der Mensch hat vermutlich bereits Adel, Charakter und Würde und muss sich diese nicht erst erarbeiten).

Hinter Hearnes Logik steht natürlich die unausgesprochene Annahme, dass der Mensch das Recht hat, dem Hund Befehle zu erteilen und dass der Hund aus ethischen Gründen dem Menschen gehorsam sein sollte, und dass der Hund außerdem von Natur aus in einer Beziehung völligen Gehorsams zu uns stehen möchte. Ich stimme zu, dass wir uns den Respekt unseres Hundes verdienen sollten. Aber was wir uns damit verdient haben, ist einfach sein Respekt, nicht sein Gehorsam. Woher käme die „rechtmäßige Autorität", unseren Hunden zu befehlen, wenn wir uns diese Autorität nicht selbst verliehen hätten? Ist das nicht ein egoistischer Zirkelschluss?

Steven Lindsay bietet in *Adaptation and Learning*, dem dritten Band seines dreibändigen Werks über Hundetraining, eine ambitionierte Sicht auf das Gehorsamstraining. Ein Training, das „darauf abzielt, Kontrolle zu erlangen, um den Hund zu beherrschen und seine Arbeitskraft und Dienste auszubeuten, ist erniedrigend und destruktiv. Unter dem Einfluss einer solchen Ausbildung werden Hunde allmählich in Werkzeuge oder Waffen verwandelt".[141] Im Gegensatz dazu „übt Gehorsamstraining, im Sinne der lateinischen Wurzel oboedire oder dem Akt des ‚Zuhörens', einen tiefgreifenden vermittelnden Einfluss zwischen Mensch und Hund aus." Was in Lindsays Formulierung fehlt, ist die ausdrückliche Bestätigung, dass sowohl Hunde als auch Menschen den Akt des Zuhörens vollziehen. Gehorsam geht in beide Richtungen.

Nur sehr wenige Eltern würden sagen, dass es ihr Erziehungsziel ist, ein gehorsames Kind zu erziehen – ein Kind, das immer tut, was wir sagen. Mehr würden vermutlich sagen, dass sie wollen, dass ihre Kinder unabhängige Denker und gute, glückliche Menschen werden. Ist das nicht das, was wir auch für unsere Hunde wollen? In Anbetracht der möglichen sprachlichen und ethischen Verwirrung schlage ich vor, dass wir das Wort „Gehorsam" im Bereich der Mensch-Hund-Beziehung nicht mehr verwenden.

## Korrektur

Einige Trainer unterscheiden zwischen „Korrektur" und Bestrafung. Eine Korrektur soll einen Hund davon abhalten, ein unerwünschtes Verhalten an den Tag zu legen. Bei einem Welpen, der an der Leine zieht, könnte eine Korrektur einen scharfen Aufwärtsruck an der Leine bedeuten. Ob wir nun klar zwischen Korrektur und Bestrafung unterscheiden können oder nicht (und ich bin mir nicht sicher, ob wir das können): Die Nuancen dieser Unterscheidung gehen in der realen Welt des Hundetrainings verloren. Ich habe erlebt, wie Hundehalter verschiedene unangenehme Korrekturen ausführten, zum Beispiel ein hartes Rucken am Stachelhalsband, einen Elektroschock oder einen Klaps auf die Schnauze. Nichts davon sollte unsere geliebten Gefährten gegenüber gezeigt werden.

Wenn aversive Erfahrungen für das Lernen nicht wichtig sind, warum dann überhaupt eine Korrektur? Ich werde das Gefühl nicht los, dass „Korrektur" nur eine etwas unheimliche Beschönigung für das Zufügen von Unbehagen ist. Noch schlimmer ist die Formulierung „Bieten Sie Ihrem Hund eine Korrektur an", die eher nach einem Leckerli als nach der gewaltsamen Anwendung eines Abschreckungsmittels klingt. Wenn das nicht erniedrigend für Hunde ist, weiß ich es auch nicht.

Die Korrektur wird manchmal mit der Umlenkung verwechselt, bei der einem Hund, der ein unerwünschtes Verhalten zeigt, eine gute Alternative angeboten wird: Sie tauschen Ihren schönen Schuh gegen ein interessantes Hundespielzeug aus. Wie die Trainerin Karen London betont, braucht ein Hund, der nicht wie gewünscht reagiert oder sich nicht wie gewünscht verhält, Hilfe – und keine Korrektur.[142] Genau wie „Gehorsam“ sollte auch das Wort „Korrektur“ aus unserem Hundewortschatz gestrichen werden.

## Befehl

Training wird oft so verstanden, dass man Hunden Befehle beibringt. Wir sagen ein Kommando wie „Sitz“, und unser Hund reagiert sofort mit einem bestimmten Verhalten. Diese Sprache ist Teil des Gehorsamsdenkens. Und wir Menschen sind sehr eifrig mit unseren Befehlen.

Eine Studie der Professorinnen Catherine Reeve und Sophie Jacques von der Dalhousie University aus dem Jahr 2021 über gesprochene Wörter, die von Haushunden verstanden werden, ergab, dass die Hälfte aller Wörter, die die Hunde verstanden, Befehle waren. Eine Stichprobe von 165 Hundebesitzern wurde gebeten, anzugeben, welche Wörter ihr Hund ihrer Meinung nach versteht.

Die durchschnittliche Anzahl der menschlichen Wörter im Wortschatz eines Hundes betrug neunundachtzig.[143] Das Wichtigste dabei: Es waren neunundachtzig Wörter, von denen die Besitzer glaubten, dass ihre Hunde sie verstehen. Magisches Denken?

In einem Artikel in *Your Dog* schlägt die Tierärztin Stephanie Borns-Weil, Leiterin der Tufts Animal Behavior Clinic, vor, den Begriff „Befehl“ zu vermeiden und stattdessen „Signal“ oder „Hinweis“ (engl.: cue) zu verwenden. „Das Wort ‚Befehl‘ lässt keine Gegenseitigkeit und keinen Respekt zu“, stellt sie fest. „Es lässt die Handlungsfähigkeit der Tiere selbst nicht zu. Es impliziert ‚Tu es, oder sonst…‘ ‚Signal‘ hingegen impliziert Lernen und Wahlmöglichkeiten. „Ich glaube daran, dass man einem Tier so viele Wahlmöglichkeiten wie möglich geben sollte“, sagt sie.

„Wir werden ihnen natürlich nicht die Wahl lassen, über die Straße zu laufen, weil sie die Konsequenzen ihres Verhaltens nicht sehen. Aber wir können die Wahlmöglichkeiten, die sie haben, in konstruktive Bahnen lenken. Wir können ihnen beibringen, dass ihre Handlungen eine Belohnung oder keine Belohnung nach sich ziehen können.[144] Dieser Ansatz des Trainings, bei dem es um das Verhältnis von Signal, Reaktion und Belohnung geht, ist für Hund und Mensch gleichermaßen förderlich.

Es ist nicht so, dass Imperative von Natur aus eine unnötige Demonstration der Autorität sind. Vielmehr sind einfache, deklarative Worte für Hunde, die herauszufinden versuchen, was wir wollen, wahrscheinlich sehr hilfreich. Eine Studie der Psychologen Robert Mitchell und Elizabeth Edmonson aus dem Jahr 1999 (die in der Arbeit von Reeve und Jacques über den Wortschatz von Hunden erwähnt wird) ergab, dass ein Mensch während einer vierminütigen Spielsitzung durchschnittlich 208 Wörter zu einem vertrauten oder unbekannten Hund sagte. Das meiste, was aus den Mündern der Menschen kam, waren hohe, sich wiederholende Äußerungen.[145] Im speziellen Kontext des Trainings ist ein sparsamerer Kommunikationsstil zweifellos wichtig. Intonation und Intention grenzen den Hinweis vom Befehl ab. Ich kann „Bella, komm!" als Mitteilung meiner Absicht und als Aufforderung zu einer bestimmten Verhaltensreaktion sagen; ich kann auch „Bella, komm!" als einseitige Aufforderung sagen. Die Äußerungen bedeuten für mich sicherlich zwei verschiedene Dinge. Und ich kann aus meinen eigenen Untersuchungen mit Bella berichten, dass sie einen Befehl mit 50 Prozent höherer Wahrscheinlichkeit ignoriert als ein Signal.

## Das D-Wort

Dominanz ist eines der am meisten missverstandenen und folgenreichsten Konzepte im Bereich der modernen Mensch-Hund-Beziehungen. Dominanz wird oft mit anderen Begriffen wie Aggression, Führung, Gehorsam, Hierarchie und Bestrafung verwechselt oder mit ihnen vermischt. Dies soll keine Analyse über die Bedeutung und Funktion von Dominanz werden – um die Funktion von Dominanz in Tierbeziehungen wirklich zu verstehen, müssen wir uns an Ethologen wenden.[146] Hier aber dennoch ein paar Worte dazu, wie „Dominanz" die Beziehungen zwischen Mensch und Hund verwirrt.

Dominanzbasiertes Training – umgangssprachlich „Ich bin dein Chef!" – hat in Hundetrainerkreisen über mehrere Jahrzehnte hinweg eine merkwürdige Anziehungskraft ausgeübt. (Merkwürdig, weil es sowohl wissenschaftlich als auch ethisch fehlerhaft ist.) Obwohl Dominanztraining eine weite und ungenaue Bezeichnung ist, spiegelt es im Allgemeinen die Idee wider, dass wir in einer Machtposition sein müssen, um gut zu trainieren, und dass wir diese Macht durch rohe Gewalt und Einschüchterung erlangen und erhalten. Zu den Trainingsmethoden gehören die so genannte Alpharolle (bei der ein Hund auf den Rücken geworfen und dort festgehalten wird, meist durch Festhalten der Kehle, bis er aufhört, sich zu wehren), der Nacken- und der Schnauzengriff.

Angeblich schlechtes Verhalten eines Hundes, zu dem auch das Ignorieren unserer Befehle gehört, ist der Versuch des Hundes, über seinen Platz hinauszuwachsen und uns zu dominieren, obwohl wir eindeutig die Oberen sind. Was der Hund nicht verstanden hat, oder vielleicht besser gesagt, was der Hund nicht anerkennen will (denn das Problem ist eine Frage der Einstellung), ist, dass wir der Chef sind. Wir führen, sie folgen. Wir befehlen, sie gehorchen. All das ist natürlich Unsinn.

Das größte ethische Problem bei dominanzbasiertem Training ist der Rückgriff auf physische Einschüchterung und Bestrafung. Doch selbst einige Trainer und Hundehalter, die versuchen, ausschließlich positive Verstärkung zu verwenden, sind konzeptionell immer noch in einem Dominanzdenken verhaftet. Und wie Barrie Finger so treffend formulierte: „Das ist verdammt verwirrend für die Hunde, ganz zu schweigen von den Menschen, die versuchen, ihren Hunden zum Erfolg zu verhelfen."[147] Die Ermahnungen, vor dem Hund zu essen, vor dem Hund durch die Tür zu gehen und dem Hund zu verbieten, das Bett oder die Couch zu betreten, entspringen allesamt einem Dominanzdenken.

Manche Trainer und Verhaltensexperten verwenden das Wort „Dominanz" überhaupt nicht mehr, weil es so belastet ist und missverstanden wird. Das Problem bei der völligen Abschaffung des Wortes ist, dass wir dann die präzise ethologische Diskussion einer ganze Kategorie von Tierverhalten ausschließen. Hunde zeigen durchaus Dominanz und bilden Dominanzhierarchien – allerdings nicht gegenüber Menschen, sondern gegenüber Artgenossen. Dominanzverhalten ist eine kommunikative Strategie, die Hunden (und anderen Tieren, einschließlich Menschen) hilft, Konflikte zu vermeiden. Anstatt also das sprichwörtliche Kind mit dem Bade auszuschütten, sollten wir weiterhin versuchen, das Problem mit der Dominanz in den Griff zu bekommen – es ist für Hunde und Menschen wichtig, dass wir das richtigstellen.

## Zwang, Kontrolle, Einwilligung, Formen

Ist Training allein seinem Wesen nach ein Zwang? Nehmen wir einmal an, wir hätten die Frage bejaht. Dann können wir eine Folgefrage stellen: Ist es gerechtfertigt, dass wir bei unseren Hunden Zwang anwenden? Wenn ja, unter welchen Bedingungen?

Erstens: Warum könnte Zwang ethisch problematisch sein? Zwang ist schädlich, weil er die körperliche und emotionale Integrität eines Wesens verletzt und gegen den Grundsatz der Achtung der Autonomie verstößt. Ich gehe davon aus, dass es sich bei Hunden um „Personen" im moralisch relevanten Sinne handelt und dass die Verletzung ihrer Integrität und die Missachtung ihrer Autonomie ihnen Schaden zufügt, wie es auch bei menschlichen Personen der Fall ist. In Bezug auf Hunde können wir zwischen verschiedenen Arten von Zwang unterscheiden.

In Kapitel 3 habe ich den Begriff der mitfühlenden Gewalt oder der Zwangsausübung untersucht, dessen Anwendung auf Begegnungen im tierärztlichen Bereich beschränkt ist.

Im Bereich des Trainings ist eine Kategorie des Zwangs das, was man als offene aversive Kontrolle bezeichnen könnte – Kontrolle, die vom Betroffenen als aversiv wahrgenommen wird (Auslösen von Angst, Kontrollverlust, Unruhe). Beispiele dafür sind leicht zu finden: den Kopf eines Hundes mit straffer Leine zu Boden ziehen, einen Hund in einen bestimmten Raum zwingen (einen Hund am Halsband ziehen, den Körper eines Hundes in eine Box oder einen anderen begrenzten Bereich drücken), einen Hund gewaltsam auf den Rücken rollen und ihn festhalten, bis er zu zappeln aufhört. Ich sehe keine plausible Rechtfertigung für eine offene aversive Kontrolle, abgesehen von der sehr seltenen Möglichkeit, dass die physische Unterwerfung eines Hundes notwendig ist, um ihn oder eine andere Person vor ernsthaftem und unmittelbarem Schaden zu schützen. Und das ist natürlich kein Training, sondern eine Reaktion auf eine akute Situation.

Eine andere Art von Zwang – und eine, die wahrscheinlich weit weniger moralische Bedenken hervorruft – ist die Praxis des „Formens" von Tierverhalten. Wenn man möchte, dass ein Tier ein komplexes Verhalten ausführt, zerlegt man das Verhalten in kleine Teile und formt das größere Muster anhand der kleinen Teile. Wenn man einem Hund zum Beispiel beibringen möchte, einen Türknauf mit dem Maul zu drehen, könnte man damit beginnen, ihm beizubringen, sich zuerst nur der Tür zu nähern, sich dann der Tür zu nähern und den Knauf mit der Nase zu berühren und so weiter. Ähnlich wie beim Formen von Töpferton. Die Gefahr besteht natürlich darin, dass wir beginnen, unsere Hunde als formbar wie Tonmännchen zu betrachten. Das Formen wird im Allgemeinen als Zeichen eines aufgeklärten und geschickten Trainings angesehen, vor allem, weil es durch Belohnungen erreicht wird. Aber Formen beinhaltet wie alles, was in diesem Kapitel besprochen wird, auch Manipulation, und die Grenze zwischen Formen und Zwang ist dünn, wenn auch wahrnehmbar.

Zwang hat einen harten Beigeschmack. Der weichere, sanftere Cousin von Zwang ist die Einwilligung (engl. „compliance"). Einwilligung ist etwas, um das man bittet – das man *angestrebt*, sodass ein gewisses Maß an Selbstbestimmung erhalten bleibt.

Das Konzept der Compliance hat sich in der Bioethik im Zusammenhang mit den Bemühungen von medizinischem Pflegepersonal entwickelt, die Autonomie der Patienten zu respektieren – insbesondere, wenn die Pflege und der Schutz eines Patienten es erforderlich machen, ihn dazu zu bringen, das zu tun, was das Pflegepersonal verlangt. Das „Streben nach Compliance" deutet auf ein Spannungsverhältnis zwischen den Grundsätzen der Wohltätigkeit und der Achtung der Autonomie hin. Compliance wird im Allgemeinen um des Patienten willen angestrebt, nicht für die Behandelnden und nicht für die Angehörigen des Patienten. Compliance beinhaltet Elemente der Zustimmung und wird oft dadurch erreicht, dass dem Einzelnen das Gefühl vermittelt wird, die Kontrolle zu haben. Einem Patienten in einer Pflegeeinrichtung kann eine Pflegekraft beispielsweise die Frage stellen: „Möchten Sie Ihr Bad jetzt nehmen, oder möchten Sie bis nach dem Mittagessen warten?"

Das Einfordern der Einhaltung wichtiger Verhaltensweisen, wie zum Beispiel das Kommen auf unser Signal, kann Teil einer Zusammenarbeit sein, um mit unseren Hunden eine Einigung zu erzielen. Das Einfordern von pauschalem Gehorsam oder das Befolgen von Befehlen, die nur dazu dienen, unser Verlangen nach Kontrolle zu verstärken, wird dagegen wahrscheinlich eine unkooperative, einseitige, agonistische Beziehung verstärken.

Welche Methoden zur Durchsetzung der Regeln sind ethisch vertretbar? Wann überschreiten wir eine Grenze? Ich würde sagen, dass die Verwendung eines Schockhalsbandes zur Erlangung von Compliance eine Grenze überschreitet. Es ist kein Anreiz, sondern eher eine Drohung. Der Einsatz von Futter zur Erlangung von Gehorsam scheint auf der anderen Seite dieser Grenze zu liegen. Aber zugegebenermaßen befinden wir uns hier in einer großen Grauzone.

Wie die umfangreiche Literatur zum Thema Compliance in der Bioethik zeigt, ist die Grenze zwischen Compliance und Zwang sehr fließend, und viele kontextbezogene Faktoren können dazu führen, dass Compliance in Zwang übergeht, wie beispielsweise beim Anstreben von Compliance bei inhaftierten Personen. Die Grenze zwischen der Nötigung unserer Hunde und dem Versuch, sie zum Einlenken zu bewegen, ist ähnlich unscharf, weshalb wir immer die kontextuellen Merkmale ermitteln müssen.

## Weg vom „Nein"

Wir sagen Nein zu unseren Hunden aus den unterschiedlichsten Gründen und in den verschiedensten Zusammenhängen. Manchmal wird das Nein als Abschreckung eingesetzt: Wir sehen, wie unser Hund sich in Position bringt, um seine Pfoten auf die Kante der Küchenarbeitsplatte zu setzen, auf der eine frisches Brot abkühlt. Ein entschiedenes „Nein" macht dem Hund klar, dass wir ihn beobachten und dass wir missbilligen, was er vorhat. Wir haben ihm nützliche Informationen gegeben.

Oft wird „Nein" als Schimpfwort verwendet, nachdem ein Hund eine Regelwidrigkeit begangen hat. Vielleicht ist das Brot bereits verschwunden. In diesem Fall hat das Schimpfen keinen Zweck; es drückt lediglich das Gefühl aus: „Du bist böse". Ein Nein ist auch ein Ausdruck von Verzweiflung oder Frustration. Wie das Anschreien eines Kindes dient es keinem erzieherischen oder fürsorglichen Zweck und wird zu einer abstoßenden Erfahrung. Nein ist das, was Pema Chödrön ein Saatkorn der Aggression nennen könnte.

Wir verwenden „Nein" so häufig und mit einer solchen Bandbreite an Bedeutungen, dass es für unseren Hund wahrscheinlich zu einem Hintergrundgeräusch wird, zu einer Art dauernervendem Laubbläser auf der anderen Straßenseite seines Bewusstseins. Schlimmer noch, ein Nein kann genau das Verhalten verstärken, das wir nicht mögen. Wie die Hundetrainerin Claudeen McAuliffe in ihrem Buch *Mindful Dog Teaching* (Achtsame Hundeerziehung) feststellt, verschafft die Vokalisierung „Nein" ungewollt Aufmerksamkeit und verstärkt so das unangemessene Verhalten.[148]

Wir sagen nicht nur zu oft „Nein", sondern befehlen vielleicht auch zu viel, indem wir Gehorsam einfordern, obwohl das gar nicht nötig ist. Mein Nachbar Ross und sein Hund Pi streifen durch den Wald, der unsere in den Bergen liegende Gemeinde umgibt. Ross erzählte mir, dass er Pi nicht sehr zurückruft. Von den fünf Malen, die er daran denkt, Pi vielleicht zurückzurufen, fordert er ihn nur ein einziges Mal tatsächlich auf. Er versucht, sich zurückhaltend zu verhalten. Pi kennt das Kommando und reagiert darauf, aber er ist ein so guter Hund, dass Ross das Gefühl hat, dass er ihm den Freiraum schuldet, seine eigenen Entscheidungen zu treffen und seinen eigenen Vorstellungen zu folgen. „Pi verdient diese Freiheit."

## Wann ist Verweigern in Ordnung?

Was sollen wir davon halten, wenn unsere Hunde Nein zu uns sagen? Welche Rolle spielt die Wahl des Hundes im Training?

Es mag kontraintuitiv erscheinen zu sagen, dass das Training darin bestehen sollte, dem Hund eine Wahl zu lassen. Man könnte sagen: „Geht es beim Training nicht darum, den Hund dazu zu bringen, das zu tun, was wir wollen und seine Autonomie außer Kraft zu setzen?“ Dies würde eine Gehorsamkeitsmentalität widerspiegeln. In einem kooperativen Rahmen ist es aber sinnvoll, die Fähigkeit unseres Hundes zum Treffen einer Wahl zu bestätigen, und zwar sowohl auf der allgemeinen Ebene der Entscheidung, ob er an einer Trainingseinheit teilnehmen möchte, als auch in den einzelnen Momenten, in denen er ein bestimmtes Verhalten ausführt oder nicht ausführt oder eine bestimmte Sache tut.

Kann es vorkommen, dass ein Hund sich weigert, das zu tun, was wir in einer Trainingseinheit verlangen? Ja, und dafür gibt es einige Gründe: (1) wenn das, was wir verlangen, keinen Sinn ergibt, (2) wenn das, was wir verlangen, Schmerzen, Unbehagen oder Angst verursacht, oder (3) wenn ein Hund beschließt, seinen eigenen Willen zu haben.

Einer der häufigsten Gründe, warum Hunde nicht tun, was wir von ihnen verlangen, ist, dass sie nicht wissen, was wir wollen. Das ist keine Verweigerung per se, auch wenn es vom Menschen oft so aufgefasst wird.

Manchmal wird ein Hund aufgefordert, ein Kommando oder Signal zu befolgen, das körperliches Unbehagen verursacht. Ein klassisches Beispiel hierfür ist das Kommando „Sitz“. Für Hunde, die Probleme mit ihren Hüften haben, wie z. B. eine Fehlstellung, Dysplasie oder Arthrose, kann das Sitzen in der Hüfte schmerzhaft sein.

Was ist mit den Vorlieben eines einzelnen Hundes, seinen wechselnden emotionalen Reaktionen auf das Training, seinen Stimmungen und Launen? Die Ausbilderin Deborah Jones betont die Rolle der Wahlmöglichkeiten beim Training, was bedeutet, dass Hunde sich entscheiden können, die Trainingseinheiten zu verlassen. „Die Vorstellung mag für manche Leute ziemlich beängstigend sein“, sagt sie. „Es ist schwer, die Kontrolle über die Trainingseinheiten aufzugeben und dem Hund ein gleichberechtigtes Mitspracherecht einzuräumen, aber Tiere, die die Wahl haben, entscheiden sich oft dafür, mitzumachen und zu kooperieren. Wenn Ihr Hund sich entscheidet, eine Sitzung zu verlassen, fährt sie fort: „Nehmen Sie diese Rückmeldung ernst und überlegen Sie, warum Ihr Hund das Bedürfnis hatte, die Sitzung zu verlassen. Es ist wahrscheinlich, dass etwas passiert ist, was ihm Unbehagen bereitet hat;

Hunde haben keinen Grund, sich zurückzuziehen und zu gehen, wenn sie sich wohl fühlen."[149]

Die Kontrolle aufzugeben, die Zügel zu lockern – das mag sich wie das Gegenteil von dem anfühlen, was passieren muss; wir müssen unsere Hunde kontrollieren, um sie zu schützen. Aber wie bei Kindern erlaubt ihnen eine zu kurze Leine nicht, sie selbst zu sein, die Welt zu ihren eigenen Bedingungen zu erkunden und ein Gefühl für ihre eigenen Grenzen und Möglichkeiten zu entwickeln. Jones setzt diesen Punkt über Freiheit aus der Perspektive eines Trainers – und betont die Vorteile für das Training. Aber Freiheit ist von weitreichenderer Bedeutung. Es ist auch aus ethischer Sicht wichtig, den Hunden die Möglichkeit zu geben, die Rahmenbedingungen ihres täglichen Lebens selbst zu bestimmen und sich in ihren Begegnungen mit uns frei zu bewegen. Eine letzte Möglichkeit, die für uns vielleicht noch schwieriger zu akzeptieren ist, besteht darin, dass unsere Hunde manchmal eine bessere Einsicht haben als wir. „Intelligenter Ungehorsam" – manchmal auch als „intelligente Verweigerung" bezeichnet – ist eine spezielle Fähigkeit, die Diensthunden beigebracht wird. Wenn eine sehbehinderte Person mit einem Blindenführhund zum Beispiel versucht, eine Straße zu überqueren, wenn ein Auto kommt, wird sich der Hund weigern, weiterzugehen – egal, wie sehr der Hundeführer darauf besteht.[150] Im weiteren Sinne könnten wir anerkennen, dass wir alle blinde Flecken in unserer Wahrnehmung der Welt haben und dass es von großem Nutzen sein kann, wenn wir uns bei unseren eigenen Entscheidungen manchmal von unseren Hunden leiten lassen.

## Kollaboratives Lernen

Sollten wir Hunde überhaupt trainieren? Hunde brauchen unbedingt Hilfe bei der Anpassung an die menschliche Umgebung und an die spezielle häusliche Umgebung, in der sie leben sollen, und jeder Hundehalter ist dafür verantwortlich, seinem Hund diesbezüglich zum Erfolg zu verhelfen. Aber Training an sich hilft Hunden nicht dabei, sich erfolgreich anzupassen. Lernen, Kommunikation und Zusammenarbeit jedoch schon.

Das Training kann für Hund und Mensch leicht zu einer unangenehmen Sache werden. Hundetraining birgt ein enormes Potenzial, schlechte Hunde hervorzubringen – Hunde mit Verhaltensproblemen und psychologischen Traumata, die dazu führen, dass sie sich auf eine Art und Weise verhalten, die den Menschen stört und die tiefes inneres Leid widerspiegelt. Wenn wir unsere Interaktionen mit Hunden durch die Brille von Bestrafung und Belohnung, Korrekturen und Verstärkern sowie Gehorsam und Befehlen betrachten, steht das der Zusammenarbeit zwischen Mensch und Hund im Wege. Mit Blick auf östliche Traditionen könnten wir uns ein Tao des Trainings vorstellen: Anstatt ständig gegen den Strom zu kämpfen (wobei der Strom das ist, was Hunde sind und was sie als Hunde tun wollen und müssen), könnte es sinnvoller sein, mit dem Strom zu fließen und den Strom zu nutzen, um uns voranzubringen. Harmonie anstatt Krieg.

Ein in den Erziehungswissenschaften immer stärker aufkommendes Modell ist das kollaborative Lernen. Dies scheint mir ein produktiver Weg zu sein, das Hundetraining neu zu gestalten. Menschen und Hunde lernen gemeinsam und bringen sich gegenseitig bei, wie sie miteinander auskommen und wie sie sicher miteinander umgehen können. Mensch und Hund sind beide sowohl Lehrende als auch Lernende. Die Idee des Trainings löst sich auf.

# Kapitel sieben

## Böse Hunde und Verhaltens"probleme"

Ziel und Aufgabe des Hundetrainings ist es, Hunden dabei zu helfen, ein guter Hund zu sein und das zu lernen, was sie wissen müssen, damit sie in der Welt der Menschen erfolgreich sind. Im letzten Kapitel haben wir uns verschiedene Trainingsansätze angeschaut – oder wie man es vielleicht besser ausdrücken sollte, Ansätze in Bezug auf Lernen und Zusammenarbeit. In diesem Kapitel möchte ich mich nun mit dem Verhalten von Hunden selbst und insbesondere mit Verhaltensproblemen befassen, denn vielen Berichten zufolge befinden sich Hunde heute in einer Verhaltenskrise. Wie ist es dazu gekommen, und wie können wir und unsere Hunde uns besser aneinander anpassen?

Ein Teil des Problems ist das Training selbst. Dieses schafft oft nicht, was es im besten Fall erreichen könnte: den Hunden zu verstehen helfen, was wir von ihnen verlangen, und den Menschen darüber nachzudenken helfen, welche unserer Erwartungen an das Verhalten der Hunde angemessen sind und welche nicht. Anstatt Zusammenarbeit, Neugier und Fürsorge zu fördern, führt Training allzu oft zu Starrheit und emotionaler Distanzierung. Hunde werden auf eine Art und Weise trainiert, die psychisch und physisch schädlich ist und die die wenigen Reste an Handlungsspielraum, die den Hunden zur Verfügung stehen, weiter einschränkt. Zu den Trainingszielen gehört es oft, Hunden das Unterdrücken natürlicher Verhaltensweisen beizubringen. Allzu oft werden dabei Angst oder Schmerz als Abschreckung eingesetzt. Dies kann zu einem hohen Maß an Frustration und Motivationskonflikten führen. (Ein Motivationskonflikt ist das gleichzeitige Vorhandensein von zwei oder mehr Motivationen, die zu widersprüchlichen Verhaltensweisen führen, zum Beispiel der Drang zu bellen bei gleichzeitiger Angst, dass das Bellen zu Schmerzen führt.)[151] Die Art und Weise, wie viele Hundehalter an die Ausbildung herangehen – die Methoden, die Hilfsmittel, die Pädagogik – schadet den Hunden und führt in einem Teufelskreis zu ernsthaften Verhaltensproblemen wie Aggression. Diese Verhaltensprobleme sind oft der Anlass für die Hinzuziehung eines Experten. Anstatt Menschen dabei zu helfen, ihren Hunden beizubringen, brav an der Leine zu gehen oder nicht mehr vor lauter Aufregung Menschen anzuspringen, werden Trainer und Verhaltensforscher immer häufiger gebeten, zutiefst beunruhigende Verhaltensprobleme wie Trennungsangst, angstbedingte Aggression, zwanghaftes Verhalten und Selbstverletzungen zu diagnostizieren und zu behandeln.

## Eine Epidemie von Verhaltensauffälligkeiten?

Die in Kapitel eins erwähnte finnische Studie über Verhaltensprobleme bei Hunden kam zu dem Schluss, dass drei Viertel aller Hunde ein Verhalten zeigen, das von ihren Haltern als „unerwünscht" bezeichnet wird. Wie Sie sich vielleicht erinnern, wurden in der Studie Daten von fast vierzehntausend Hunden untersucht, die durch Befragungen von Hundehaltern erhoben wurden.[152] Die Forscher untersuchten die Prävalenz von sieben unerwünschten Verhaltensweisen, wobei „unerwünscht" gleichbedeutend mit „problematisch" ist: Geräuschempfindlichkeit, Furcht vor Menschen, anderen Hunden und unbekannten Orten, Angst vor Oberflächen und Höhen, Unaufmerksamkeit und Impulsivität, zwanghaftes Verhalten, Aggressivität und Trennungsangst.[153]

Die finnische Studie ist nur eine von Hunderten von Berichten und Studien über Verhaltensstörungen bei Hunden, die den veterinärmedizinischen Fachliteratur-Markt in den letzten zehn Jahren überschwemmt haben. Was ist da los? Wahrscheinlich sind die Menschen sensibler für Verhaltensprobleme als früher und somit die Berichte genauer. Sicherlich gibt es wohl auch mehr Hunde, die als Haustiere leben und damit auch mehr Gelegenheiten für die Problementstehung. Aber ich habe den Eindruck, die Probleme wurzeln tiefer. Die neue Literatur über Verhaltensprobleme bei Hunden sollte als eindringliche Warnung verstanden werden, dass die Art und Weise, wie wir Hunde halten, sowohl für Hund als auch Mensch eine sehr kostspielige Angelegenheit ist.

Wenn wir uns einige der bisher behandelten Themen vergegenwärtigen, haben wir einige Hinweise auf die Ursachen der Epidemie des Hundeunglücks – falls es eine solche Epidemie tatsächlich gibt. Vielen Hunden wird ein Leben abverlangt, das für sie eine extreme Herausforderung darstellt. Sie haben keine ausreichenden Gelegenheiten, biologisch, neurologisch, physiologisch und sozial adäquate Reize zu erleben und darauf zu reagieren. Sie sind allen möglichen Reizen ausgesetzt, die unnatürlich und unangenehm erregend sind, was zu chronischem Stress und unterschwelliger Angst führt. Entgegen der landläufigen Meinung ist das menschliche Zuhause vielleicht doch nicht die ökologische Nische des Haushundes, zumindest nicht im Moment. Noch nie waren Verhaltensprobleme so weit verbreitet und so komplex, und noch nie war die Arbeit von Trainern und Verhaltenstherapeuten so schwierig. In den vielen Gesprächen, die ich in den letzten Jahren mit Trainern geführt habe, habe ich immer wieder ein Thema gehört: Burnout. Sie fühlen sich überfordert und sind des Mitgefühls überdrüssig, wie ein Arzt, der den ganzen Tag mit Patienten zusammensitzt, die schreckliche Probleme haben. Viele Trainer haben geweint, als sie mit mir über ihre Arbeit sprachen.

Während eines Mittagessens mit zwei Trainern aus meiner Gegend bitte ich diese, über die Probleme zu sprechen, mit denen sie gerade zu tun haben. Beide kämpfen an verschiedenen Stellen des Gesprächs mit den Tränen. Die Fälle, die sie sehen, werden immer schwieriger. Es gibt immer mehr Leid. Die Hunde stehen zunehmend unter Stress, genau wie die Menschen. Und die Menschen mischen sich ein, oft mit den besten Absichten. So bezeichnen die beiden ihre Arbeit nicht mehr als „Training", sondern als „artübergreifende Problemlösung". Früher halfen sie bei der Leinenführigkeit und dem Rückruf, heute verbringen sie ihre Zeit damit, „Familien durch das Tal der Tränen zu begleiten".

Ähnliche Themen tauchen in einem Gespräch mit der Trainerin Kim Brophey auf. Sie sagt, dass die Erwartungen der Menschen an Hunde „völlig unrealistisch" sind. „Wir kaufen uns einen Welpen und denken, wir könnten das Tier so ‚programmieren', dass es so ist, wie wir es wollen. Im Laufe des Gesprächs wird sie immer lebhafter und aufgeregter. „Die Leute sagen: ‚Ich wollte einen Hund, aber ich wusste nicht, dass er bellen würde. Ich hasse Bellen.' ‚Ich wollte einen Hund, aber ich wusste nicht, dass er haart. Ich hasse Hundehaare auf meinen Möbeln.'" Wie sollen Ausbilder mit „Problemen" dieser Art umgehen? Wie bringt man einem Hund bei, dass er nicht mehr haart? Ist es ethisch vertretbar, einen Hund zu bitten, nicht zu bellen? Sie sagt, sie habe noch nie so viele Verhaltensprobleme gesehen wie jetzt. Wir befinden uns in einer „mentalen Gesundheitskrise für Hunde ... das Verhalten zeigt ein massives Maß an Frustration".[154]

Wir haben ein ideales Verhaltensprofil eines Hundes – eine Vorlage, die aus Hunderassenbüchern, Fernsehsendungen, Cartoons, Instagram- und Twitter-Posts, Büchern über den „perfekten Welpen", Websites wie „Meet Your Match", die Welpen für interessierte Käufer vermitteln, und weiß Gott was sonst noch entsteht. Diese Vorlage erzeugt aber kein akkurates Abbild eines Hundes, jedenfalls keines echten Hundes mit echten Verhaltensweisen, echten Bedürfnissen, Wünschen und Motivationen eines Hundes. Also müssen wir den Hund formen oder jemanden beauftragen, den Hund für uns zu formen. Aber, so fragt Brophey, ist es ethisch vertretbar, dass unsere grundlegende Beziehung zu Hunden darauf beruht, dass wir ständig versuchen, sie durch Manipulation ihres Verhaltens zu verändern? Wir versuchen immer, den Organismus zu verändern, sagt sie. Aber das ist der falsche Fokus. Nicht der Organismus ist fehlerhaft, sondern die Umwelt. Unsere ethische Verantwortung besteht ihrer Meinung nach darin, die Umwelt zu verändern, anstatt zu versuchen, die Hunde zu verändern.

## Normal vs. pathologisch

Die finnische Studie lässt eine wichtige Frage offen: Für wen sind „unerwünschte Verhaltensweisen" problematisch? Wenn wir davon ausgehen, dass die Wissenschaftler „aus der Sicht von Hunden unerwünscht" meinen, macht die Bezeichnung Sinn. Die von den Forschern festgestellten Probleme wie Ängstlichkeit und Geräuschempfindlichkeit deuten auf eine Beeinträchtigung des Wohlergehens von Hunden hin – mit den Hunden als Ursprung des Problems. Aber wir sprechen selten darüber, welche Verhaltensweisen von Hunden erwünscht und welche unerwünscht sind. Vielleicht meinen sie also „von menschlichen Betreuern unerwünscht".

Diskussionen über Verhaltensprobleme von Hunden spiegeln oft die gleiche Unklarheit darüber wider, wer genau das Problem hat – der Hund oder der Halter Ein Hund, der für den Geschmack des Halters „zu viel" bellt, ist nicht unbedingt dasselbe wie ein Hund, der „zu viel" bellt, weil es ein zwanghaftes Verhalten ist, das auf psychischen Stress zurückzuführen ist. Zugegeben, die Grenze zwischen „normal für den Hund", aber „irritierend für den Menschen" und „nicht normal für den Hund" ist oft fließend. Aber vielleicht lohnt es sich, die auf den Menschen bezogenen und die auf den Hund bezogenen Verhaltensprobleme auseinanderzuhalten.

Denken wir zurück an den Bericht von Yamada und Kollegen aus Kapitel 1 im *Journal of Veterinary Science* über die Prävalenz von Verhaltensproblemen bei Hunden. Zu Beginn ihrer Studie erstellten sie eine Liste mit häufigen Verhaltensproblemen, über die in der Literatur berichtet wurde und über die sich Menschen bei einer tierärztlichen Verhaltensklinik beschwert hatten. Die Anzahl der Verhaltensprobleme grenzten sie auf fünfundzwanzig ein. Anschließend befragten sie mehrere Tausend Hundehalter und baten diese anzugeben, welche der fünfundzwanzig problematischen Verhaltensweisen ihr Hund zeigt und wie häufig. Die Hundebesitzer wurden auch gebeten, die Häufigkeit und den Grad der Belästigung durch das jeweilige Verhalten zu bewerten. Sechsundachtzig Prozent der Befragten gaben mindestens ein Verhalten ihres Hundes an, das sie als störend empfanden.

Problemverhalten, wie sie es definierten, ist ein Verhalten, das von einem Tier gezeigt wird, das für den Betreuer inakzeptabel ist, unabhängig vom Grad der Abnormität. Ein und dasselbe Verhalten kann also entweder als Verhaltensproblem oder als unproblematisches, normales Verhalten angesehen werden, je nachdem, wie der Besitzer es empfindet.[155] Wie die Forscher anmerken, ist das, was als Problemverhalten gilt, von Land zu Land und sogar von einer Region innerhalb eines Landes zur anderen unterschiedlich. In Australien zum Beispiel gehörten Übererregung und das Anspringen von Menschen zu den schwerwiegendsten Problemen; in Südkorea standen übermäßiges Bellen und unangemessenes Ausscheiden ganz oben auf der Liste. Große Unterschiede gibt es natürlich auch zwischen den einzelnen Hundehaltern – jeder hat eine eigene Liste der Verhaltensweisen, die er als problematisch empfindet. (Wenn Sie meinen Anweisungen in Kapitel 2 gefolgt sind und eine Liste mit den Verhaltensproblemen Ihres Hundes erstellt haben, suchen Sie sie. Oder erstellen Sie eine neue Liste. Versuchen Sie, auf fünfundzwanzig zu kommen.)

Nach Yamadas Ergebnissen waren die häufigsten Probleme in Japan das Bellen bei Geräuschen im Haus, das Bellen bei unbekannten Besuchern, Pica (Fressen ungewöhnlicher Dinge), Ziehen an der Leine und Aggression gegenüber anderen Hunden. Wenn man die Liste durchgeht, stellt man fest, dass eine überraschende Anzahl dieser Verhaltensweisen wahrscheinlich als normales Hundeverhalten angesehen werden würde – das heißt als etwas, zu dem Hunde verhaltensbedingt motiviert sind und das ein glücklicher und ausgeglichener Hund wahrscheinlich tun würde, wenn er nicht speziell darauf trainiert worden wäre: Bellen, an Menschen hochspringen, kleine Tiere jagen, aufsteigen, die Aufmerksamkeit seines Menschen suchen. Zu diesen normalen, aber unerwünschten Verhaltensweisen gesellen sich Verhaltensweisen, die wahrscheinlich auf ein gestörtes Wohlbefinden hinweisen: Schnappen nach Luft, Trennungsangst, Angst vor lauten Geräuschen, übermäßiges Sich-Putzen. Diese letzten Verhaltensweisen lassen sich am besten als Verhaltenspathologien bezeichnen und sollten als Versagen unserer Hunde bei der Anpassung an die Stressfaktoren der häuslichen Umgebung erkannt werden. Wie Overall in ihrem *Manual of Clinical Behavioral Medicine for Dogs and Cats* feststellt, ist die überwiegende Mehrheit der problematischen Verhaltensweisen und echten Verhaltenspathologien auf Angst und die neurochemische / neurophysiologische Reaktion auf diese Angst zurückzuführen.[156]

Ich habe eine Google-Suche nach „welche Verhaltensweisen würden Sie bei Ihrem Hund als inakzeptabel ansehen?“ durchgeführt. Es gab 470 Millionen Ergebnisse. Das erste, das auftauchte, war ein Blog auf der Petcube-Website, in dem als schlechte Angewohnheiten „Ressourcenbewachung, auf Menschen springen, auf Möbel klettern, um Futter betteln, anhängliches Verhalten und die Übernahme des Bettes“ aufgeführt wurden.[157] Auch hier handelt es sich um normale Verhaltensweisen von Hunden, mit Ausnahme von „Anhänglichkeit“, die man als ein Verhalten einstufen könnte, das direkt aus einer emotionalen Überabhängigkeit resultiert, die vom menschlichen Betreuer gezeigt und gefördert wird.

Wir müssen uns hier auf ein schwieriges moralisches Terrain begeben. Ist es ethisch vertretbar, Verhaltensweisen, die für Hunde natürlich sind, auf die Liste der „unerwünschten“ Verhaltensweisen zu setzen? Ist es ethisch vertretbar, Verhaltensweisen einzuschränken oder zu verbieten, die von einem Hund verlangen, kein Hund zu sein, wie zum Beispiel Bellen, Fellwechsel, Futtersuche, Aasfressen, Beutejagd oder Besteigen?

Wann sollten wir im Interesse des Wohlbefindens unseres Hundes ein Verhalten als äußeren Ausdruck eines psychischen Leidens oder einer körperlichen Erkrankung werten? Es gibt viele Verhaltensweisen, die sich auf der Grenze zwischen möglicherweise normal und möglicherweise ein Zeichen für ein tiefersitzendes Problem befinden. Fast alle Hunde bellen, und das Bellen hat eine wichtige kommunikative Funktion zwischen Hund und Mensch und auch unter Hunden. Es wäre also falsch, alles Bellen als Verhaltensproblem zu bezeichnen. Dennoch ist übermäßiges Bellen – Bellen ohne Unterbrechung und ohne erkennbare kommunikative Absicht – ein Zeichen für ernsthafte Probleme. Um ein anderes Beispiel zu nennen: Selbstpflege ist etwas, das alle gesunden Hunde bis zu einem gewissen Grad tun; übermäßige Pflege, wie z. B. zwanghaftes Lecken, das zu einer offenen Läsion, einem so genannten Granulom, führt, ist ein Anzeichen für psychische Probleme.

Die Suche nach Aufmerksamkeit ist eines von mehreren sehr nebulösen Verhaltensproblemen, bei denen wir meiner Meinung nach bei der Etikettierung Fehler machen und die Grenze zwischen normal und pathologisch vielleicht nicht ganz genau bestimmen können. In *Overall's Clinical Behavioral Medicine for Small Animals* wird aufmerksamkeitsheischendes Verhalten als Diagnose #0000YX05.2 aufgeführt: „Das Tier setzt stimmliche oder körperliche Verhaltensweisen ein, um passive oder aktive Aufmerksamkeit von Menschen zu erhalten, wenn die Menschen mit passiven oder aktiven Aktivitäten beschäftigt sind, die das Tier nicht direkt betreffen."[158]

Das aufmerksamkeitsheischende Verhalten von Hunden – das im Grunde so definiert ist, dass sie unsere Aufmerksamkeit wollen, wenn wir sie ihnen nicht geben möchten – wird pathologisiert und als behandlungsbedürftiges Verhaltensproblem bezeichnet. Hier einige der üblichen Behandlungsvorschläge für aufmerksamkeitssuchendes Verhalten:

- Wegschicken / Verbannung
- Boxen
- Verhaltenslöschung

- Kopfhalfter
- sekundäre Verstärker für gutes Verhalten
- Desensibilisierung und Gegenkonditionierung

In Kapitel 7 ihres Handbuchs sagt Overall noch ein wenig mehr. „Aufmerksamkeitssuchendes Verhalten kann die Bezeichnung für ein unerwünschtes, aber potenziell normales Verhalten sein. Der Schlüssel ist, unabhängig vom Kontext, die Unterscheidung, ob der Hund die Aufmerksamkeit möchte oder braucht."[159] Wenn ein Hund Aufmerksamkeit *braucht,* so Overall, ist das aufmerksamkeitsheischende Verhalten nicht nur abnormal, sondern wahrscheinlich auch Ausdruck eines tieferliegenden Problems wie einer Angststörung.

Dabei ist erwähnenswert, dass der Grund dafür, warum Menschen Hunde lieben, doch der ist, dass sie an unserer Aufmerksamkeit interessiert sind, *weil sie uns brauchen*. Wir finden es toll, dass sie uns lieben, und je mehr Liebe sie zeigen, desto besser. Wir verstärken das aufmerksamkeitsorientierte Verhalten unserer Hunde ständig durch Belohnungen – unsere eigene Zuneigung, Leckerlis, verbale Bestärkung –, weil es uns emotional so sehr befriedigt. Aber viele von uns (ich nehme mich nicht aus) sind vielleicht zu unbekümmert bei der Verstärkung von aufmerksamkeitsforderndem Verhalten und drängen unsere Hunde ungewollt vom Wollen zum Brauchen.

Bei einem Mittagessen in Boulder sprachen wir – Kathy Sdao, Susan Friedman (zwei hoch angesehene Expertinnen auf dem Gebiet des Hundetrainings und des Hundeverhaltens) und ich – über die Pathologisierung des normalen Hundeverhaltens. Sogar die Sprache, die von Trainern und Verhaltensforschern verwendet wird, ist oft wenig einfühlsam. Das treffendste Beispiel, so Sdao, ist die Problematisierung der Suche nach Aufmerksamkeit. Ist es nicht eine Grausamkeit, einen Gefährten, der unsere Aufmerksamkeit sucht, willentlich zu ignorieren – vor allem, wenn wir ihn von Welpenalter an darauf konditioniert haben, uns zu brauchen und unsere Aufmerksamkeit zu suchen? In der Tat haben etwa zwanzigtausend Jahre Koevolution zwischen Mensch und Hund den adaptiven Wert der Aufmerksamkeitssuche genetisch verstärkt. Und nicht nur das, Hunde sind auch in sozialer Hinsicht unterstimuliert und verlangen als hochgradig soziale Säugetiere vermutlich verzweifelt nach irgendeiner Form der Interaktion. So kann ein verwirrender Kreislauf aus Belohnen, Ignorieren und Bestrafen entstehen. Was wir um acht Uhr abends belohnen, wenn wir auf dem Sofa fernsehen, ignorieren oder bestrafen wir vielleicht um neun Uhr morgens, wenn wir am Schreibtisch sitzen und zu arbeiten versuchen. Für uns mag das logisch sein, aber für unsere Hunde ist es wahrscheinlich ziemlich verwirrend und beunruhigend.

Der Begriff „Pathologie" wird zwar heute im Zusammenhang mit der Erforschung von Krankheiten gebraucht, aber seine griechische Wurzel „pathos" bedeutet eigentlich Leiden. In diesem Sinne scheint es ganz angemessen, das Verhalten von Hunden zu „pathologisieren", wenn damit eine Anerkennung ihres seelischen Leidens einhergeht.

## Verhandlungslösungen

Overalls Handbuch ist unter anderem eine 812-seitige Abhandlung über die Herausforderungen, die ein Hund oder eine Katze als Haustier mit sich bringen (Katzen leiden wohl ebenso sehr wie Hunde unter der Belastung der modernen Haustierhaltung). In Overalls Buch geht es um die unerwarteten und scheinbar allgegenwärtigen Dinge, mit denen wir unsere Haustiere stressen, zum Beispiel indem wir nicht zuhören, nicht klar kommunizieren, unrealistische Erwartungen haben, zu viel verlangen und ihre Bedürfnisse ignorieren. Auf der positiven Seite schlägt ihr Lehrbuch eine Vielzahl von Möglichkeiten vor, wie wir sensibler, aufmerksamer, neugieriger und einfühlsamer werden können. Und das ist eine gute Sache.

Der „Basic History Questionnaire Dogs" (Fragebogen zur Vorgeschichte von Hunden) von Overall ist vierzehn dichtbeschriebende Seiten lang und dient als Hilfsmittel für Verhaltensforscher. Er liefert einem Verhaltenstherapeuten, der um Hilfe bei Verhaltensproblemen gebeten wird, umfassende Hintergrundinformationen über einen Hund und sein Umfeld.[160] Er ist auch – obwohl Overall ihn nicht zu diesem Zweck geschrieben hat – eine nützliche Übung für jeden, der achtsamer mit seinem Hund leben möchte. Ich habe Stunden gebraucht, um den Fragebogen für Bella auszufüllen. Er enthält eine Beschreibung Ihres Hundes

(Größe, Gewicht, Farbe), einen Gesundheitsverlauf (Impfungen, Krankheiten, Verletzungen), was Ihr Hund frisst und wann, wo Ihr Hund schläft, wer sonst noch im Haus lebt, was passiert, wenn Sie weggehen, die Herkunftsgeschichte Ihres Hundes (wo und warum haben Sie den Hund bekommen), Gehorsamstraining, spezifische Beschwerden, Verhaltensweisen, einen Aggressionstest und Disziplinierungsmaßnahmen.

Der Fragebogen zur Vorgeschichte enthält eine lange Liste möglicher Behandlungen von Verhaltensproblemen. Der Hundehalter, der das Formular ausfüllt, wird gebeten, die Liste durchzugehen und alle empfohlenen oder ausprobierten Formen der Verhaltensänderung anzukreuzen. Der erste Abschnitt bezieht sich auf allgemeine Ansätze und umfasst folgende Möglichkeiten: Hundeschule, privater Trainer, Abgabe an ein Tierheim, Abgabe an einen anderen Besitzer, Behandlung durch einen Verhaltenstherapeuten, Behandlung durch einen Tierarzt, Umwandlung in einen Arbeitshund oder Tötung. In der zweiten Gruppe von Fragen wird nach spezifischen Strategien oder Tricks gefragt, die empfohlen oder versucht wurden, um das Verhalten des Hundes zu ändern oder zu formen. Es gibt einundsiebzig Fragen, darunter „Anstarren" oder „Niederrstarren"; an den Lefzen packen und schütteln; einen weiteren Hund als Gefährten holen; auf die Leine treten und niederzwingen; in die Nase oder ins Gesicht blasen; Schockhalsband; eine Dose mit Geldmünzen werfen; Wasserpistole; den Hund mit der Hand schlagen; einen Lötbrenner benutzen; den Hund mit einer leeren Wasserflasche schlagen; Hund mit Wiffleballschläger schlagen; Hund mit Leine schlagen; Hund mit Kette schlagen; Hund mit Diele, Brett oder Baseballschläger schlagen; Hund unter das Kinn schlagen; Hund auf die Zehen treten; Hund mit dem Knie in Brust / Bauch kicken; Hund treten; Hund beißen; Hund anknurren; Hund anschreien; ihm das Futter vorenthalten und ihn gegen eine Wand werfen. Von der langen Liste der einundsiebzig möglichen Interventionen zähle ich acht, die sich auf die einfühlsame Reaktion auf eine Notlage des Hundes und / oder die positive Verstärkung des gewünschten Verhaltens konzentrieren: Beruhigungskappe (Calming Cap), ThunderShirt oder Angst-Wrap, Doggles (Hundebrillen) oder Scheuklappen, Lob für gutes Verhalten, Leckerlis für gutes Verhalten, mehr Spiel, mehr Bewegung und der Kauf verschiedener Arten von Spielzeug. „Sich einen weiteren Hund als Gefährten anzuschaffen" könnte als Nummer neun auf der Unterliste der einfühlsamen Reaktionen auftauchen, hat aber auch das Potenzial, für einen oder beide Hunde furchtbar schief zu gehen. Wir haben also: 812 Seiten voller Probleme, die entstehen können, wenn Hunde und Menschen zusammenleben, und eine Liste von fast hundert Maßnahmen, die ein Halter bei diesen Problemen anwenden kann, von denen die meisten schrecklich für den Hund und wohl ebenso schrecklich für den Halter sind. Abgesehen davon, dass mich das Leid, das diese „bösen" Hunde durch verhaltensgestörte Menschen erfahren haben, fertigmacht, möchte ich daraus die Schlussfolgerung ziehen, dass Menschen und Hunde doch nicht ganz so reibungslos zusammenleben können und dass Menschen von Hunden erwarten, dass zu 99 Prozent sie es sind, die sich anpassen müssen. Das ist den Hunden gegenüber zutiefst unfair, und sie brauchen offensichtlich mehr Hilfe. Wir müssen vernünftig sein in dem, was wir von Hunden verlangen und müssen die harte Arbeit des Miteinander-Auskommens mit ihnen gemeinsam leisten.

Der Fragebogen zur Vorgeschichte ist das Ausgangsdokument für die von Overall entwickelten „Verhandlungslösungen", die ich in Kapitel 2 erstmals vorgestellt habe. Das Konzept der Verhandlungslösungen von Overall ist speziell für die Lösung von Verhaltensproblemen gedacht und ist ein Ansatz, der darauf abzielt, Hunden auf einem Mittelweg entgegenzukommen. Ich habe den Begriff weiter gefasst und verwende ihn für die Verhandlungen, die während des gesamten gemeinsamen Aufbaus eines gemeinsamen Lebensraums von Mensch und Hund stattfinden. Insgesamt ist eine Verhandlungslösung im Wesentlichen eine tierärztlich betreute Konfliktlösung und Mediation: eine Verhandlung zwischen Kunde und Hund. Die „Zustimmung" des Tieres zu dieser Intervention wird vorausgesetzt. „Verhandlungslösungen", erklärt Overall, „ermöglichen es den Kunden zu verstehen, dass Rückschläge wahrscheinlich sind, dass der Weg nicht geradlinig verläuft, dass Fehler gemacht werden, dass aber dennoch Verbesserungen möglich sind und dass die Genesung eines der Endziele sein kann."[161] Das Ziel ist, angesichts all der Zwänge und Beschränkungen, denen wir und unsere Hunde ausgesetzt sind, die bestmögliche Beziehung zu schaffen und dabei in einem Prozess der gegenseitigen Anpassung zusammenarbeiten.

Wir können perfekt sein, so wie wir sind – und wir können uns alle noch einiges an Verbesserung gebrauchen.

## Etikettierung

Einer der Fallstricke im Umgang mit Hunden ist die Verwendung von Etiketten, um ihr Verhalten zu beschreiben, wie zum Beispiel die Anwendung des Etiketts „aufmerksamkeitssuchend" für die Bestrebungen unserer Hunde, sich sozial zu engagieren, wenn sie nicht von uns dazu eingeladen werden. Oft werden auch die Hunde selbst durch diese Verhaltensetiketten definiert: „Ich habe einen reaktiven Hund". Mit den Etiketten gehen oft Stereotypen und Vereinfachungen einher. Einige der üblichen an Hunde angehangene Etiketten sind zum Beispiel: aggressiv, bösartig, dominant, reaktiv (mit den Spezifikationen „leinenreaktiv" oder „hundereaktiv"), aber natürlich auch die positiven Etiketten: lieb, freundlich, verspielt, verträglich mit allen.

Viele der spezifischen Verhaltens-Etiketten wurden den Tierhaltern erst über Hundetrainer, Verhaltenstherapeuten und Tierärzte nahegebracht: Wir schaffen medizinische Pathologien aus Verhaltensweisen, die zwar normal, aber lästig sind (Aufmerksamkeitssuche, Betteln) oder die Anzeichen für ein beeinträchtigtes Wohlergehen sind, wobei die Schuld jedoch dem Hund und nicht seiner Umgebung gegeben wird (Trennungsangst, zerstörerisches Verhalten). Einige der Verhaltensweisen, die wir mit einem Etikett versehen und pathologisieren, sind solche, die der Mensch selbst bei domestizierten Hunden kultiviert hat – Hypersoziabilität, Aufmerksamkeitsbedürfnis, aufforderndes Verhalten. Andere Bezeichnungen finden ihren Weg von Beschreibungen des Tierverhaltens (Dominanz, Aggression) zu Beschreibungen der Hunde selbst.

Wieder andere Etiketten wie etwa „Tierschutzhund" signalisieren der Tugendhaftigkeit der Hundehalter. „Er ist ein Tierschutzhund" kann die Kurzform sein für „Ich bin ein guter Mensch, weil ich ihn aus einem Tierheim übernommen anstatt beim Züchter gekauft habe". Es kann aber auch eine Entschuldigung für mangelndes Training sein: „Er ist ein Tierschutzhund. Erwarten Sie nicht, dass er sich besonders gut benimmt." Oder: „Behalten Sie Ihre Hände bei sich, denn sie könnte einfach schnappen – was, wie ich weiß, völlig inakzeptabel ist, aber sie (ich) kann es nicht ändern." Diese Ausrede habe ich bei Bella schon oft benutzt. Rassebezeichnungen sind ebenfalls Etiketten: „Was ist das für ein Hund?" wird als Abkürzung für „Welche Rasse ist er?" und nicht für „Wer ist er als Individuum?" verwendet.

Wenn wir einem Hund ein Etikett anheften, verringert sich unsere Neugier, wer der Hund ist und welche Erfahrungen er gemacht haben könnte. Mit Begriffen aus der Humansoziologie ausgedrückt, ist die Etikettierung ein Ersatz für die Beobachtung. Sie verstärkt ein bestimmtes Narrativ darüber, welcher Hund ein guter Hund ist und ordnet Hunde in einen bestimmten engen, menschenzentrierten Bezugsrahmen ein.

## Reaktivität

Reaktiv ist ein besonders aussagekräftiges Etikett, das wir Hunden anheften – und ein zunehmend beliebtes. Laut dem Ngram Viewer von Google (einem Tool zur tabellarischen Auflistung des Vorkommens eines Wortes in einem bestimmten Zeitraum) hat die Häufigkeit des Begriffs „reaktiver Hund" seit etwa dem Jahr 2000 um 175 Prozent zugenommen, davor war er in unserem Wortschatz praktisch nicht vorhanden. Es scheint, dass fast alle Hunde, denen ich heutzutage begegne, von ihren Menschen als reaktiv beschrieben werden. Ich würde Bella als reaktionsfreudig bezeichnen.

Im Gegensatz zu anderen Bezeichnungen, wie zum Beispiel „bösartig", die lediglich ein Urteil darstellen, kann der Begriff „reaktiv" nützliche Informationen über einen Hund und sein Verhalten liefern. Das Problem ist, dass niemand genau sagen kann, was „reaktiv" bedeutet, dass verschiedene Menschen das Wort unterschiedlich verwenden können und dass jeder reaktive Hund aus einzigartigen Gründen und auf einzigartige Weise reaktiv ist. Der Begriff ist also nicht eindeutig. Die Tierschutzforscherinnen Emma Williams und Emily Blackwell definieren reaktives Verhalten als „einen umgangssprachlichen Ausdruck, der häufig von Hundetrainern und -besitzern verwendet wird, um einen Hund zu beschreiben, der auf bestimmte Reize reagiert. Die ‚Reaktion' besteht in der Regel darin, dass er andere Hunde oder Menschen anbellt, anspringt, knurrt oder beißt / schnappt, und stellt eine der schwierigsten Verhaltensweisen dar, die es zu kontrollieren gilt."[162] Im Gegensatz zu den Bezeichnungen „aggressiv" oder „böse" werden bei „reaktiv" die Problemstellen eines Hundes im Rahmen seiner sonstigen Gutartigkeit gesehen. Ein reaktiver Hund mag nervös, ängstlich, potenziell gefährlich sein – aber hinter diesen Verhaltensweisen verbirgt sich ein freundlicher, liebevoller, gutmütiger Hund, der sich sehr bemüht, mit seinen Artgenossen auszukommen.

Niemand versteht genau, warum bestimmte Hunde Reaktivität entwickeln. Es könnte auf die frühe Entwicklungsgeschichte eines Hundes zurückgeführt werden, eventuell sogar schon in der Gebärmutter; es könnte eine Folge schlechter Sozialisation oder eines Traumas sein; es könnte mit Umweltstress zusammenhängen, mit dem Nervensystem eines Hundes, das sich in einem ständigen Erregungszustand befindet; es könnte mit Schmerzen zusammenhängen oder auch mit dem Gebrauch aversiver Trainingsmethoden. Die Wahrheit ist jedoch, dass reaktives Verhalten oft ein Mysterium ist, das sich mit der Zeit entwickelt.

Viele reaktive Hunde haben „Trigger" – bestimmte Reize oder Situationen, die eine Überreaktion hervorrufen. Ein vorhersehbarer Auslöser für Bella sind fremde Menschen, die ihren Kopf berühren oder ihr die Finger vor das Gesicht halten. Glücklicherweise ist dies ein zuverlässiger Auslöser, und wir wissen, dass wir immer eine physische Barriere zwischen Bella und anderen Menschen errichten müssen. Wenn ein Hund einmal angetriggert wurde, beispielsweise durch eine beängstigende Interaktion mit einem anderen Hund, kann die Reaktivität beim zweiten Mal leichter ausgelöst werden, ein Phänomen, das als Trigger-Stacking oder Trigger-Anhäufung bezeichnet wird. Der Ethologe Marc Bekoff und die Hundetrainerin Mary Angilly beschreiben Trigger-Stacking als „eine toxische Anhäufung von Stress durch die Einwirkung mehrerer Auslöser über einen Zeitraum, der zu kurz ist, um dem Tier die Möglichkeit zu geben, sein Reaktions- / Stressniveau wieder zu normalisieren". Trigger-Stacking, das von den Haltern unbemerkt bleibt, ist anekdotisch gesehen eine der Hauptursachen für „Ausbrüche" von Hunden.[163]

Hundehalter empfinden oft Scham, Isolation, Schuldgefühle und sogar Verzweiflung, wenn ihr Hund im gesellschaftlichen Umfeld nicht so funktioniert, wie man es von ihm erwartet. Und wahrscheinlich sehen sie sich einer beträchtlichen Menge an Vorwürfen und Beschämung, sei es von Nicht-Hundemenschen oder von Haltern perfekter Hunde, ausgesetzt. Nachdem eine meiner Nachbarinnen von Bella öfter herablassend behandelnd worden war, bemerkte sie spitz: „Ihr fehlt es ganz klar an Sozialisation!" Poppys Frauchen, die mit Poppy nur in leinenpflichtigen Gebieten spazieren geht, wurde mehrfach angeraunzt, weil sie an den Wegrand auswich und einen entgegenkommenden Hundehalter bat, er möchte seinen Hund bitte beim Vorbeigehen anleinen. Die Leute sagen dann Dinge wie: „Wenn Ihr Hund böse ist, sollten Sie hier nicht unterwegs sein!" und verteidigen trotzig das Recht ihres Hundes, in einem leinenpflichtigen Gebiet nicht angeleint zu sein, weil ihr Hund „lieb" ist. Diese unangenehmen zwischenmenschlichen Interaktionen verschlimmern die Situation nur noch, da Menschen mit reaktiven Hunden oft viel mehr üben als andere Hundebesitzer und alles daransetzen, dass sich ihre Hunde sicher fühlen und sicher sind. Die Ängste und Frustrationen jener, die einen reaktiven Hund halten, sind durchaus verständlich. Denn es wird zu einer Herausforderung, wenn andere Hundehalter sich nicht an die Leinenpflicht halten und denken, dass ein freundlicher Hund keine Gefahr für andere darstellt.

Das Etikett „reaktiv" kann auf uns genauso gut angewendet werden wie auf unsere Hunde. Wir sind reaktiv, manche von uns mehr als andere, und oft ist unser Hund ein Trigger für unsere eigenen negativen Gefühle. Wenn er einen anderen vorbeilaufenden Hund anspringt, empfinden wir möglicherweise Verlegenheit oder Angst, und wir können noch so achtsam und uns unserer selbst bewusst sein: Diese Emotionen können sich auf unseren Hund richten, der ja Auslöser für dieses Ereignis war. Hundebezogene Interaktionen können auch bei anderen Menschen Wut auslösen, wie es bei Poppys Menschen der Fall war. Die Situation kann eskalieren, bis jeder hochgradig reaktiv ist und unter negativer emotionaler Erregung leidet.

Wir können unsere eigene hundebezogene Reaktivität als Anlass zur Selbstreflexion nutzen: Welche Formen nimmt meine Reaktivität an? Was sind einige meiner Trigger? Was kann ich tun, um zu vermitteln?

Wie wirken meine Trigger und die Trigger meines Hundes zusammen? Wir und unsere Hunde arbeiten zusammen, um gemeinsam ein gutes Leben zu führen, da ist es wahrscheinlich, dass wir auch manche Dinge gemeinsam schwieriger machen, als sie sein müssten.

Was sollten wir tun, wenn wir ein Mensch-Mensch-Reaktionsproblem haben, das mit dem Verhalten unseres reaktiven Hundes oder mit dem Verhalten des reaktiven Hundes einer anderen Person zusammenhängt? Ich hätte am liebsten ein ganzes Buch von einem Kommunikationsexperten oder einem professionellen Mediator darüber, wie man diese heiklen Situationen am besten meistert. Hier einige allgemeine Gedanken von mir als Nicht-Expertin: Wir sollten alles tun, um zu vermeiden, dass wir in unangenehme Situationen geraten. Das scheint auf der Hand zu liegen, ist aber leichter gesagt als getan. Es kostet oft Zeit und Nerven, weil unsere Hunde und die Hunde anderer Leute unerwartete Dinge tun und wir uns möglicher Trigger nicht bewusst sind. Wie oft haben Sie schon ein verzweifeltes „Oh Gott, das hat er noch nie gemacht!" gehört, wenn sich ein Hund plötzlich auf Ihren Welpen oder vielleicht auf Ihr Bein stürzt? Vielleicht ist es wirklich das erste Mal, dass so etwas passiert und kommt völlig unerwartet. Wir können uns selbst deeskalieren (indem wir tief durchatmen und von zehn rückwärts zählen). Oft ist es am besten, einfach wegzugehen und sich nicht einzumischen. Wenn wir oder unser Hund in irgendeiner Weise an der Situation beteiligt waren, was meistens der Fall ist, können wir uns ehrlich entschuldigen. Und wir versuchen, anderen Menschen und Hunden einen Vertrauensvorschuss zu geben – sie sind vielleicht genauso ängstlich wie wir, und bei vielen Menschen äußert sich Angst als „Arschlochhaftigkeit". Vor allem – und das ist wahrscheinlich das Schwierigste – sollten wir dem Impuls widerstehen, dem Hund die Schuld zu geben – egal ob es sich um unseren eigenen Hund oder den eines anderen handelt.

## DINOS

Die Aussage „mein Hund ist reaktiv" ist eine Möglichkeit, mit anderen Hundehaltern über die Parameter für angenehme Interaktionen zu kommunizieren und zu sagen, dass mein Hund es vorzieht, keine enge

Interaktion mit Ihnen oder Ihrem Hund zu haben, weil er sich dabei unwohl fühlt. Aber die Bezeichnung kann auch missverstanden werden. Sie ist vorbelastet und kann potenziell stigmatisierend sein. Eine andere Möglichkeit, das Gleiche zu sagen, ist die Bezeichnung DINOS – ein Etikett, das ich sehr mag.

Ein DINOS ist ein Hund, der Platz braucht. Das DINOS-Konzept wurde von Jessica Dolce entwickelt, der Gründerin von Dogs in Need of Space (Hunde mit Raumbedarf), einer gemeinnützigen Organisation, die das Bewusstsein für die Etikette im Umgang mit anderen angeleinten Hunden zu schärfen versucht.[164] Der grundlegende Punkt, auf den wir immer wieder zurückkommen, ist, dass man den persönlichen Freiraum von Hunden respektieren muss, und zwar aus verschiedenen Gründen. Und bei manchen Hunden ist das Respektieren ihres Freiraumes eben besonders wichtig.

Wer sind diese DINOS? Zu den Hunden mit besonderem Raumbedarf gehören Hunde aus dem Reaktivitätsspektrum, aber auch ältere, kranke und möglicherweise ansteckende Hunde. Ebenso Hunde, die sich von Verletzungen oder Operationen erholen, Therapiehunde in der Ausbildung, hör- oder sehbehinderte Hunde und so weiter. Mit anderen Worten gibt es alle möglichen Arten von Hunden, die aus den unterschiedlichsten Gründen in Bezug auf ihren persönlichen Freiraum ihre Grenzen haben.

Bella ist ein DINOS. Poppy ebenfalls. Bella braucht Platz, weil sie sich bei Menschen unwohl fühlt. Sie braucht auch wegen ihrer Behinderung Platz; ein zu großer oder zu ungestümer Hund könnte sie leicht verletzen. Poppy braucht Platz, weil sie sich mit anderen Hunden nicht wohlfühlt und viel lieber allein herumschnüffelt, Eichhörnchen beobachtet und Eicheln frisst.

Ein Schaubild auf Dolces Website zeigt einen Hund, der Bella sehr ähnlich sieht. Als DINOS-Sprecherhund bittet er:

*Bitte respektiere meine persönlichen Grenzen.*
*Frage nach Erlaubnis, bevor du dich mir näherst.*
*Behalte deinen eigenen Hund jederzeit unter Kontrolle.*
*Ich bin ein DINOS. Ich bin ein guter Hund.*

Ich mag das DINOS-Etikett, weil es darum geht, was der Hund fühlt, weil es das Recht des Hundes auf persönliche Grenzen legitimiert und den Menschen in die Pflicht nimmt, um Zustimmung zu bitten. Es konzentriert sich darauf, wie man Hunden helfen kann, sich sicherer zu fühlen und mehr Kontrolle zu haben. Es stuft den Hund nicht als böse ein, sondern gibt ihm das, was er braucht: Raum. Es schlägt vor, dass auch wir unsere Erwartungen an Hunde anpassen. Es ist weder vom Verhalten her noch moralisch verwerflich, wenn ein Hund nicht von jedem Menschen gestreichelt werden oder mit jedem Hund spielen möchte, den er trifft.

Das DINOS-Etikett hebt nicht nur die Bedürfnisse von Hunden positiv hervor, sondern lenkt auch die Aufmerksamkeit auf die Verhaltensänderung von Menschen, die sich mit ihren Hunden in mit anderen Menschen und Hunden gemeinsam genutzten Räumen bewegen. Die Verantwortung für einen respektvollen Umgang mit dem Hund liegt nicht allein beim Hundehalter, sondern auch bei den Menschen, denen er begegnen kann. Es wäre schön, wenn die Norm für menschliches Verhalten darin bestünde, einen Hund und seinen Halter um Erlaubnis zu bitten, bevor man sich einem anderen Hund nähert oder ihn an sich heranlässt. Diese Faustregel würde für mehr Sicherheit und Zufriedenheit bei allen sorgen.

## Medizinische Behandlung von Verhalten

In *Medical Paradigms for the Study of Problem Behaviour* (Medizinische Paradigmen für die Erforschung von Problemverhalten) skizziert der Tierarzt Daniel Mills zwei übliche Ansätze für Verhaltensprobleme bei Hunden (und anderen Tieren): „Ruf den Trainer“ und „Ruf den Tierarzt“.[165] Verhaltensprobleme bei Haustieren waren lange Zeit die Domäne von Hundetrainern. Im Rahmen des „Ruf den Trainer“-Paradigmas geht man davon aus, dass Verhaltensprobleme bei Hunden ein Produkt der Lebenserfahrung des Tieres sind und dass die Hunde entweder Schwierigkeiten haben, sich an ihre aktuelle Umgebung anzupassen oder dass sie psychischen Schaden erlitten haben und eine sorgfältige, langfristige emotionale Rehabilitation brauchen. Hunde werden nicht neurotisch geboren, sondern werden neurotisch. Ein „Ruf-den-Trainer"-Konzept betont die Rolle von Umwelt und Biologie der Spezies für die Formung des Verhaltens und basiert auf einem Verhaltensmodell aus der klinischen Humanpsychologie.

Das andere Paradigma, das sich in der tierärztlichen Verhaltensmedizin immer mehr durchgesetzt hat, konzentriert sich auf pathologische Prozesse innerhalb des individuellen Organismus und basiert auf dem medizinischen Modell der Humanpsychiatrie. Im Rahmen des Modells „Ruf den Hunde-Psychiater" werden Verhaltensprobleme diagnostiziert, diskutiert und medizinisch behandelt – oft mit Medikamenten, wie in der klinischen Humanpsychiatrie. „In diesem Kontext", so Mills, „wird problematisches Verhalten wie eine Infektionskrankheit oder eine Verletzung als eine körperliche Ursache betrachtet, die behandelt werden muss, wenn das Problem gelöst werden soll." Der Kategorisierung des Problemverhaltens kommt eine größere Bedeutung zu, da sie die Diagnose und den Behandlungsplan bestimmt. Medizinische Kataloge von Verhaltensstörungen bei Hunden spiegeln allmählich das *Diagnostic and Statistical Manual of Mental Disorders* der American Psychiatric Association wider [abgekürzt als „DSM" bekannt; wird neben dem ICD10 für Diagnoseschlüssel verwendet].

Nehmen wir zum Beispiel das sehr häufige Problem der Trennungsangst, das medizinisch als „anhaltende intensive Zerstörung, Ausscheidung, Vokalisierung oder Speichelfluss, die nur in der virtuellen oder tatsächlichen Abwesenheit des Besitzers auftreten" definiert wird.[166] Möglicherweise ist für uns die Medikalisierung des Leidens des Hundes das, auf was wir vorrangig achten: das Verhalten eines Hundes, der so von Angst zerfressen ist, dass er auf sich selbst kotet und am hölzernen Türrahmen nagt, bis sein Maul blutig ist, wird lediglich als „intensive Zerstörung" beschrieben. Als Nächstes könnten wir feststellen, dass diese Beschreibung nur begrenzt dazu beiträgt, zu verstehen, warum das Problem auftritt. Wir haben nur eine Ansammlung von physischen Anzeichen. Und wie Mills anmerkt, könnte diese Ansammlung von Anzeichen aus mehreren mechanistisch unterschiedlichen Prozessen resultieren, zum Beispiel aus einer übermäßigen Bindung an den Besitzer, einer Abneigung gegen Isolation, einer früheren traumatischen Episode oder „der kumulativen, additiven Wirkung des normalen Stresses der Isolation auf ein Individuum mit einem hohen Maß an Eigenschaftsangst".[167] Der umweltbedingte, emotionale und soziale Kontext, in dem – oder vielleicht gerade dessentwegen – der Hund Angst empfindet, bleibt völlig außer Acht. „In Wirklichkeit", so Mills, „entsteht ein Verhaltensproblem durch die suboptimale Beschaffenheit des Systems, von dem das Tier nur ein Teil ist." Das Verhalten des Tieres ist eine Reaktion auf dieses System, und „wenn man das Problem verstehen will, muss man allen Teilen des Gesamtsystems die gleiche Aufmerksamkeit schenken."[168] Mit anderen Worten: Wir müssen mit dem Verhaltensmediziner *und* dem Trainer telefonieren.

Mills unterscheidet drei Arten von Verhaltensproblemen bei Hunden und anderen in Gefangenschaft gehaltenen Tieren: (1) adaptive Verhaltensweisen, d. h. Handlungen, die für die Art von Wert, aber für den Halter unbequem sind; (2) maladaptive Verhaltensweisen, d. h. Versuche, sich in einer Umgebung, an die eine vollständige Anpassung nicht möglich ist, adaptiv zu verhalten; und (3) malfunktionale Verhaltensweisen, d. h. Ausdruck einer direkten Störung des Nervensystems.

Normales Bellen, Aufreiten, Buddeln und das Verlangen nach Futter gehören höchstwahrscheinlich in die Kategorie der adaptiven Verhaltensweisen. Trennungsangst gehört höchstwahrscheinlich zu den maladaptiven Verhaltensweisen. Zu den malfunktionalen Verhaltensweisen könnten wir Krampfanfälle und Verhaltensweisen zählen, die auf altersbedingten kognitiven Abbau zurückzuführen sind.[169] Diese Unterscheidungen nützen uns bei unserem Versuch, die Verhaltenskrise der heutigen Haushunde zu verstehen.

## Prozac als Verhaltensmodifikation

Die Psychiatrisierung des Hundeverhaltens hat zu einem verstärkten Interesse am Einsatz von Medikamenten zur Verhaltensmodifikation geführt. Wir sind dazu übergegangen, Psychopharmaka nicht mehr nur sparsam bei akuten Fehlfunktionen von Hunden einzusetzen, sondern wir versuchen, unseren Hunden die Umweltanpassung mit Medikamenten leichter zu machen und sie besser handhabbar zu machen. Wir werfen mit Pillen um uns wie mit Hundekeksen. Die Medien betrachten das Thema der Medikation unserer Hunde leider zu oft als reine Unterhaltung: „Seht nur, was wir für unsere pelzigen Freunde alles tun!" „Sie sind genauso verstrahlt wie wir! Haha!"

Eine Marktstudie aus dem Jahr 2017 ergab laut *Washington Post*, dass acht Prozent der Hundebesitzer ihrem Tier Medikamente verabreichten, um Stimmung und Verhalten zu beeinflussen.[170] Damit steht fast einer von zehn Hunden zur Verhaltensregulation unter Psychopharmaka. Die US Food and Drug Administration hat eine Reihe von Medikamenten zur Behandlung psychischer Probleme bei Haustieren zugelassen, darunter das Antidepressivum Clomipramin (Clomicalm) gegen Trennungsangst und Dexmedetomidin (Sileo) gegen Geräuschphobie. Viele Medikamente werden „off-label" eingesetzt (d. h. für eine andere Erkrankung verschrieben als die, für die das Medikament zugelassen ist), um problematische Verhaltensweisen zu behandeln, wie zum Beispiel die Verschreibung von Fluoxetin oder Prozac zur Behandlung von unangemessenem Urinieren und Aggression.

Zuallerst sei gesagt, dass Medikamente zur Behandlung von Stimmungs- und Verhaltensproblemen bei Hunden äußerst hilfreich, manchmal sogar lebensrettend sein können und wir uns glücklich schätzen können, dass wir diese Möglichkeiten haben. Medikamente können Tierärzten helfen, den emotionalen Stress von Hunden zu kontrollieren, indem sie den affektiven Schweregrad von Ängsten und Phobien verringern. Medikamente können auch ein wirksames Mittel zur Verhaltensänderung sein, da sie das allgemeine Erregungsniveau eines Hundes senken und so Hunden und ihren Menschen helfen können, ernste Verhaltensprobleme über Monate und sogar Jahre hinweg zu bewältigen.[171] Viele Hundehalter tun alles in ihrer Macht Stehende, um die Umweltbedingungen so zu verändern, dass sie ihrem unter Verhaltensstörungen leidenden Hund helfen, stoßen aber möglicherweise an praktische oder finanzielle Grenzen, die nicht überwunden werden können. Medikamente können der beste Weg sein, um eine akzeptable Lebensqualität für einen Hund und seine menschliche Familie zu erreichen.

Aber auch die Möglichkeiten für missbräuchlichen Einsatz von Medikamenten scheinen groß zu sein. Die Verabreichung von Medikamenten an Hunde, um ihr Verhalten zu ändern, kann leicht zum Ersatz für die Behandlung der eigentlichen Problemursachen werden. Viele „psychologische" Probleme von Hunden sind Verhaltensprobleme, für die Hundehalter nicht die Geduld aufbringen können (z. B. Trennungsangst, die sich in zerstörerischem Kauen äußert). Andere sind Ausdruck von Unzufriedenheit mit Ursprung in einer häuslichen Umgebung, die den körperlichen und emotionalen Bedürfnissen des Hundes nicht gerecht wird. Möglicherweise verabreichen wir unseren Hunden Medikamente, anstatt ihnen eine Umgebung zu bieten, die ihnen eine bequeme Anpassung ermöglicht.

Ein Beispiel für potenziell irreführende Informationen zu Hunden und Medikamenten ist ein Artikel auf der Website *Daily Puppy*, in dem Risperidon „als eine Möglichkeit zur Verbesserung des Verhaltens Ihres Hundes" empfohlen wird. Risperidon ist ein antipsychotisches Medikament, das für die Behandlung von Schizophrenie beim Menschen entwickelt und zugelassen wurde.

*„Verhaltensprobleme können einen freundlichen Hund in den Albtraum eines Tierhalters verwandeln. Häufig müssen destruktive und schädliche Verhaltensweisen korrigiert werden, bevor solche Tiere als Haustiere gedeihen können. Während Training viel dazu beitragen kann, schlechtes Verhalten zu korrigieren, greifen manche Hundehalter auch zu medikamentösen Methoden, um negatives Verhalten unter Kontrolle zu bringen."*[172]

In diesem Fall wird ein bewusstseinsveränderndes Medikament zu einer Technologie der Kontrolle, zu einem Werkzeug, mit dem ein eckiger Klotz (ein Canide mit komplexen verhaltensmäßigen, emotionalen und sozialen Bedürfnissen) in ein rundes Loch (ein menschliches Zuhause) gezwängt wird. Fairerweise muss man sagen, dass die Forschung tatsächlich gezeigt hat, dass Risperidon eine vielversprechende Behandlung für bestimmte Verhaltensprobleme von Hunden ist, wie zum Beispiel gegen den Besitzer gerichtete Aggression, und in manchen Fällen kann ein auf Verhaltensmedizin spezialisierter Tierarzt das Medikament als – zumindest kurzfristiges – wertvolles Hilfsmittel zur Verringerung von Hundeleid und Konflikten zwischen Hund und Mensch sehen. Aber Risperidon ist kein Mittel, um „schlechtes Verhalten zu korrigieren" oder „das Verhalten von Hunden zu verbessern". Eine solche Formulierung würde dazu einladen, die Ursachen des Problems zu übersehen: den sozialen und umweltbedingten Kontext, mit dem der Hund zu kämpfen hat.

Unterscheidet sich die Verhaltensmodifikation mit Arzneimitteln qualitativ von der Manipulation des Verhaltens durch Belohnung und Bestrafung oder durch andere Managementtechniken wie zum Beispiel einer Hundebox? Wie sollten wir zwischen der Verwendung von Psychopharmaka und anderen Formen der „chemischen“ Verhaltensmodifikation unterscheiden, etwa einem Lavendelduft-Diffusor zur Stressreduzierung bei Tierheimhunden oder einem Pheromonprodukt, das als DAP (Dog Appeasing Pheromone) bezeichnet wird und manchmal unter Markennamen wie Comfort Zone oder Adaptil verkauft wird? Dieses Pheromon ahmt angeblich das Pheromon nach, das Hundemütter beim Säugen ihrer Welpen freisetzen, was zu einem Gefühl der Ruhe führt.

Der Einsatz von Psychopharmaka wie Prozac oder Pheromonen wie dem DAP, um Hunde ruhiger und fähiger zum Umgang mit Stress und Angst zu machen, kann zu einer menschenzentrierten Reaktion auf ein Problem werden und nicht zu einer auf den Hund orientierten Reaktion. „Lass uns den Hund dazu bringen, sich an seine Umgebung anzupassen (eine Umgebung, die er offensichtlich als schwierig empfindet)“, anstatt „Lass uns unsere menschliche Umgebung an die Bedürfnisse dieses Hundes anpassen.“ Eckiger Klotz in rundes Loch.

Psychopharmaka sind für Menschen inzwischen so weit verbreitet und so leicht erhältlich, dass viele Hundehalter Prozac oder Xanax in ihrem Hausapothekenschrank herumliegen haben. Wenn sie in Medien wie dem Daily Puppy Artikel darüber lesen, dass jeder seinem Hund Pillen in den Futternapf gibt, mag die Manipulation der Neurochemie ihres Hundes harmlos erscheinen. Aber das ist sie mitnichten. Die gleiche Logik, die Menschen dazu veranlasst, ihren Hunden Aspirin oder Ibuprofen zu geben – „Es funktioniert bei mir, warum sollte es nicht auch bei meinem Hund funktionieren, der mir so ähnlich ist?“ – könnte zu einigen Experimenten einladen. Wenn Sie schon einmal ein Antidepressivum oder ein Anxiolytikum eingenommen und dann versucht haben, es wieder abzusetzen, wissen Sie vielleicht, dass sowohl die Einnahme als auch das anschließende Absetzen zu einer Reihe von unangenehmen Nebenwirkungen führen kann. Ist die Wahrscheinlichkeit, dass Hunde solche neurochemischen Peitschenhiebe spüren, geringer als bei uns? Es ist großartig, dass die Menschen Furcht, Angst, Stress und Depression bei Tieren anerkennen und offen darüber sprechen – was für eine Erleichterung nach mehreren Jahrhunderten der Leugnung tierischer Emotionen. Wie bereits erwähnt, können pharmazeutische Maßnahmen eine empathische und angemessene Reaktion auf Angst, Depressionen und andere Formen psychischen Leidens bei manchen Hunden sein, vor allem, wenn sie mit Maßnahmen kombiniert werden, die auf eine Reduktion der Stressquellen in der Umgebung wie zum Beispiel langes Alleinsein, strafbasierte Trainingsmethoden, aversive Reize wie laute Geräusche und mangelnde Kontrolle abzielen. Darüber hinaus können Hundehalter, die sich an einen Tierarzt oder besser noch an einen Verhaltenstherapeuten wenden, auch eine Beratung erhalten, die ihnen die Herausforderungen verstehen hilft, mit denen ihr Hund konfrontiert ist und die ihnen helfen kann, Stressindikatoren besser zu erkennen und darauf zu reagieren.

Dennoch sollten wir kurz innehalten, um die moralischen Implikationen einer breiten Anwendung von Psychopharmaka bei Verhaltensproblemen zu bedenken und uns der Risiken bewusst sein, die der Einsatz von Medikamenten zur „Anpassung" von Hunden mit sich bringt. Wir dürfen uns nicht nur auf die Veränderung des Organismus konzentrieren, sondern müssen auch das Umfeld betrachten, in dem der Organismus um seine Anpassung kämpft – auch, wenn *wir* dieses Umfeld sind.

## Operative Behandlungen

Es sind auch diverse operative „Behandlungsmöglichkeiten" von Verhaltensproblemen auf dem Tisch, sofern Sie einen Tierarzt finden, der bereit ist, Techniken wie die Devokalisierung (Entfernung des Kehlkopfes) und die Zahnentschärfung (Extraktion der Zähne oder Abschneiden der Zahnkrone, um die Verletzungsgefahr durch einen Biss zu verringern) durchzuführen. Diese physisch invasiven chirurgischen Methoden der Verhaltenskontrolle sind glücklicherweise selten und werden in der Regel als letzter Ausweg angewandt, um das physische Verhalten eines Hundes zu kontrollieren. Es gibt jedoch noch eine andere Art der chirurgischen Verhaltenskontrolle, von der mehr als 80 %

der Haushunde in den Vereinigten Staaten betroffen sind: die Fortpflanzungsneutralisierung.

## Kastration / Sterilisation

Die Kastration ist vielleicht die am weitesten verbreitete Form der Kontrolle des Verhaltens von Hunden in der Geschichte der Mensch-Hund-Beziehung, sogar noch weit verbreiteter als Leinen und Halsbänder und sicherlich konsequenter und häufiger angewandt als das Hundetraining. Die Reproduktionsneutralisierung von Hunden ist eine zutiefst invasive Form der Biomacht.

Die weitreichende Kontrolle der Fortpflanzung von Hunden wird oft als vorteilhaft für sie dargestellt. Diese Praxis dient jedoch in erster Linie uns und ist der Schlüssel zur Kommerzialisierung und Vermarktung von Hunden. Wir sollten uns darüber im Klaren sein, dass die Praxis der Kastration Hundezüchtern, der Heimtierindustrie und Hundehaltern dient. Es muss offen darüber gesprochen werden, ob und in welcher Weise die Kastrationspraxis den Hunden dient.[173] In den Vereinigten Staaten wurde das Ziel der Kastration jahrzehntelang mit der Überbevölkerung von Hunden gerechtfertigt: Wir müssen das Fortpflanzungsverhalten einzelner Hunde zum Wohle der Hunde im Allgemeinen kontrollieren. In jüngster Zeit hat die These „Desex zur Schaffung eines besser erzogenen Hundes" an Bedeutung gewonnen, auch wenn sie mit wissenschaftlichen und ethischen Problemen behaftet ist. Zumindest sind die Ziele dieses zweiten Ansatzes transparenter: Körper und Gehirn von Hunden sollen so verändert werden, dass ihr Verhalten eher den vorher festgelegten menschlichen Erwartungen an Haustiere entspricht.

Die Kastration als eine Form der Verhaltensmodifikation wurde zum Teil durch neue Forschungsergebnisse über die Zusammenhänge zwischen Hormonen und Verhalten vorangetrieben, zum Teil aber auch durch alte und meist falsche Mythen über Hunde, wie zum Beispiel den Mythos, dass intakte Rüden aggressiver seien. Ausgewachsene Hunde – in der Regel Rüden – werden manchmal reaktiv „entmannt", weil man glaubt, dass die Entfernung ihrer Keimdrüsen Verhaltensprobleme wie Aggressionen gegenüber anderen Hunden oder Menschen beheben wird. Wie der Tierarzt Paul McGreevy und seine Kollegen in einer Literaturübersicht über die Keimdrüsenentfernung bei Hunden anmerken, fehlt es jedoch an empirischen Belegen für diesen „Eingriff" in das Verhalten. Nur wenige Studien haben die Auswirkungen des Geschlechts und des Keimdrüsenstatus auf das Verhalten von Hunden untersucht, und die Ergebnisse waren nicht schlüssig. Sie erwähnen eine kürzlich durchgeführte Studie mit freilaufenden männlichen Hunden, in der chirurgisch kastrierte Hunde sechs Monate nach der Operation nicht weniger sexuelle Aktivität oder Aggression zeigten als zuvor.[174]

Viele Hunde werden schon als Welpen prophylaktisch kastriert, weil man der starken Suggestion gefolgt wird, sie würden damit zu besseren Hunden heranwachsen. Aber Verhaltensprognosen auf der Grundlage des Kastrationsstatus sind ungenau. Und nicht nur das: Je mehr sich die Forschung über die Auswirkungen der Kastration auf das Verhalten der Tiere weiterentwickelt, desto komplizierter wird das Bild. Die Entscheidung eines Hundehalters, einen Hund kastrieren zu lassen, beinhaltet eine komplexe Reihe von Abstrichen in Sachen Verhalten, von denen keiner sehr gut verstanden wird und die von zahllosen Faktoren wie dem Alter zum Zeitpunkt der Kastration, der Rasse und der Art der Operation abhängen.[175] So fanden McGreevy und sein Team beispielsweise heraus, dass eine Kastration das Auftreten einiger unerwünschter Verhaltensweisen verringern kann, während sie die Wahrscheinlichkeit für andere erhöht.[176] Erschwerend kommt hinzu, dass die Kastration lebenslange Auswirkungen auf die Gesundheit der Hunde hat. Eine Kastration verringert die Wahrscheinlichkeit bestimmter Krankheiten, während sie die Wahrscheinlichkeit anderer erhöht, was wiederum von einer ganzen Reihe von individuellen Faktoren abhängt.[177]

Insgesamt zeugt es von einem fragwürdigen moralischen Urteilsvermögen, wenn wir Millionen von Hunden körperlich und verhaltensmäßig invasive Eingriffe aufzwingen, um ihnen zu helfen, unsere Verhaltenserwartungen zu erfüllen. Glücklicherweise hat sich die Diskussion über die Sterilisation von Hunden in den letzten zehn Jahren in eine sehr positive Richtung entwickelt. Heute wird den potenziellen Risiken und Vorteilen für die Gesundheit und das Verhalten von Hunden viel mehr Aufmerksamkeit geschenkt und es gibt differenziertere Empfehlungen je nach Geschlecht, Alter, Rasse und anderen individuellen Faktoren, wann und ob ein Hund kastriert werden sollte.

Was ich außerdem gerne sehen würde, ist eine gründlichere Diskussion darüber, ob Kastration überhaupt ein normaler Bestandteil der Hundehaltung sein sollte und was Hunde verlieren, wenn wir einen großen Teil ihres Erfahrungspotenzials wegfegen: Nicht nur das Verhalten im Zusammenhang mit der Partnersuche – das Schnüffeln, das Flirten, die Aufregung –, sondern auch das Verhalten, das mit der Mutter- und Vaterschaft zusammenhängt. Im derzeitigen Paradigma des „Desex, desex, desex!" haben Hunde keine Fortpflanzungsmöglichkeiten. Wir sagen den Hunden: Entweder du bist ein ausgewiesener „Zuchthund" oder eben nicht, und die Entscheidung liegt nicht bei dir. Es hängt davon ab, wem du gehörst, und von deiner Fellfarbe, deiner Form, deiner DNA, der Laune der menschlichen Mode und dem, was auf TikTok gerade angesagt ist. Wenn du als Zuchthund ausgewählt wirst, entscheiden wir, wann und mit wem du Welpen machen wirst.

Viele Hundehalter, mit denen ich gesprochen habe, empfinden ein unterschwelliges Unbehagen gegenüber der Kastration, haben aber auch das Gefühl, dass es ein Tabu ist, dieses Credo in Frage zu stellen. In der Tat wird auf alle „verantwortungsbewussten" Hundehalter ein erheblicher Druck ausgeübt, ihren Hund zu kastrieren. Ein Tierarzt wird Sie nach dem Wann fragen, aber nicht nach dem Ob. Wenn Sie einen Hund aus einem Tierheim mit nach Hause nehmen, wird er bereits de-sex-t sein, egal wie jung er ist. Züchter verlangen vom Welpenkäufer oft, dass er einen Vertrag unterschreibt, in dem er sich verpflichtet, den Hund im Alter von sechs Monaten kastrieren zu lassen. (Geht es da um den Hund? Oder darum, das Monopol auf die Welpenproduktion aufrechtzuerhalten?) Menschenrechtsorganisationen sagen uns, dass Kastration ohne Frage das Richtige ist. Hundehalter haben nicht sehr viele Gelegenheiten, neugierig zu sein und über die Ethik der Einschränkung der reproduktiven Freiheiten von Hunden nachzudenken, und es wäre schön, wenn wir offener und weniger voreingenommen über dieses heikle Thema sprechen könnten. Ist es fair, Hunde zu diesem Opfer zu zwingen, damit sie unsere Haustiere sein können? Wie ist ihnen damit gedient?

## Euthanasie aus Verhaltensgründen

Die ultimative medizinische Behandlung für schlechtes Verhalten und die ultimative Tragödie in der Mensch-Hund-Beziehung ist eine Praxis, die als verhaltensbedingte Euthanasie bekannt ist. Dem Thema wird relativ wenig Aufmerksamkeit zuteil, was vielleicht daran liegt, dass wir uns kollektiv scheuen, in die Tiefen der Verzweiflung und des Schmerzes einzutauchen, die alle Beteiligten – Hund, Hundehalter und Tierarzt – erleben. Es ist einfach zu schwer, darüber nachzudenken. Und doch wiederholt sich diese Tragödie immer wieder.

Eine der einfühlsamsten und offensten Erörterungen dieses Themas, die ich kenne, war ein Vortrag des Tierarztes Christopher Pachel auf der Lemonade-Konferenz 2021 für Hundetrainer. Pachel unterscheidet die verhaltensbedingte Euthanasie von der so genannten Bequemlichkeits-Euthanasie und der Euthanasie am Ende des Lebens. Euthanasie ist weithin verfügbar und als Bestandteil einer mitfühlenden Sterbebegleitung für Hunde und andere Begleittiere üblich. In solchen Fällen wird die Entscheidung zur Euthanasie durch die Sorge um die Lebensqualität des Hundes ausgelöst und kann als angemessen erachtet werden, wenn der Hund an einer fortschreitenden Krankheit leidet und Schmerzen oder andere Qualen erleidet oder wenn der Tod nahe ist. Euthanasie aus Bequemlichkeit hingegen bezeichnet die Aufforderung an einen Tierarzt, einen Hund aus Gründen zu töten, die nichts mit dem Wohlergehen des Hundes zu tun haben. Zum Beispiel – und ja, das kommt wirklich vor – könnte eine Familie beschließen, ihren Hund vor einem langen Urlaub „einzuschläfern", weil die Unterbringung des Hundes zu teuer wäre und sie das Geld für Jet-Ski-Mieten und Mojitos brauchen. Dante hat posthum einen speziellen Kreis der Hölle für Menschen geschaffen, die solche Wünsche äußern.

Verhaltensbedingte Euthanasie erfolgt entweder als Reaktion auf Sicherheitsrisiken, die vom Hund ausgehen, oder auf körperliches oder emotionales Leiden des Hundes, wie es beispielsweise bei schweren Phobien, generalisierten Angststörungen oder Selbstverletzungen auftreten kann. Wie bei Entscheidungen am Lebensende kommt es auch bei der verhaltensbedingten Euthanasie häufig auf eine Bewertung der Lebensqualität des Hundes an. Ist der Hund so überreizt, dass er sich in ständiger psychischer Angst befindet? Würde seine gefahrlose Haltung einen so starken Eingriff in seine Freiheit bedeuten, dass der Tod vorzuziehen ist? Wie Pachel anmerkt, ist die Grenze zwischen medizinischer Euthanasie und verhaltensbedingter Euthanasie fließend.[178] Wehe dem, der diese Grauzone betreten muss.

## Verhalten und Krankheit

Ich habe bereits über die verschiedenen Arten gesprochen, auf die die medikamentöse Behandlung von Hundeverhalten problematisch sein kann, zum Beispiel durch Pathologisierung normalen Verhaltens und durch die Förderung des übereifrigen Einsatzes von Medikamenten zur Manipulation von Hunden. Aber auch die Unterlassung der Medikation von Verhalten kann problematisch sein. Allzu oft erkennen wir nicht, wenn einem Verhaltensproblem eine medizinische Krankheitsursache zugrunde liegt. Eine Studie der Tierärzte Ian Dinwoodie und Nicholas Dodman sowie der Hundeverhaltensexpertin Vivian Zottola aus dem Jahr 2021 ergab, dass bei 15 Prozent der Hunde, die wegen aggressiven Verhaltens in eine Tierarztpraxis gebracht wurden, ein medizinisches Problem zugrunde lag, welches das Problem verursachte.[179] Andere Studien befassten sich mit Trennungsangst, Angst, zwanghaftem Verhalten, „unangemessenem Urinieren“ (ins Haus pinkeln, sabbern) und Appetitlosigkeit, um nur einige Beispiele zu nennen.[180] Sogar die vermeintliche Sturheit eines Hundes kann eine medizinische Erklärung haben, wie etwa bei dem Hund, dessen Weigerung zum Befolgen von „Sitz“ schließlich durch eine Röntgenuntersuchung erklärt wurde, die ergab, dass er eine ausgekugelte Hüfte hatte, von der niemand etwas wusste und die das Sitzen zu einer unerträglichen Qual machte.

In einem weiteren hervorragenden Vortrag auf der Lemonade-Konferenz beleuchtete Daniel Mills die Zusammenhänge zwischen Schmerzen und Verhaltensproblemen. „Hunde arbeiten bemerkenswert hart, um uns zu gefallen“, stellte er fest, was oft bedeutet, dass sie ihre Schmerzen verbergen oder ihre Schmerzen überspielen, wenn sie auf unsere Aufforderungen reagieren. Wenn ein Hund Schwierigkeiten hat, sich uns anzupassen, müssen wir uns fragen, warum", sagt er.[181] Könnte Schmerz eine Rolle spielen?

Wie Mills feststellt, sind Schmerzen bei Hunden sehr häufig. Viele, vielleicht sogar die meisten Hunde leiden während eines bestimmten Zeitraums ihres Lebens, oft sogar ihr ganzes Leben lang, unter einem gewissen Maß an Schmerzen. Warum ist das so? Mills gibt verschiedene mögliche Antworten. Zum Teil sind die Zuchtpraktiken daran schuld. Menschliche Betreuer tragen einen Teil der Schuld, weil wir das Schmerzverhalten unserer Hunde nicht gut einschätzen können und den Hunden möglicherweise nicht die nötige tierärztliche Hilfe zukommen lassen, wenn sie sie brauchen. Ironischerweise trägt die gute Pflege von Hunden eine Mitschuld daran, dass Hunde in menschlicher Obhut ein hohes Alter erreichen können und die meisten von ihnen wahrscheinlich Arthrose entwickeln. Schmerzen können zum Teil darauf zurückzuführen sein, was wir unseren Hunden füttern – Mills glaubt, dass viele Hunde unter chronischen Magen-Darm-Beschwerden leiden. Schließlich können körperliche Schmerzen auch durch chronisches Unglücklichsein oder Stress verursacht werden.

Unwohlsein wird bei Hunden und sogar bei ganzen Hunderassen zunehmend normalisiert. Wir haben Atemstörungen bei brachycephalen Hunden normalisiert. Wir haben Hüftdysplasie und subluxierte Kniescheiben normalisiert. Wir haben körperliche Missbildungen, abnorme Körperhaltungen und seltsame Gänge normalisiert. Ein Mops, der „faul" sitzt, mit den Beinen zur Seite und nicht unter dem Hintern, sitzt nicht so, um auf seinem Instagram-Foto niedlich auszusehen, sondern weil es wehtut, wie ein normaler Hund zu sitzen. Doch nur sehr wenige Hundehalter – oder Instagram-Follower – würden dieses „faule" Sitzen als Schmerzverhalten erkennen. Mills kommt in seinem Vortrag mehrmals auf die Situation von Möpsen zurück, die neben einer abnormalen Sitzhaltung auch häufig das Lecken an der Luft und das Schnappen nach Fliegen (beides wird von Haltern oft als liebenswert bezeichnet), abnormales Kratzen an Kopf, Hals und Ohren und oft auch offenkundige Schmerzen zeigen. Aufgrund ihrer körperlichen Beeinträchtigungen überleben viele Möpse nicht einmal das achte Lebensjahr. Diese liebenswerten Hunde leben mit chronischen Beschwerden und sterben jung.

Rückblickend auf seine Laufbahn in der Tiermedizin hat Mills eine auffällige Entwicklung beobachtet. Im Jahr 1980 hatten etwa 5 Prozent der Fälle, die von Verhaltensspezialisten behandelt wurden, eine anerkannte medizinische Ursache. Im Jahr 1995 lag der Anteil bei 15 bis 20 Prozent, und bis 2010 war er auf 25 Prozent angewachsen. Im Jahr 2020 werden sogar 70 bis 80 Prozent der Verhaltensfälle eine medizinische Ursache haben. Die Veränderung könnte seiner Meinung nach auf Unterschiede in der Art und Weise zurückzuführen sein, wie die Fälle gemeldet werden oder auf die wachsende Zahl von Verhaltensspezialisten in der Tiermedizin und das gestiegene Bewusstsein für medizinisch begründete Verhaltensstörungen. Er ist jedoch der Meinung, dass die Fallzahlen auch absolut steigen. Und einer der Hauptgründe dafür ist seiner Meinung nach das geradezu epidemieartige Auftreten der Schmerzen. Schmerzen können defensives Verhalten einschließlich Aggression auslösen, Veränderungen im Lernverhalten, Stubenunreinheit, Stargazing, Fliegenschnappen und andere zwanghafte Verhaltensweisen, Anhänglichkeit und Suche nach Aufmerksamkeit. Warum Hunde sich unbehaglich fühlen, kann sehr schwer herauszufinden sein. Übermäßiges Lecken der Lefzen beispielsweise kann unter anderem durch Schmerzen des Bewegungsapparats oder im Magen-Darm-Bereich verursacht werden („normales" Lecken der Lefzen ist sowohl eine Stressreaktion als auch ein Beruhigungssignal); Selbstverstümmelung kann mit Schmerzen oder einem Motivationskonflikt zusammenhängen.

Bei unseren Hunden sind wir versucht, bestimmte unangenehme Verhaltensweisen entweder als amüsant (Blähungen) oder lästig (ständiger Juckreiz) abzutun. Aber beides ist ein Problem für das Wohlergehen. Blähungen sind oft ein Anzeichen für Magen-Darm-Beschwerden. Auch wenn der eigentliche Pups unseren Hund nicht stört, kann das Gefühl, das dahinter steckt, sehr wohl störend sein. Auch Juckreiz, insbesondere chronischer Juckreiz, der durch atopische Dermatitis bei Hunden verursacht wird, kann mit einer Reihe von Verhaltensproblemen in Verbindung gebracht werden. Recherchen in der humanmedizinischen Fachliteratur haben ergeben, dass Menschen mit Ekzemen – einer extrem juckenden Hauterkrankung – über psychische Belastungen wie erhöhten Stress berichten. Die Zoologin Naomi Harvey und ihre Kollegen stellen die Hypothese auf, dass Hunde mit atopischer Dermatitis, ähnlich wie Menschen mit Ekzemen, ebenfalls psychisch belastet sein könnten, wofür „Verhaltensprobleme“ als Kurzformel verwendet werden können. In ihren Untersuchungen fanden sie heraus, dass der Schweregrad des Juckreizes mit einer erhöhten Häufigkeit von Verhaltensweisen einhergeht, die häufig als problematisch angesehen werden, wie z. B. Aufreiten, Kauen, Hyperaktivität, Koprophagie (Fressen von Kot), Betteln und Stehlen von Futter, Aufmerksamkeitssuche, Erregbarkeit, übermäßiges Beknabbern und Belecken von Körperstellen und verminderte Trainierbarkeit.[182]

Mills schlägt vor, dass einzelne Hundehalter sorgfältig auf die möglichen Zusammenhänge zwischen dem Verhalten ihres Hundes und Schmerzen achten sollten. Er verweist auf zwei hervorragende Hilfsmittel, die Hundehaltern dabei helfen, Anzeichen von Unwohlsein zu erkennen und zu verfolgen: den „Helsinki Chronic Pain Index“ und das „Comfort Diary for Dogs“ der Tufts University.[183] (Siehe Abschnitt „Ressourcen“.) Warum nicht ein Mal pro Monat eine Beurteilung des Wohlbefindens Ihres Hundes vornehmen, sagt er, auch wenn es ihm gut geht? Dann haben Sie eine Ausgangsbasis, sind aufmerksam und bemerken eher, wenn etwas nicht stimmt. Wenn Ihr Hund Anzeichen von Schmerzen oder Unwohlsein zeigt, kann ein Tagebuch von unschätzbarem Wert sein, um herauszufinden, welche Medikamente oder andere Maßnahmen Linderung zu bringen scheinen.

Zusätzlich zum Aufspüren von Beschwerden können wir, wie Mills vorschlägt, zwei Schritte weiter gehen. Erstens können wir über das körperliche und geistige Wohlbefinden unseres Hundes Buch führen – sei es täglich, wöchentlich, monatlich, fotografisch oder erzählerisch – und dies kann uns helfen, achtsamer zu sein. Was füttern Sie Ihrem Hund, wie verträgt sein Magen dieses Futter? Wie sind seine Schlafgewohnheiten? Welche Leckerlis sind besonders aufregend? Wie viel wiegt er, und wie weit sind Sie beide vom Idealgewicht entfernt? Haben Sie bemerkt, dass seine Pfoten am Tag nach einer langen Wanderung wund sind? Was hat Ihnen der Tierarzt beim letzten Besuch gesagt (denn geben Sie es zu, es ist schwer, sich daran zu erinnern, wenn man es nicht aufschreibt)? Zweitens können wir unseren Begleitern einen besonderen Gefallen tun, indem wir gemeinsam ein Glückstagebuch führen. Es gibt zwar viele verschiedene Online-Tagebücher zur Erfassung der Lebensqualität von Hunden, aber ich kenne keines, das sich hauptsächlich auf positive Erfahrungen konzentriert. Aber warum eigentlich nicht? Was steht auf der Bucket List Ihres Hundes? Was bereitet Ihm pure, unbändige Freude? Führen Sie eine Liste und kommen Sie oft darauf zurück.

## Es gibt keine schlechten Hunde

Obwohl die Ausdrücke „böser Hund“ und „schlechtes Benehmen“ zu unserem Wortschatz gehören, täten wir gut daran, sie in eine untere Schublade zu verstauen. Sie sind nicht hilfreich. Es gibt keine schlechten Hunde und kein schlechtes Verhalten; es gibt vielmehr Hunde, die Schwierigkeiten haben, sich anzupassen und die nicht immer unsere völlig unrealistischen Erwartungen erfüllen. Unsere Gefährten werden es sicher zu schätzen wissen, wenn wir mitfühlendere, genauere und nuanciertere Wege finden, um über die vielen Schwierigkeiten eines Haushundes zu sprechen. Es ist keine Überraschung, dass viele Hunde Probleme haben. Erstaunlich ist jedoch, wie gut es vielen Hunden trotz allem, was wir ihnen zumuten, geht.

# Kapitel acht

## Verweilen in der Möglichkeit

Auf der Rückseite des Kinderbuchs von Lauren Child mit dem Titel *Who Wants to Be a Poodle, I Don't* (Wer möchte schon ein Pudel sein?) wird uns die Etymologie des Begriffs „Pudel“ erklärt: „Eine intelligente Hunderasse mit einem dichten, gelockten Fell, das oft auf eine besondere Weise mit Wiedererkennungswert geschoren ist. Der Name Pudel kommt ursprünglich aus dem Deutschen und ist an ein altes Wort für „Pfütze“ oder „stehendes Wasser“ angelehnt, verwandt auch mit dem englischen puddle (Pfütze).“

Die Hauptfigur des Buches ist ein Hund namens Trixie Twinkle Toes. Trixie lebt in der Großstadt bei der eleganten Mademoiselle Verity Brulée, die alles so mag, wie es ist, auch ihren Hund. Trotz ihres luxuriösen und verwöhnten Lebens ist Trixie Twinkle Toes nicht glücklich. Sie mag ihren pudeligen Namen nicht, sie mag es nicht, parfümiert und gepudert zu werden, und sie mag es nicht, rosa Mäntelchen zu tragen. Die unglückliche Trixie wird zum Psychiater geschickt, dem sie ihren Wunsch gesteht, einfach nur ein Hund zu sein. Sie will kein „verwöhnter, pudeliger Pudel“ sein. Sie möchte andere Hunde anbellen, ihre Nase aus dem Autofenster strecken, sich im Schlamm wälzen und „gefährlich und mutig“ sein. „Sie möchte in Pfützen planschen, wie es echte Hunde tun. Würden Sie das nicht auch wollen?“[184]

Wie so oft können wir aus einer Geschichte, die für Kinder geschrieben wurde, eine grundlegende moralische Lehre ziehen: Hunde wollen einfach nur Hunde sein.

Obwohl es viele Dinge an den derzeitigen Umgangsmustern mit Begleithunden gibt, die nur zu begrüßen sind, gibt es auch eine Fülle von Schaden und Leid – mehr, als nötig oder sinnvoll ist. Ein Teil dieses Leids ist auf menschliche Boshaftigkeit zurückzuführen, wogegen wir nicht viel tun können. Aber viele der Schäden, denen Begleithunde heute ausgesetzt sind, lassen sich beheben. Sie resultieren aus der Diskrepanz zwischen dem, was wir von Hunden erwarten, und dem, was sie sind sowie aus der Tendenz der Menschen, unsere Freunde zu ent-hunden, indem sie ihnen die Dinge abtrainieren oder einschränken, die wir an Hunden als problematisch empfinden, anstatt die chaotischen Tatsachen des Zusammenlebens zwischen den Spezies zu akzeptieren. Wir putzen und parfümieren Hunde, anstatt sie bellen, sich im Schlamm wälzen und gefährlich und mutig sein zu lassen. John Gray sagt in seiner

Katzenphilosophie: „Ein gutes Leben für jedes Lebewesen hängt davon ab, was es braucht, um seiner Natur gerecht zu werden."[185] Das scheint in etwa richtig zu sein. Ein Teil der Natur des Hundes ist die Offenheit, mit dem Menschen zusammenzuarbeiten; das Zusammenleben mit uns kann erfüllend sein. Aber wir sollten uns bewusst sein, dass Hunde keine menschliche Gesellschaft brauchen, um ihrer Natur gerecht zu werden.[186] Ihre Freundschaft ist ein Geschenk, keine Verpflichtung.

Wenn wir erkennen, dass die häusliche Umgebung des Menschen für Hunde eine Herausforderung sein kann und dass Hunde sich nur schwer anpassen können, können wir ihnen auf halbem Weg entgegenkommen. Anstatt die Pflege von Hunden als etwas zu betrachten, das wir ihnen antun oder sogar für sie tun, können wir die Pflegebeziehung als eine Zusammenarbeit mit Hunden begreifen, bei der wir gemeinsam Regelungen aushandeln und Anpassungen vornehmen, die für alle Beteiligten relativ unproblematisch sind. Wir können unsere Neugierde nutzen, um herauszufinden, wer der tatsächliche, echte Hund unter all den Haaren ist. Anstatt Hunden vorzuschreiben, was sie wollen sollen, könnten wir sie zu fragen versuchen. Ruf und Antwort.

Die Gegenwart hat ihre Wurzeln in der Vergangenheit. Viele der Probleme, mit denen Hunde als Haustiere heute konfrontiert sind, rühren von Praktiken und Überzeugungen her, die wir geerbt haben. Wir haben Vorurteile darüber, wer Hunde sind, was es bedeutet, dass ein Hund „gut" oder „böse" ist, und wie wir das Verhalten und die Absichten von Hunden interpretieren. Die Wissenschaft mag für viele unserer Schwierigkeiten verantwortlich sein, auch wenn sie verspricht, die Geheimnisse von Herz und Verstand des Hundes zu entschlüsseln. Um nur zwei Beispiele zu nennen: Hätte man Hunde und andere Tiere nicht als moralisch unproblematisches Werkzeug für wissenschaftliche Experimente betrachtet, gäbe es vielleicht keine Schockhalsbänder. Und wären wir nicht in dem Paradigma verhaftet, das aus dem Behaviorismus hervorging, würde die Sprache von Bestrafung und Belohnung unsere Vorstellungen vom Hundetraining vielleicht nicht bestimmen. Aber wir sind da, wo wir sind, und wir müssen von hier aus weitergehen.

## Verweilen in der Möglichkeit

„Ich verweile in der Möglichkeit". Meine Mutter sprach diese Zeile aus einem Gedicht von Emily Dickinson während eines Gesprächs kurz vor ihrem Tod, als sie sich im Hospiz befand und unter zunehmendem Druck durch eine Reihe von körperlichen Zumutungen im Zusammenhang mit der Parkinson-Krankheit stand. Zu diesem Zeitpunkt war sie bereits seit über zwei Jahren ans Bett gefesselt. Die Zeile blieb mir im Gedächtnis haften, ebenso wie die Inspiration der Perspektive meiner Mutter, die angesichts der tiefgreifenden Zwänge dennoch Möglichkeiten bejahte. In dem großartigen Kommentar der amerikanischen Literaturkritikerin Helen Vendler zu Dickinsons Gedicht 466 heißt es, dass das Gedicht von der Poesie selbst handelt. Für Dickinson bietet die Poesie mehr Aussichtspunkte auf die Welt, mehr „Fenster" und bessere „Türen" als einfache Prosa. Die Poesie bietet uns einen geistigen Durchgang nach innen und außen, einen „ekstatischen Eintritt in den Superlativ des Seins selbst."[187]

Ich habe diese fünf Worte von Dickinson als Destillat meiner ethischen Beziehung zu Bella genommen, aber mit einer Abwandlung: Wir verweilen in der Möglichkeit. Es gibt Zwänge, denen wir nicht entkommen können, aber sie können dazu dienen, die Aufmerksamkeit auf die Möglichkeiten zu lenken, die sich um uns herum ausbreiten. Mein Leben mit Bella und unser Leben mit Hunden sind unvergleichlich reich an Möglichkeiten. Hunde und unser gemeinsamer Lebensweg mit ihnen öffnen Fenster und Türen zu weitreichenden ontologischen Möglichkeiten.

## Ich und du

Kukur Tihar ist ein jährliches hinduistisches Fest, bei dem die Freundschaft mit Hunden gefeiert und ihnen für ihre Gesellschaft gedankt wird. Während Kukur Tihar – was in etwa „Anbetung der Hunde" bedeutet – werden den Hunden Girlanden aus leuchtenden Blumen um den Hals gelegt, ihre Stirn wird mit roter Paste geschmückt und sie erhalten Teller mit leckeren Speisen. An diesem Tag ist es eine Sünde, einen Hund mit Respektlosigkeit zu behandeln.

Das folgende Ereignis ereignete sich nicht an Kukur Tihar, aber wenn es sich ereignet hätte, wäre es eine Sünde gewesen. Meine Familie ging eines Morgens in den REI-Laden in Boulder, um irgendetwas (ich weiß nicht mehr, was) zu kaufen. Poppy, ein Mitglied unserer Großfamilie, war bei uns. Wir hatten in dem Geschäft Hunde gesehen und nahmen daher an, dass sie dort erlaubt seien. Der Verkäufer an der Tür, der einen kleinen gelben Aufkleber auf die Waren klebt, die man zur Rückgabe mitbringt, trat vor uns und sagte: „Es tut mir leid. Wir erlauben keine Tiere in unserem Laden. Sie müssen es draußen lassen." Ich spürte, wie mich eine Welle der Empörung und Traurigkeit überkam und blickte auf Poppys offenes, lächelndes Gesicht und ihren wedelnden Schwanz hinunter. Ruhig und höflich, aber mit Schärfe in der Stimme, sah ich dem Aufkleber-Typen in die Augen und sagte: „Sie ist kein ‚Es'. Aber wir gehen gerne mit ihr nach draußen."

Wir stehen in einer heiligen Beziehung zu Hunden. Ein „Es" ist etwas Objektives, etwas, zu dem wir in einer Beziehung des Getrenntseins stehen. Ein Hund ist kein „Es", kein Objekt, das wir als Mittel zum Zweck, als Quelle der Unterhaltung oder als Pille gegen Einsamkeit erleben oder benutzen. Ein Hund ist, in der kraftvollen Formulierung des Theologen Martin Buber, ein „Du". „Ich-es" objektiviert; „Ich-Du" erkennt eine lebendige Beziehung an. Indem die Sprecherin das Du ausspricht, nimmt sie in der Beziehung Stellung.[188]

Jeder Tag sollte ein Fest des Feierns sein, eine Ehrung dieser lebendigen Verbundenheit, dieser Ich-Du-Beziehung. Das „Du" ist eine Öffnung für das Unaussprechliche, das Heilige; es weckt unseren Sinn für Ehrfurcht und Erstaunen.

Es wird oft gesagt, dass Hunde leicht zu lieben sind, weil sie einfach sind und ihre Beziehungen zu uns einfach sind. Meiner Meinung nach wird damit Hunden und Hund-Mensch-Dyaden ein Bärendienst erwiesen, da die Komplikationen und der Herzschmerz unserer Beziehungen, das Hin und Her, das während unserer gemeinsamen Zeit auf der Erde immer wiederkehrt, heruntergespielt werden. Aber Hunde – selbst solche, die durch frühere Erfahrungen mit Menschen schwer geschädigt wurden – scheinen eine Offenheit des Herzens zu besitzen, die Menschen oft nur schwer aufrechterhalten können. Der Austausch ist einfach: Hunde belohnen uns für Freundlichkeit. Sie verstehen die grundlegenden moralischen Grundsätze „nicht schaden“ und „Freundlichkeit üben“ viel intuitiver als wir.

Bellas Leben ist in meins, in unseres eingeflochten. Mein Ehepartner Chris und ich sitzen jeweils auf einer Seite der Couch und kuscheln uns mit einem Buch ein. Bella liegt in der Mitte zu einem Böhnchen zusammengerollt. Der Wir-Hund, ganz auf uns konzentriert, in uns enthalten. Früher hatte ich ein schlechtes Gewissen, weil sie kein anderes Leben hat als das, das ich ihr schenke und dachte deshalb ständig darüber nach, ob ich ihr das bestmögliche Leben gebe. Ich stellte mir Bellas Leben als einen kleinen Kreis innerhalb der größeren, sich überschneidenden Kreise meines Lebens und des Lebens von Chris vor. Eine schwarze Bohne in unserer Suppe. Aber Bella hat mir sanft zu verstehen gegeben, dass ich das alles falsch verstanden habe. Es ist egoistisch und anthropozentrisch, ihre Erfahrungs- und Gefühlswelt als von mir abgegrenzt zu betrachten. Sie enthält eine Vielzahl von Dingen, die nicht von mir, von ihrer menschlichen Familie, von dieser häuslichen menschlichen Behausung umschlossen werden. Ich bewohne nur einen Teil von ihr; ich bin von ihrer Vielfalt umhüllt. David Abram schlägt vor, dass „jeder von uns durch seine Handlungen seinen Teil der Geschichte im Konzert mit den anderen Körpern oder Wesen um uns herum zusammensetzt. Kein menschliches Individuum kann ergründen, wie die umfassende Vorstellungskraft von einer anderen Person erlebt wird – geschweige denn von einer Schildkröte oder einer Gewitterwolke“ oder, so möchte ich hinzufügen, von einem Hund. „Unser fleischliches Eintauchen in die Tiefen des Mysteriösen sorgt also für einen inhärenten und unausweichlichen Pluralismus“.[189] „Wir sind menschlich“, sagt Abram, „nur im Kontakt und in der Geselligkeit mit dem, was nicht menschlich ist“.[190]

Die intensive Unterbringung in einem menschlichen Zuhause kann Hunde von sinnlichen Erfahrungen abhalten, die ihr Leben reich und interessant machen und ihre Möglichkeiten verringern, echte Hunde zu sein. Zu einer ethischen Pflege gehört es, diese Möglichkeiten zu fördern. Man könnte sagen, dass wir selbst, genau wie unsere Hunde, unter der intensiven Unterbringung leiden. Wie Abram argumentiert, scheinen wir Menschen unsere aktive Teilnahme an der Welt zu vergessen; wir sind in unseren Köpfen gefangen und hängen an unseren Bildschirmen fest. Hunde können uns dabei helfen. Sie können uns daran erinnern, wie wir die Welt, die innerhalb und außerhalb unserer vier Wände lebt und atmet, mit größerem Engagement erleben können. Hunde sind Mentoren für Vertrauen, Loyalität, Einfühlungsvermögen und die Fähigkeit, im gegenwärtigen Moment zu leben. Sie können uns lehren, uns für die unsichtbaren Geschenke zu begeistern, die uns ein vorbeiziehender Windhauch bietet.

In der üblichen Erzählung über die Koevolution von Mensch und Hund stehen Hunde im Schatten des Menschen. Die Wölfe suchten uns wegen unserer Abfälle auf; wir sahen eine Gelegenheit und machten sie zu unseren Gefährten. Und das sind die Hunde auch heute noch – zur Freundschaft gezwungen und durch ihre Beziehung zu uns gezeichnet. Aber wir können uns vielleicht eine andere Geschichte vorstellen, die im Mondschein von einem Hund zum anderen weitergegeben wird, wie der *Homo sapiens* in den Schatten des Hundes trat und durch diese evolutionäre Kollaboration zum Menschen wurde.

# Danksagungen

Es versteht sich von selbst, dass hier zuerst Bella gewürdigt werden muss. Sie war buchstäblich während der gesamten Zeit, in der ich dieses Buch recherchiert und geschrieben habe, an meiner Seite, sei es an unseren nebeneinanderliegenden Arbeitsplätzen – meinem hölzernen Schreibtisch mit einem Computer, ihrem blauen Bett auf dem Boden rechts neben dem Schreibtisch – oder bei der Feldforschung in der Nachbarschaft oder im Park. Die zehn Jahre unseres gemeinsamen Lebens haben mein Interesse an der Frage geweckt, die diesem Buch zugrunde liegt: „Wie lebt es sich heute gut als Hund?" Und ich habe eine kontraintuitive Antwort erhalten: Bella ist ein guter Hund. Übrigens ist jeder Hund ein guter Hund. Die anderen guten Hunde, mit denen ich enge Freundschaften geschlossen habe, verdienen ebenfalls Anerkennung dafür, dass sie schwierige Fragen über Mensch-Hund-Beziehungen und ausgehandelte Lösungen stellen und beantworten: Maya, Poppy, Topaz, Ody, Rufus, Benny, Brownie, Kobe, Joshua, Caleigh und Murphy.

Ich bin meiner menschlichen Familie dankbar. Ihr seid alles für mich.

Joe Calamia, mein Redakteur in Chicago: Vielen Dank! Sie haben sich weit über das übliche Maß hinaus engagiert. Ihr Engagement für meine Ideen, die sich aus den sehr frühen (und mühsam langen) Entwürfen entwickelt haben, war von unschätzbarem Wert. Sie schienen zu wissen, was ich sagen wollte, lange bevor ich es wusste, und Sie haben mir geholfen, die wichtigsten Aspekte dieses Buches herauszuarbeiten. Die Zusammenarbeit mit Ihnen war eine Ehre und ein Vergnügen zugleich. Yvonne Zipter, meine Lektorin in Chicago, Romanautorin, Dichterin, Freundin und Hundefreundin: Unsere berufliche Zusammenarbeit und Freundschaft in den letzten zehn Jahren war ein Geschenk. Ich freue mich auf viele weitere gemeinsame Jahre. Mein herzlicher Dank gilt allen Mitarbeitern der University of Chicago Press, die dazu beigetragen haben, dieses Buch Wirklichkeit werden zu lassen.

Ein besonderer Dank geht an Marc Bekoff. Unsere jahrelange Zusammenarbeit, zu der auch vier gemeinsam verfasste Bücher gehören – zwei davon über Hunde –, hat die Entwicklung meines Denkens maßgeblich beeinflusst. Lass' uns die Partnerschaft fortsetzen, und vor allem das Tauschgeschäft „Justin's" gegen „Ideen". (Nicht schlecht für ein Mädchen und einen alten Knacker.)

Der größte Teil dieses Buches wurde während der COVID-19-Pandemie geschrieben. Der Lockdown änderte meinen Plan für das Buch, der Reisen zu Konferenzen, Hundetrainingszentren und Kognitionslaboren vorgesehen hatte. Stattdessen verließ ich mich hauptsächlich auf Telefon- und Zoomgespräche mit Kollegen, Freunden und Experten. Ich wurde ständig an die Kollegialität und intellektuelle Großzügigkeit erinnert, die meine Arbeit so angenehm machen. Vielen Dank an Kim Brophey, Mark Derr, Barrie Finger, Susan Friedman, Lori Gruen, Hal Herzog, Rain Jordan, Lisa Knaggs, Lisa Moses, Karen Overall, Cathy Sdao, James Serpell, Lisa Tenzin-Dolma und Zazie Todd. (Ich bitte um Entschuldigung, wenn ich jemanden auf dieser Liste vergessen habe. Covid hat es mir irgendwie erschwert, den Überblick zu behalten.) Danke auch an die Teilnehmer des Harvard-Yale-Seminars der Fakultät für Tierethik für ihre Ideen zu den Kapiteln 6 und 7. Den anonymen Gutachtern meines Manuskripts: Ich weiß es sehr zu schätzen, dass Ihr Euch die Zeit genommen habt, meinen Entwurf zu lesen und darauf zu reagieren. Euer Feedback war unglaublich hilfreich.

Schließlich möchte ich mich bei den menschlichen und hündischen Freunden bedanken – zu viele, um sie zu nennen –, die mir geholfen haben, die Fragen und Antworten in diesem Buch zu finden.

# Ressourcen

## Kapitel 2

### Drei Regeln für Mensch-Hund-Beziehungen

Im Englischen „Die drei C's - Collaboration, Curiosity, Care"

*1) Kollaboration.* So wie Hunde hart daran arbeiten, sich an unsere Lebensweise anzupassen, können wir ebenso hart daran arbeiten, uns an ihre anzupassen.

2) Eine Haltung der *Neugierde* und des Anfängergeistes fördert die Zusammenarbeit.

3) Wir haben die Verantwortung, uns gut um die Hunde zu *kümmern,* die wir in unser Zuhause bringen; Zusammenarbeit und Neugier können uns dabei helfen und Mitgefühl für Tiere und Menschen gleichermaßen erzeugen.

### Ethogramme

Hier sind zwei Beispiele für Ethogramme aus der wissenschaftlichen Literatur, damit Sie sehen können, wie diese aussehen (und vielleicht bekommen Sie auch ein paar neue Ideen, wie Sie das Verhalten Ihres Hundes lesen können). Das erste ist ein Ethogramm der Ruten- und Ohrenhaltung. Das zweite ist ein Ethogramm hundegerichteter Verhaltensweisen (Verhaltensweisen, die bei einer Interaktion zwischen zwei Hunden auftreten können).

## Beispiel-Ethogramm: Ruten- und Ohrpositionen

| Haltung[1] | Positionen | |
|---|---|---|
| | Rute | Ohren |
| Hoch | Maximal hoch getragen | Maximal aufgerichtet (Stehohren) oder nach vorne gehalten (Schlappohren) |
| Halbhoch | Teilweise ganz hoch und über die waagerechte Rückenlinie getragen | Teilweise aufgerichtet oder nach vorne hängend, höher als neutral |
| Neutral | Folgt der Linie der Hinterhand und wird um die waagerechte Rückenlinie herum gehalten | Entspannt gehalten, teilweise seitwärts gerichtet |
| Zurück | Wie in Neutralstellung, jedoch in dorsaler oder lateraler liegender Position | Wie in neutral |
| Halbniedrig | Tiefer als neutral, aber nicht gegen oder zwischen den Hinterbeinen gehalten | Teilweise in den Nacken zurückgelegt, niedriger als neutral |
| Niedrig | Die Oberseite der Rute gegen die Hinterhand gedrückt und S-förmig, oder unten zwischen die Hinterbeine gezogen | Maximal in den Nacken zurückgelegt (Stehohren) oder nach hinten gehalten (Schlappohren) |
| Tief auf dem Rücken | Wie bei Niedrig, aber in dorsaler oder lateraler liegender Position | Wie bei niedrig |

Quelle: van der Borg et al., „Dominance in Domestic Dogs". https://www.researchgate.net/figure/Ethogram-for-tail-and-ear-positions-for-7-postures_fig3_281377722. Creative Commons Namensnennung 4.0 International.

1 Das Spektrum der Rutenhaltung (von hoch bis niedrig) variiert stark zwischen den Rassen und wurde hier bei der Bewertung mit in Betracht gezogen.

### Beispiel-Ethogramm: Hündische Kommunikation

| Verhaltenselement | Beschreibung |
|---|---|
| Schnauzenlecken | Wiederholtes Lecken mit schnellen Bewegungen, die auf die Mundwinkel des Empfängers gerichtet sind |
| Schwanz- und Körperwedeln | Beschleunigte, unregelmäßige Bewegung der Rute, oft bewegt sich auch das Hinterteil, in neutraler oder tieferer Haltung (die Haltung wird zur Unterscheidung vom normalen Schwanzwedeln angegeben, siehe unten) |
| Unter Kopf durchgehen | Von der Seite dicht unter dem Kopf des Empfängers durchgehen, oft kurzer Nasen-Kinn-Kontakt mit dem Empfänger, in einer neutralen oder tieferen Haltung |
| Starren | Intensiver, fixierender Blick in Richtung des Empfängers mit angespanntem Körper, für eine Mindestdauer von 2 Sekunden |
| Piloerektion | Aufstellen der Haare an einem oder mehreren oberen Körperteilen (Hals, Schulter, Hinterteil) und/oder am Rutenansatz |
| Knurren | Tiefes, grollendes, ziemlich einsilbiges Geräusch aus der Kehle des Hundes |
| Zähne zeigen | Blecken der Zähne, die teilweise oder ganz sichtbar werden |
| Schnappen | Versuch zu beißen, dabei sich nicht mehr als 1 oder 2 Schritte (etwa ½ Meter) in Richtung des Empfängers bewegen, ohne Körperkontakt |
| Draufzustürzen | Versuch zu beißen, dabei sich über eine Entfernung von ½ bis 3 Metern in Richtung des Empfängers bewegen, ohne Körperkontakt |
| Beißen | Den Körper des Empfängers mit so viel Druck zwischen die Kiefer zu nehmen, dass der Empfänger Schaden nehmen könnte |
| Kämpfen | Schwere, offensive und aggressive Interaktion zwischen zwei Hunden, einschließlich aggressiver Elemente wie Draufzustürzen und Beißen |

| Verhaltenselement | Beschreibung |
|---|---|
| Zurückweichen | Beschleunigte, vom Empfänger weggerichtete Bewegung über eine Entfernung von bis zu 1 Meter |
| Rückzug | Beschleunigte, vom Empfänger weg gerichtete Bewegung über eine Entfernung von 1 bis 3 Metern |
| Flucht | Weglaufen vom Empfänger über eine Distanz von 3 Metern oder mehr, mit dem Kopf in die entgegengesetzte Richtung des Empfängers |
| Überstehen | Stehen über dem Körper des Empfängers mit vier Pfoten auf dem Boden, in einer neutralen oder höheren Haltung |
| Schnauzengriff | Ungehemmtes Beißen über die Schnauze des Empfängers von oben oder der Seite |
| Züngeln | Eine oder mehrere kurze Leckbewegungen mit der Zunge zur Nase und dem Kopf zum Empfänger gerichtet, ohne Körperkontakt |
| Wegschauen | Nur den Kopf wird vom Empfänger weggedreht, dabei aber Verharren an der gleichen Stelle |
| Einfrieren | Allgemeine Starre des Körpers mit Ausnahme der Rute, kein Starren in Richtung des Empfängers |
| Annäherung | In normalem Tempo (nicht beschleunigt) auf den Empfänger zugehen, bis zu einer Entfernung von 1 Meter oder weniger |
| Objekt wegnehmen | Wegnehmen von Gegenständen oder Knochen, die sich im Besitz des Empfängers befinden |
| Bellen | Lautes und wiederholtes Bellen (charakteristisch für Hunde), das auf den Empfänger gerichtet ist |
| Schwanzwedeln | Unbeschleunigte, regelmäßige Seitwärtsbewegungen der Rute in einer Ebene |
| Pföteln | Legen einer oder beider Vorderpfoten auf den Kopf oder den Rücken des Empfängers |

Quelle: van der Borg et al., „Dominance in Dogs „. https://www.researchgate.net/figure/Ethogram-for-24-behaviours-in-dogs-adapted-from-Zimen-34-and-van-Hooff-and-Wensing_fig7_281377722. Creative Commons Namensnennung 4.0 International.

Wenn Sie mehr darüber erfahren möchten, wie Sie die Körpersprache und das Verhalten von Hunden beobachten und verstehen können, finden Sie hier ein paar Bücher und Websites, die Ihnen den Einstieg erleichtern:

- Roger Abrantes, *Dog Language: An Encyclopedia of Canine Behavior*
- Brenda Aloff, *Canine Body Language: A Photographic Guide Interpreting the Native Language of Dogs*
- Lili Chin, Doggie Language: *A Dog Lover's Guide to Understanding Your Best Friend*
- Barbara Handelman, *Canine Behavior: A Photo Illustrated Handbook*
- Mike McAuliffe, „Canine Communication", https://www.arl-iowa.org/webres/File/Canine%20Communication.pdf
- Turid Rugaas, *On Talking Terms with Dogs: Calming Signals*, 2nd edition
- Katja Krauß und Gabi Maue, *Emotionen bei Hunden sehen lernen* (Ergänzung des dt. Verlags)

## Übung „Böser Hund"

Machen Sie eine Liste mit allen Verhaltensweisen Ihres Hundes, die Sie als schwierig, lästig, beängstigend oder anderweitig problematisch empfinden. Gehen Sie die Liste noch einmal durch und kreuzen Sie jedes Verhalten an, von dem Sie glauben, dass es zum natürlichen Verhaltensrepertoire Ihres Hundes gehört.

## Hundeverhalten

| | |
|---|---|
| ☐ 1. ____________ | ☐ 14. ____________ |
| ☐ 2. ____________ | ☐ 15. ____________ |
| ☐ 3. ____________ | ☐ 16. ____________ |
| ☐ 4. ____________ | ☐ 17. ____________ |
| ☐ 5. ____________ | ☐ 18. ____________ |
| ☐ 6. ____________ | ☐ 19. ____________ |
| ☐ 7. ____________ | ☐ 20. ____________ |
| ☐ 8. ____________ | ☐ 21. ____________ |
| ☐ 9. ____________ | ☐ 22. ____________ |
| ☐ 10. ____________ | ☐ 23. ____________ |
| ☐ 11. ____________ | ☐ 24. ____________ |
| ☐ 12. ____________ | ☐ 25. ____________ |
| ☐ 13. ____________ | |

Um mehr über das Verhalten von Hunden zu erfahren und um Ihnen zu helfen, zwischen normalem und problematischem Verhalten zu unterscheiden, können Sie sich eines der vielen ausgezeichneten Bücher über das Verhalten von Hunden ansehen.

Hier sind ein paar Vorschläge:

- American College of Veterinary Behaviorists, *Decoding Your Dog*
- Marc Bekoff, *Canine Confidential* (dt. *Feldstudien auf der Hundewiese*)
- John Bradshaw, *Dog Sense (*dt. *Hundeverstand)*
- Alexandra Horowitz, *Inside of a Dog (*dt. *Was denkt der Hund?)*
- Ádám Miklósi, *Dog Behaviour, Evolution, and Cognition,* 2. Auflage, (dt.: *Hunde – Evolution, Kognition und Verhalten*) und *Dogs: A Natural History*

## Wie man hundebezogene Webressourcen einschätzt

Wenn Sie sich über Futter und Ernährung, die richtige Wahl und Verwendung von Hilfsmitteln, Training und Verhaltenstipps, Gesundheitsprobleme oder andere Themen im Zusammenhang mit der Hundehaltung informieren, haben Sie einen Berg von Informationen zur Hand. Das Internet ist eine Goldgrube für großartige Informationen, aber es gibt auch eine Menge Müll, und manchmal ist es schwer zu erkennen, was zuverlässig ist.

Hier ein paar Gedanken zur Bewertung von Websites, Artikeln, Blogs und Ratschlägen. Stellen Sie sich zwei grundlegende Fragen: Woher stammen die Informationen? Und wer ist für die Informationen verantwortlich? Sie können auch prüfen, wie aktuell die Informationen sind (obwohl brandneue Inhalte nicht immer besser sind als ältere).

### Vorsicht walten lassen

Wenn eine Website versucht, etwas zu verkaufen oder zu vermarkten, ist im Allgemeinen ein erhöhtes Maß an Vorsicht angebracht. Versuchen Sie zum Beispiel nicht, sich über die Vor- und Nachteile von E-Halsbändern zu informieren, indem Sie sich das Material von Unternehmen ansehen, die diese Produkte vermarkten oder verkaufen. Das Produktmarketing für Hunde ist gespickt mit einer Menge Beschönigung, manipulativer Sprache und schlichten Lügen. Achten Sie also daruf, wer der Betreiber der Website ist und gehen Sie mit Bedacht vor. Auch Hundezüchter versuchen Produkte zu verkaufen. Daher ist erhöhte Vorsicht geboten, wenn Informationen von einem Züchter, einem Zuchtverein oder der milliardenschweren Industrie, die die Zucht und Ausstellung von Hunden unterstützt, präsentiert werden.

Achten Sie auf die Stereotypisierung und das „Verallgemeinern" von Hunden oder Hunderassen: „Hunde lieben bedingungslos." „Der Pyrenäenberghund ist ein sanfter, entspannter Hund, perfekt für die Familie, die es sich gerne am Kamin gemütlich macht." Die Typisierung von Hunden nach Rassen ist weit verbreitet (siehe z. B. die Website des American Kennel Club: https://www.akc.org/dog-breeds/). Das Problem ist, wie

Marc Bekoff in seiner Arbeit oft betont, dass nicht Rassen Persönlichkeiten haben, sondern Individuen.

### Grundsätzlich zuverlässig

Organisationen, die sich für Hunde einsetzen, wie z. B. die Humane Society of the United States oder örtliche Tierheime, haben in der Regel keine anderen Hintergedanken, als Hunden zu helfen, ein Zuhause zu finden und dort zu bleiben. Diese Organisationen stellen in der Regel sorgfältig geprüfte Informationen zur Verfügung. (Achten Sie auf „.org".)

Tierärztliche Quellen, insbesondere solche, die mit großen Tierarztschulen oder Berufsverbänden verbunden sind, sind in der Regel sehr gut. Diese Quellen sind besonders gut für gesundheitsbezogene Themen, decken aber oft auch Verhaltensfragen ab. (Achten Sie auf „.edu.") Eine weitere Frage, die Sie sich stellen sollten: Sind die Informationen, die ich lese, durch empirische Forschung gestützt? Achten Sie auf Artikel mit Quellenangaben, insbesondere auf solche, die auf von Experten begutachtete Literatur verweisen. Ich habe mehr Vertrauen in Forschungsarbeiten, die in von Fachleuten begutachteten Zeitschriften erscheinen, als in solche, die von der Heimtierindustrie durchgeführt werden. „Peer-reviewed" bedeutet, dass die präsentierten Informationen von anderen Forschern auf dem Gebiet bewertet wurden. (Wie kann man feststellen, ob eine Zeitschrift von Fachleuten begutachtet wurde? Googeln Sie die Zeitschrift (Name) und „peer reviewed").

## Kapitel drei

### Fütterung

Der „Pet Weight Check" der Association for Pet Obesity Prevention liefert nicht nur die in der Abbildung unten gezeigten Richtlinien für den Body Condition Score, sondern hilft Ihnen auch dabei, Ressourcen zur Bestimmung des Kalorienbedarfs Ihres Hundes und seines Idealgewichts zu finden und bietet Ideen für eine sichere Gewichtsreduktion: https:// petobesityprevention.org/pet-weight-check (in engl. Sprache)

## Body Condition Score - Bewertung

**Unter Ideal** | **Ideal**

**1-3**

1) Rippen, Lendenwirbel, Beckenknochen und Knochenvorsprünge aus Abstand erkennbar. Kein wahrnehmbares Körperfett. Offensichtlicher Verlust von Muskelmasse.

2) Rippen, Lendenwirbel und Beckenknochen gut sichtbar. Kein Fett tastbar. Einige Anzeichen für andere knöcherne Vorsprünge. Minimaler Verlust an Muskelmasse.

3) Rippen sind leicht zu ertasten und können ohne tastbares Fett sichtbar sein. Die Spitzen der Lendenwirbel sind sichtbar. Die Beckenknochen treten hervor. Offensichtliche löschen und ersetzen durch: Taille definiert und Bauchlinie erkennbar ansteigend.

4) Rippen leicht tastbar, mit minimaler Fettabdeckung. Taille von oben gesehen gut definiert. Bauchlinie erkennbar ansteigend.

5) Rippen ohne überschüssige Fettschicht tastbar. Die Taille befindet sich von oben gesehen hinter den Rippen. Aufsteigende Bauchlinie von der Seite leicht erkennbar.

Quelle: World Small Animal Veterinary Association

**Über Ideal**

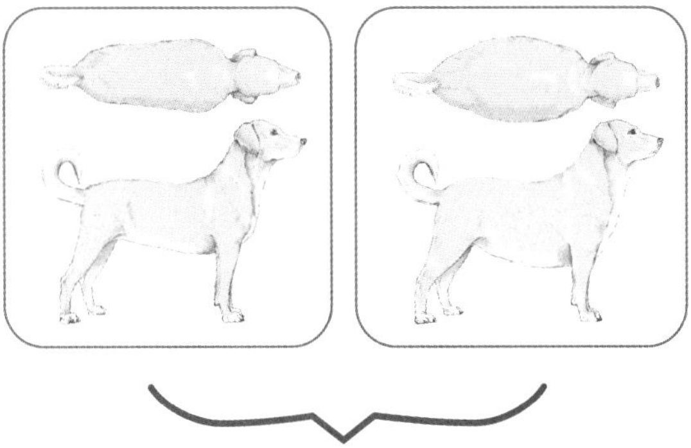

7-9

6) Rippen tastbar mit leichtem Überschuss an Fettauflage. Die Taille ist von oben gesehen erkennbar, aber nicht ausgeprägt. Aufsteigende Bauchlinie erkennbar.

7) Rippen nur schwer tastbar. Starke Fettabdeckung. Auffällige Fettablagerungen im Lendenbereich und am Schwanzansatz. Leicht aufsteigende Bauchlinie kann noch vorhanden sein.

8) Rippen unter sehr starker Fettschicht nicht oder nur mit erheblichem Druck tastbar. Starke Fettablagerungen im Lendenbereich und am Schwanzansatz. Taille nicht vorhanden. Keine aufsteigende Bauchlinie erkennbar. Offensichtliche Bauchdehnung kann vorhanden sein.

9) Massive Fettansammlungen an Brustkorb, Wirbelsäule und Schwanzansatz. Taille und ansteigende Bauchlinie nicht vorhanden. Fettablagerungen an Hals und Gliedmaßen. Offensichtliche Bauchdehnung.

Quelle: World Small Animal Veterinary Association, „Body Condition Score", WSAVA (Website), https://wsava.org/wp-content/uploads/2020/01/Body-Condition-Score-Dog.pdf. Diese Richtlinien wurden erstmals im *Journal of Small Animal Practice* 52, Nr. 7 (Juli 2011) veröffentlicht: 385-96, herausgegeben von John Wiley and Sons Ltd. und werden mit Genehmigung veröffentlicht

Der WSAVA-Leitfaden „The Savvy Dog Owner's Guide to Nutrition on the Internet" (Der Leitfaden für clevere Hundebesitzer zur Ernährung im Internet) enthält hilfreiche Hinweise (in engl. Sprache) dazu, welchen Ernährungsempfehlungen man vertrauen kann und enthält Links zu verschiedenen Ressourcen, die Hundehaltern dabei helfen können, die Ernährungsbedürfnisse ihres Gefährten zu verstehen und sie am besten zu erfüllen (https://wsava.org/wp-content/uploads/2020/01/The-Savvy-Dog-Owners-Guide-to-Nutrition-on-the-Internet.pdf).

Auf der Petfoodology-Website der Tufts University finden Sie zahlreiche Artikel von Veterinärmedizinern, die sich mit der Frage beschäftigen, wie und was man füttern sollte (in engl. Sprache) (https://vetnutrition.tufts.edu/petfoodology/).

All about Dog Food ist eine im Vereinigten Königreich ansässige Web-Ressource, die den Verbrauchern helfen soll, die ernährungsphysiologischen Vor- und Nachteile einer Vielzahl von Futtermitteln und Leckerlis zu verstehen und eine sachkundige Auswahl zu treffen. Sie umfasst interaktive Verzeichnisse der verfügbaren Futtermittel und Leckerlis, eine Seite mit Futtervergleichen, Fütterungsrichtlinien und Links zu zahlreichen Artikeln über Futter und Fütterung (https://www.allaboutdogfood.co.uk).

Das *Whole Dog Journal* hat eine Webseite (in engl. Sprache) mit dem Titel „Food", auf der verschiedene Futterkategorien (z. B. getreidefreies Trockenfutter, Dosenfutter, Futter mit wenigen Inhaltsstoffen) vorgestellt werden. Wie Petfoodology versucht auch die Website des *Whole Dog Journal* nicht, ein bestimmtes Futter oder eine bestimmte Art von Ernährung zu verkaufen, und ich finde die Informationen insgesamt objektiv und ausgewogen (https://www.whole-dog-journal.com/category/food/).

Die Website der FDA (engl.) bietet Richtlinien für den sicheren Umgang mit Hundefutter und Leckerlis (https://www.fda.gov/animal-veterinary/animal-health-literacy/tips-safe-handling-pet-food-and-treats). Die FDA betont, wie wichtig es ist, die Näpfe – Wasser und Futter – sowie die Schaufeln und Aufbewahrungsbehälter sauber zu halten. Tierhalter sollten sich vor und nach dem Umgang mit Futter oder Leckerlis die Hände mit Seife und heißem Wasser waschen. Das Futter sollte in luftdichten Behältern aufbewahrt werden, damit es frisch bleibt und nicht verdirbt. Eines der schönsten Dinge, die Sie für Ihren Hund tun können, ist es, ihm jeden Tag frisches Wasser in einem blitzsauberen Napf zu geben.

Um herauszufinden, welche Marken von Hundefutter nicht an Labortieren getestet wurden, können Sie in der Datenbank „Tierversuchsfreie Tiernahrung" auf der deutschen Seite von PETA nachsehen: https://tierversuchsfrei.peta-approved.de/tiernahrung-und-weitere-produkte/

## Kooperative Pflege, angstfreie Pflege, stressarmer Umgang

Zu Deborah Jones' Buch *Cooperative Care* gibt es einen begleitenden YouTube-Kanal, Cooperative Care with Deb Jones, mit kurzen Anleitungsvideos, wie man Hunden beibringt, sich mit tierärztlichen und tierpflegerischen Verfahren wohlzufühlen (https://www.youtube.com/channel/UCLdrsXsstUUTcTdWS21pZVA).

In Pat Millers „Cooperative Care: Giving Your Dog Choice and Control" auf der Website des *Whole Dog Journal* enthält viele konkrete Übungen, die Halter mit ihren Hunden durchführen können (https://www.whole-dog-journal.com/training/cooperative-care-giving-your-dog-choice-and-control/).

Das Buch *Cooperative Veterinary Care* von Alicea Howell und Monique Feyrecilde richtet sich an Tierärzte, enthält aber auch nützliche Informationen für Hundehalter, die proaktiv handeln wollen. Ein deutschsprachiges Buch mit guten Tipps zum Thema ist *Entspannt zum Tierarzt* von Dr. Dominique Tordy (Anm. d. dt. Verlags).

Die Fear Free-Website enthält eine Liste von Fear Free-zertifizierten Kliniken und Fachleuten sowie zahlreiche Artikel für Tierhalter über die Schaffung eines angstfreien Zuhauses (https://fearfreepets.com). Die Website von CattleDog Publishing beschreibt den stressarmen Umgang mit Tieren, eine Philosophie und eine Reihe von Techniken, die von der Tierärztin Sophia Yin (https://cattledogpublishing.com/why-and-what-is-low-stress-handling/) entwickelt wurden. Siehe auch Yins Buch *Low Stress Handling, Restraint, and Behavior Modification of Dogs and Cats.*

## Kapitel vier

Es lohnt sich, einige Zeit darauf zu verwenden, die tägliche sensorische Umgebung Ihres Hundes sorgfältig zu durchdenken und zu versuchen, Quellen von Angst und Unbehagen zu identifizieren und zu verringern und die Möglichkeiten für positive, bereichernde Erfahrungen zu erhöhen.

### Einige allgemeine Fragen, die Sie stellen könnten

- Was sind potenzielle Angstquellen in meinem Zuhause? In meiner Nachbarschaft? Denken Sie an alle fünf Sinnesmodalitäten: Geruch, Hören, Sehen, Geschmack, Berührung. Zu den physischen Quellen von Unbehagen gehören beispielsweise rutschige Böden, Temperatur, Enge oder ein zu enges Halsband oder Geschirr. Psychisches Unbehagen kann durch Sirenen, lautes Fernsehen oder Musik oder zu viel Zeit allein verursacht werden.
- Welche Rituale sind für Sie und Ihren Hund besonders wichtig?
- Inwiefern ist die Umgebung Ihres Hundes vorhersehbar? Ist sie gut berechenbar oder langweilig berechenbar?
- Was bereitet Ihrem Hund die größte Freude?
- Was sind die Liebessprachen Ihres Hundes?

### Landschaften der Angst

Die Website Fear Free Happy Homes (engl.) bietet eine Fülle von Informationen darüber, wie man sein Zuhause so stressfrei wie möglich gestalten kann (https://www.fearfreehappyhomes.com).

Lernen Sie auf der Webseite von Dogs Trust „Signs Your Dog May Be Stressed“ (https://www.dogstrust.org.uk/help-advice/behaviour/signs-your-dog-may-be-stressed), wie Sie Anzeichen von Stress erkennen können (in engl. Sprache).

## Enrichment

Wenn Sie die Begriffe „Hund“ und „Bereicherung“, „Enrichment“ oder „Beschäftigung“ googeln, finden Sie eine Fülle von Ideen und Anregungen, wie Sie das Leben Ihres Hundes interessanter gestalten können. Mit Enrichment kann man kaum etwas falsch machen, daher gelten die Vorbehalte, die für andere Internetquellen gelten, hier nicht so sehr. Als Faustregel können Sie sagen: Probieren Sie es aus, solange Ihr Hund freiwillig mitmacht. Wenn Ihr Hund nicht interessiert zu sein scheint, machen Sie etwas anderes. Es gibt viele gute Enrichment-Produkte auf dem Markt (Spielzeug, Futterspielzeuge usw.), aber Sie können auch ganz einfach mit Ihrer Fantasie neue Enrichments schaffen.

Die Dogs Trust-Webseite „Enrichment Activities to Keep Your Dog Entertained“ enthält Links zu einer Reihe von Videos mit Spielen, Herausforderungen und Aktivitäten zur körperlichen und geistigen Stimulation (https://www.dogstrust.org.uk/help-advice/behaviour/enrichment-ideas-for-bored-dogs).

Die Webseite der American Society for the Prevention of Cruelty to Animals „Canine DIY Enrichment“ bietet Problemlösungsaufgaben und Spiele, die Sie selbst herstellen können (https://www.aspca.org/pet-care/dog-care/canine-diy-enrichment).

Auf der Animal Friends-Webseite „Dog Enrichment“ werden ebenfalls verschiedene Aktivitäten zur Bereicherung Ihres Hundes vorgeschlagen (https://www.thinkingoutsidethecage.org/pet-resources/games-and-enrichment/dog-enrichment/).

Marc Bekoff und mein 2019 erscheinendes Buch *Unleashing Your Dog: How to Give Your Canine Companion the Best Possible Life*, ist voller Ideen, wie Sie Ängste abbauen und die tägliche Umgebung Ihres Hundes bereichern können.

Abschließend möchte ich Ihnen einige meiner Lieblingsbücher über das Warum und Wie von Enrichment vorstellen:

Allie Bender und Emily Strong, *Canine Enrichment for the Real World*
Shay Kelly, *Canine Enrichment: The Book Your Dog Needs You to Read*
Pat Miller, *Play with Your Dog*
Zazie Todd, Wag: *The Science of Making Dogs Happy*

## Kapitel fünf

Auf der Webseite des *Whole Dog Journal* „The Safest Types of Dog Collars (and the Most Dangerous)" von Pat Miller finden Sie Tipps zum richtigen Sitz von Halsbändern und Geschirren (https://www.whole-dog-journal.com/care/collars-harnesses-leashes-muzzles/the-safest-types-of-dog-collars-and-the-most-dangerous/).

Ressourcen zum Thema Maulkorbanpassung und Sicherheit sowie einen sorgfältigen Trainingsplan (engl.) finden Sie auf der Website des Muzzle Up Project (https:// muzzleupproject.com/resources/).

## Kapitel sechs

### Hinzuziehung von Experten

Ich bin ein großer Fan davon, die Hilfe anderer in Anspruch zu nehmen, um eine gute Zusammenarbeit mit Hunden aufzubauen. Ich würde jedoch dazu raten, sorgfältig zu recherchieren, um Hilfe beim Training und Verhalten zu finden – das geistige und emotionale Wohlbefinden Ihres Hundes steht auf dem Spiel.

Wenn Sie sich dafür entscheiden, Experten hinzuzuziehen, denken Sie über Ihre Ziele und Anliegen nach und suchen Sie dann die richtige Art von Experten, die Ihnen helfen können – brauchen Sie beispielsweise einen Tierarzt, einen Trainer oder einen Verhaltensberater? Möglicherweise müssen oder wollen Sie mit all diesen Experten sprechen. Wobei möchten Sie Hilfe erhalten? Bei der Diagnose / Lösung von Verhaltensproblemen? Oder beim Training von Fähigkeiten? Wessen Probleme sind es? Sind sie lästig für Sie? Oder sind sie ein Zeichen für ein schlechtes Wohlergehen Ihres Hundes? Oder sind Sie sich nicht sicher? Tierärzte mit Zusatzqualifikation Verhaltenstherapie haben Zugang zu Medikamenten, wenn es sich um ein ernsthaftes Fehlverhalten handelt. Denken Sie daran, dass Verhaltensprobleme auf Stress / Angst sowie auf Schmerzen oder körperliche Beschwerden (Juckreiz, Magen-Darm-Beschwerden usw.) zurückzuführen sein können.

Wenn Sie sich für einen Trainer oder Verhaltensberater entscheiden, suchen Sie nach jemandem, der zertifiziert ist und über eine Ausbildung in Tierverhalten, Ethologie oder Psychologie verfügt. Eine gute Zertifizierungsstelle (für den engl. Sprachraum) ist die International Association of Animal Behavior Consultants (https://iaabc.org).

Nicht jeder Trainer, egal wie gut er ist oder wie gut er bewertet wurde, wird für Sie und/oder Ihren Hund geeignet sein. Machen Sie sich eine Liste mit Fragen zu den Methoden (Belohnung oder Bestrafung), zur Trainingsphilosophie (Gehorsam oder Zusammenarbeit) und zum Einsatz von Aversiva (einschließlich der Definition, was als Aversivum gilt). Ist das Training beziehungsorientiert oder verhaltensorientiert? Hundetraining versus Menschentraining?

Wenn Sie versuchen, Verhaltensprobleme zu lösen, kann es hilfreich sein, wenn jemand zu Ihnen nach Hause kommt, um den Hund in seiner ökologischen Nische zu sehen und zu beobachten, wie sich die täglichen Interaktionen entwickeln.

Ich bin kein großer Fan von „Hundeinternaten“, weil sie nicht auf Zusammenarbeit ausgerichtet sind – der Hund trägt seinen Teil zum Lernen bei, aber der menschliche Betreuer tut nichts anderes als die Rechnung zu bezahlen. Außerdem verwenden viele dieser Camps und Schulen Aversiva wie E-Halsbänder und neigen dazu, Unterordnung zu betonen.

Ein immersives Camp, in dem Mensch und Hund zusammen sind?

Das ist schon besser. (Aber ich kenne keine.)

Schauen Sie sich TV-Trainingssendungen an, wenn Sie müssen. Aber sehen Sie sich diese Sendungen zur Unterhaltung an, nicht, um Ratschläge für das Training zu erhalten.

Da Aggression ein so häufig genanntes Verhaltensproblem ist und so tiefgreifende Auswirkungen auf Hunde und Menschen haben kann, möchte ich die Arbeit des Aggressionsexperten Michael Shikashio erwähnen. Seine Website ist eine großartige Quelle (https:// aggressivedog.com), und sein Podcast The Bitey End of the Dog bietet Einblicke von einigen der nachdenklichsten Hundetrainer und Hundevertreter in der Branche.

# Kapitel sieben

## Zur Beurteilung von Schmerz/Lebensqualität

Instrumente und Skalen zur Bewertung von Schmerzen und Lebensqualität können wertvoll sein, um unsere Aufmerksamkeit auf das zu lenken, was unsere Hunde erleben und unser Bewusstsein dafür zu vertiefen. Es gibt hier nicht nur eine einzige Anlaufstelle. Ich empfehle Ihnen, die folgenden Links zu nutzen, um sich Anregungen zu holen und weitere Ressourcen zu finden. Einige wichtige Punkte in diesem Prozess: Lernen, Anzeichen von Schmerzen und Unwohlsein zu erkennen, die sehr subtil sein können; Schmerzen und Unwohlsein in Zusammenarbeit mit Tierärzten so gut wie möglich behandeln; bei der Schmerz- und Symptombehandlung auf dem Laufenden bleiben, was viel einfacher ist, als zu versuchen, den Rückstand aufzuholen; und das Wohlbefinden Ihres Hundes im Laufe der Zeit verfolgen. Schmerzwerte und Bewertungen der Lebensqualität sollten als dynamische Instrumente betrachtet werden, die je nach Bedarf immer wieder verwendet werden können.

*Dr. Petty's Pain Relief for Dogs: The Complete Medical and Integrative Guide to Treating Pain*, von Tierarztspezialist Dr. Michael Petty, ist für Hundehalter geschrieben. Dr. Petty hilft den Lesern, die Physiologie des Schmerzes zu verstehen und zu lernen, wie man Schmerzen erkennt und wie man unseren Hunden helfen kann, sich wohler zu fühlen. Die Webseite „15 Signs of Pain in Dogs" (15 Anzeichen für Schmerzen bei Hunden) – ein schöner Überblick über häufige Schmerzverhaltensweisen bei Hunden – stammt aus Pettys Buch und kann auf der Website der American Animal Hospital Association (https://www.aaha.org/globalassets/02-guidelines/pain-management/painmgmt_15signs.pdf) abgerufen werden. In deutscher Sprache bietet das Buch *Schmerzen und Verhalten - Zusammenhänge beim Hund verstehen* von Dr. Patrick Blättler-Monnier und Katrien Lismont gute Hilfestellung (Anm. d. dt. Verlags).

Für vertrauenswürdige Informationen zu einer Vielzahl von Themen im Bereich der tierärztlichen Versorgung und Schmerzbehandlung werden die folgenden Websites (in engl. Sprache) empfohlen:
https://fearfreepets.com

https://veterinarypartner.com
https://www.aaha.org (Amerikanische Tierkrankenhausvereinigung)
http://healthypet.com
https://ivapm.org (Internationale Veterinärakademie für Schmerztherapie)
https://wsava.org (Weltverband der Kleintierärzte)
https://pets.webmd.com

Eine umfassende Liste von Verhaltensweisen, die auf Schmerzen hinweisen können, finden Sie in den folgenden drei Tabellen. Die erste ist die von der American Animal Hospital Association herausgegebene Tabelle „How to Tell If Your Dog Is in Pain". Das von Dr. Dorothy Cimino Brown entwickelte „Canine Brief Pain Inventory" ist ein nützliches Instrument zur Überwachung von Schmerzen bei Hunden, die krank oder verletzt sind oder an einer schmerzhaften chronischen Erkrankung wie Arthrose leiden. Das von Dr. Alicia Karas entwickelte „Comfort Diary for Dogs" bietet eine Möglichkeit, das Verhalten des Hundes und seine Reaktion auf Medikamente zu dokumentieren und die Entscheidungsfindung über die optimale Dosierung und den Zeitpunkt der Medikamenteneinnahme zu unterstützen.

Vielleicht können Sie ein Tagebuch über die Lebensqualität Ihres Hundes führen, in dem Sie Schmerzen, Beschwerden und andere Symptome, aber auch positive Erlebnisse und schöne Tage festhalten. Dies ist besonders wichtig für Hunde, die krank sind, die eine schwere Verletzung erlitten haben oder die älter sind und zusätzliche / andere Unterstützung benötigen. Das Tagebuch bietet einen Ausgangspunkt für „normal", um Trends im Laufe der Zeit zu verfolgen, und dient als Aufzeichnung dessen, was Sie versucht haben (z. B. Schmerzmittel, häusliche Veränderungen) und wie gut verschiedene Maßnahmen funktioniert haben. Dieses Tagebuch wird zu einem unschätzbaren Instrument für die Palliativpflege und für Entscheidungen am Lebensende. Ich denke, dass Lebensqualitäts-Tagebücher auch für gesunde, junge Hunde nützlich sind, da sie uns helfen, unsere Aufmerksamkeit auf das zu lenken, was unser Hund erlebt und wie wir das Gleichgewicht der Erfahrungen positiv und angenehm halten können. Ein Lebensqualitäts-Tagebuch könnte sogar dazu verwendet werden, Angst- und Lustlandschaften zu erforschen und zu verfolgen, wie in Kapitel vier beschrieben. Sie könnten einen speziellen Abschnitt des Lebensqualitäts-Tagebuchs dem Glück widmen. Was mag Ihr Hund besonders gern und was sind seine schönsten Erlebnisse? Wie können Sie mehr davon machen?

Es ist auch sinnvoll, ein schriftliches Gesundheitsjournal zu führen, um Impfungen, vorbeugende Behandlungen, Krankheiten und Verletzungen, Allergien, unverträgliche Lebensmittel usw. festzuhalten.

## Ältere Hunde

Ältere Hunde brauchen besondere Pflege. Dr. Mary Gardner's *It's Never Long Enough: A Practical Guide to Caring for Your Geriatric Dog* ist eines der besten Bücher über das Leben mit einem geriatrischen Hund, insbesondere in Kombination mit ihrem *Geriatric Dog Health and Care Journal: A Complete Toolkit for the Geriatric Dog Caregiver.*

| Vokalisierung | Tägliche Gewohnheiten | Selbstverstümmelung |
|---|---|---|
| • Jammern<br>• Heulen<br>• Wimmern<br>• Kläffen<br>• Stöhnen<br>• Grunzen | • Verminderter Appetit<br>• Zieht sich von sozialer Interaktion zurück<br>• Veränderungen beim Schlafen (weniger oder mehr)<br>• Änderungen der Trinkgewohnheiten<br>• Versäumnisse bei der Stubenreinheit oder Schwierigkeiten, sich in Position zu bringen<br>• Sucht mehr Zuneigung als sonst | • Zwanghaftes Lecken an einer oder mehreren Stellen des Körpers<br>• Beißen an einer oder mehreren Stellen des Körpers<br>• Kratzen an einer bestimmten Stelle des Körpers |

| Gesichtsausdruck | Körperhaltung | Selbstschutz |
|---|---|---|
| • Grimassen, leerer Blick<br>• Gläserne, große Augen oder schläfriges Aussehen<br>• Vergrößerte Pupillen<br>• Abgeflachte Ohren<br>• Übermäßiges Hecheln in Ruhe | • Gekrümmt, mit erhobener Hinterhand und mit dem Vorderteil auf dem Boden liegend<br>• Legt sich auf die Seite | • Schützt einen Körperteil<br>• Belastet ein Bein nicht<br>• Hinken<br>• Möchte nicht gehalten oder hochgehoben werden |

| Aggression (insbesondere bei einem zuvor freundlichen Hund) | Niveau der Aktivität |
|---|---|
| • Handlungen, die nicht dem Charakter entsprechen<br>• Knurren<br>• Bisse<br>• Legt die Ohren zurück<br>• Ein normalerweise aggressiver Hund kann sich ruhig und gutmütig verhalten | • Unruhig, auf und ab gehend<br>• Steht immer wieder auf und legt sich wieder hin; kann es sich scheinbar nicht bequem machen<br>• Schwierigkeiten beim Hinlegen oder Aufstehen<br>• Zitternd, kreisend oder ganz still liegen<br>• Steife oder langsame Bewegungen nach dem Sport oder nach dem Schlafen/Ausruhen<br>• Weniger Energie oder Aktivität<br>• Zögerliche Bewegungen<br>• Weniger spielerisch oder bereit zur Bewegung<br>• Weniger motiviert oder in der Lage, auf Sitzmöbel oder ins Auto zu springen<br>• Schwierigkeiten beim Gehen oder Laufen, insbesondere auf Holz oder Fliesenböden oder Treppen |

Quelle: „How to Tell If Your Dog Is in Pain", AAHA (Website), https://www.aaha.org/globalassets/02guidelines/painmanagement/painmanagement_dogs_web.pdf. 

## Kurzes Schmerzinventar für Hunde

**Beschreibung der Schmerzen:**

1. Kreisen Sie die Zahl ein, die am besten beschreibt, wie stark die Schmerzen in den letzten 7 Tagen waren.

Bewerten Sie die Schmerzen Ihres Hundes:

| 0 | 1 | 2 | 3 | 4 | 5 | 6 | 7 | 8 | 9 | 10 |
|---|---|---|---|---|---|---|---|---|---|---|

Keine Schmerzen — Extreme Schmerzen

---

2. Kreisen Sie die Zahl an, die am besten beschreibt, wie stark die Schmerzen in den letzten 7 Tagen waren

| 0 | 1 | 2 | 3 | 4 | 5 | 6 | 7 | 8 | 9 | 10 |
|---|---|---|---|---|---|---|---|---|---|---|

Keine Schmerzen — Extreme Schmerzen

---

3. Kreisen Sie die Zahl ein, die den durchschnittlichen Schmerz in den letzten 7 Tagen am besten beschreibt.

| 0 | 1 | 2 | 3 | 4 | 5 | 6 | 7 | 8 | 9 | 10 |
|---|---|---|---|---|---|---|---|---|---|---|

Keine Schmerzen — Extreme Schmerzen

---

4. Kreisen Sie die Zahl ein, die den aktuellen Schmerz am besten beschreibt.

| 0 | 1 | 2 | 3 | 4 | 5 | 6 | 7 | 8 | 9 | 10 |
|---|---|---|---|---|---|---|---|---|---|---|

Keine Schmerzen — Extreme Schmerzen

---

**Beschreibung der Funktion:**

Kreisen Sie die Zahl an, die am besten beschreibt, wie sehr die Schmerzen Ihren Hund in den letzten 7 Tagen beeinträchtigt haben:

5. Allgemeine Tätigkeit

| 0 | 1 | 2 | 3 | 4 | 5 | 6 | 7 | 8 | 9 | 10 |
|---|---|---|---|---|---|---|---|---|---|---|

Beeinträchtigt nicht — Stört extrem

6. Freude am Leben

| 0 | 1 | 2 | 3 | 4 | 5 | 6 | 7 | 8 | 9 | 10 |
|---|---|---|---|---|---|---|---|---|---|---|

Beeinträchtigt nicht — Stört extrem

7. Fähigkeit, sich aus dem Liegen in den Stand zu erheben

| 0 | 1 | 2 | 3 | 4 | 5 | 6 | 7 | 8 | 9 | 10 |
|---|---|---|---|---|---|---|---|---|---|---|

Beeinträchtigt nicht — Stört extrem

8. Fähigkeit zu gehen

| 0 | 1 | 2 | 3 | 4 | 5 | 6 | 7 | 8 | 9 | 10 |
|---|---|---|---|---|---|---|---|---|---|---|

Beeinträchtigt nicht — Stört extrem

9. Fähigkeit zu laufen

| 0 | 1 | 2 | 3 | 4 | 5 | 6 | 7 | 8 | 9 | 10 |
|---|---|---|---|---|---|---|---|---|---|---|

Beeinträchtigt nicht — Stört extrem

10. Fähigkeit zum Erklimmen von Treppen, Bordsteinen, Türschwellen usw.

| 0 | 1 | 2 | 3 | 4 | 5 | 6 | 7 | 8 | 9 | 10 |
|---|---|---|---|---|---|---|---|---|---|---|

Beeinträchtigt nicht — Stört extrem

**Gesamteindruck:**

11. Kreisen Sie das Wort ein, das die Lebensqualität Ihres Hundes in den letzten 7 Tagen am besten beschreibt.

| Schlecht | Mittel | Gut | Ausgezeichnet | Sehr gut |
|---|---|---|---|---|

Quelle: Dorothy Cimino Brown, The Canine Brief Pain Inventory: User Guide (2017), https://www.vet.upenn.edu/docs/defaultsource/VCIC/caninebpiuser%27sguide201707.

## Tufts tägliches Wohlfühl-Tagebuch für Hunde

| An welchem Datum beginnt diese Woche? | | Mo | Di | Mi | Do | Fr | Sa | So |
|---|---|---|---|---|---|---|---|---|
| Wie hat sich Ihr Hund heute bewegt? | Steif oder unbeweglich | | | | | | | |
| | Schwieriges Aufstehen, kann sich nur mit großer Anstrengung fortbewegen | | | | | | | |
| | Kann sich recht gut fortbewegen, aber es ist etwas anstrengend und hechelt | | | | | | | |
| | Bewegt sich sehr gut und scheint nicht allzu sehr durch die Bewegung gestört zu werden | | | | | | | |
| | Hat Energie, Leichtigkeit, macht Dehnungen und schüttelt sich am ganzen Körper | | | | | | | |
| Wie war das Verhalten Ihres Hundes heute? | Desinteressiert, größtenteils deprimiert, „Blick nach innen“ | | | | | | | |
| | Begrüßt Familie oder anderes Haustier, aber nicht sehr engagiert, schläft viel | | | | | | | |
| | Nimmt die meiste Zeit die Familie / Haustiere wahr, liegt an einem Ort | | | | | | | |
| | Begrüßt freudig andere, sucht Aufmerksamkeit, kann müde werden | | | | | | | |
| | Begegnet und folgt uns mit großer Begeisterung und bettelt um Aufmerksamkeit | | | | | | | |
| Appetit (gut, mittelmäßig, mangelhaft) | | | | | | | | |

| | | Mo | Di | Mi | Do | Fr | Sa | So |
|---|---|---|---|---|---|---|---|---|
| Wie viele Vorfälle von Stürzen, Winseln oder anderen Anzeichen von Schmerz oder Verzweiflung? | | | | | | | | |
| Wie hat Ihr Hund letzte Nacht geschlafen? | Meistens unruhig, hechelnd, wechselt Position/Lage, hat mich oft wach gemacht | | | | | | | |
| | Etwas Hecheln oder Bewegung, aber im Allgemeinen gut geschlafen | | | | | | | |
| | Entspanntes, tiefes Atmen, gelegentliche große Seufzer oder „Träume“ | | | | | | | |
| Welche Medikamente haben Sie heute verabreicht? | | | | | | | | |
| | | | | | | | | |
| | | | | | | | | |
| | | | | | | | | |
| | | | | | | | | |
| Platz für Kommentare, Beobachtungen, Fragen | | | | | | | | |
| Wie ist die Lebensqualität heute insgesamt? Auf einer Skala von 0-10: 0 = extrem schlecht, 10 = ausgezeichnet. | | | | | | | | |

Quelle: Alicia Z Karas, DVM, DACVAA, Assistenzprofessorin für klinische Wissenschaften, Cummings School of Veterinary Medicine an der Tufts University, „Comfort Diary for Dogs“, 2009.

# Über die Autorin

**Jessica Pierce** ist international anerkannte Bioethikerin. Ihre Arbeiten reichen von allgemeinen Betrachtungen zur Verantwortung der Menschheit für die Natur bis hin zu detaillierten Erkundungen von Mensch-Tier-Beziehungen. Sie halt bisher elf Bücher veröffentlicht, darunter *Morality Play: Case Studies in Ethics* und (gemeinsam mit Marc Bekoff) das ebenfalls ins Deutsche übersetzte *Hunde ohne Menschen – Ein Gedankenexperiment.* Ihre Beiträge erschienen in der *New York Times, Washington Post,* dem *Guardian* und in *Scientific American.* Sie lehrt am Center for Bioethics and Humanities an der University of Colorado Anschutz Medical School und lebt in den Bergen von Colorado.

# Endnoten

## Kapitel 1

1 High Cotton Fußmatten, https://highcotton.com/collections/doormats.

2 Salonen et al., „Prevalence, Comorbidity, and Breed Differences".

3 Dinwoodie et al., „Demographics and Comorbidity of Behavior Problems", 62.

4 Yamada et al., „Prevalence of 25 Canine Behavioral Problems".

5 CBS Colorado. „More People Surrendering Pets as Denver Animal Shelter Reaches Capacity Crisis." May 27, 2022. https://www.cbsnews.com/colorado/news/foster-surrender-pets-denver-animal-shelter-capacity-crisis/.

## Kapitel 2

6 Haraway, *When Species Meet*, 19.

7 Dr. Susan Friedman, Professorin für Psychologie an der Utah State University, beschreibt die Verhaltensanalyse als eine „Studie des Einzelnen": Jeder einzelne Organismus hat sich im Laufe seines Lebens entwickelt, um sich an die Bedürfnisse seiner Umgebung anzupassen. Siehe z. B. „An Interview with Susan Friedman", *World Parrot Trust*, 23. Oktober 2007, https://www.behaviorworks.org/files/articles/World%20Parrot%20Trust%20Interview%20-%20Forums%20and%20Experts.pdf.

8 siehe Wegner und Gray, *Mind Club*.

9 Suzuki, *Zen Mind*, xiv.

10 Suzuki, *Zen Mind*, 1.

11 Suzuki, *Zen Mind*, 2.

12 Gray, *Straw Dogs*, 113.

13 Chödrön, *Practicing Peace in Times of War*, 31

14 Canguilhem, *Knowledge of Life*, xviii.

15 Uexküll, *A Foray into the Worlds of Animals*.

16 Hepper and Wells, „How Many Footsteps Do Dogs Need?"

17 Sibley, *What It's Like to Be a Bird*, 191.

18 Oxford Etymology Online, s.v. „Ethics," https://www.etymonline.com/search?q=ethics.

19 Benson, „Essence of a Dog."

20 Tsing, *Mushroom at the End of the World*, 28.

21 Yamada et al., „Prevalence of 25 Canine Behavioral Problems."

22 Overall, *Manual of Clinical Behavioral Medicine for Dogs and Cats.* Ich habe mir erlaubt, Overalls ursprüngliche Nutzung des Begriffs freier zu gestalten.

23 Galaxy and Delgado, *Total Cat Mojo,* 108.

24 See, for e.g., Chödrön, *Start Where You Are.*

25 Noddings, *Caring,* 2.

26 Noddings, *Caring,* 157.

27 Im Zusammenhang mit der tierärztlichen Versorgung, insbesondere der Versorgung bei langwieriger Krankheit oder am Lebensende, werden Hundehalter oft als Betreuer des Hundes bezeichnet, was auf eine besondere Art von Betreuungstätigkeiten und Entscheidungsverantwortung hinweist. In meiner Arbeit über Tierhospiz und Palliativmedizin habe ich die Sprache der „Betreuer" verwendet.

28 Haraway, *When Species Meet,* 36.

29 Haraway, *When Species Meet,* 42.

## Kapitel 3

30 Ich spreche hier von typischen Haushunden in den Vereinigten Staaten. In Gegenden, in denen Menschen jagen, um zu überleben, sind Hunde immer noch an der Nahrungsbeschaffung beteiligt.

31 Sie können in der Datenbank von PETA nach Hundefutterherstellern suchen, um herauszufinden, ob das Unternehmen Tierversuche durchführt: https://tierversuchsfrei.peta-approved.de/tiernahrung-und-weitere-produkte/.

32 Kasanen et al., „Ethics of Feeding," 37.

33 Bland et al., „Dog Obesity."

34 Gorvett, „Hidden Reason Processed Pet Foods Are So Addictive."

35 Knight and Satchell, „Vegan versus Meat-Based Pet Foods," 2–3.

36 Arhant, Winkelmann, and Troxler, „Chewing Behaviour in Dogs," 1.

37 Bekoff and Pierce, *Unleashing Your Dog.*

38 Bekoff, „Observations of Scent-Marking."

39 De Frenne et al., „Nutrient Fertilization by Dogs."

40 Lee et al., „Evaluating the Effects of Canine Urine."

41 Williams and Buzhardt, „Benefits of Walking Your Dog," 1.

42 Benson, „Essence of a Dog."

43 Burt, „Territoriality and Home Range Concepts," 346.

44 Macdonald and Carr, "Variation in Dog Society"; Spotte, Societies of Wolves; Boitani and Ciucci, „Comparative Social Ecology"; Gompper, Free-Ranging Dogs.

45 Griss et al., „If They Could Choose," 2.

46 Griss et al., „If They Could Choose," 8.

47 See, e.g., O'Neill, „Prevalence of Commonly Diagnosed Disorders."

48 Jones, *Cooperative Care*, 9.

49 Landsberg, Hunthausen, and Ackerman, *Behavior Problems of the Dog and Cat*, 22.

50 See, e.g., Feilberg, Corridan, and Buckle, „A Cross-Sectional Survey of UK Veterinary Practices."

51 Döring et al., „Fear-Related Behaviour of Dogs."

52 Feilberg, Corridan, and Buckle, „A Cross-Sectional Survey of UK Veterinary Practices."

53 Ein damit zusammenhängendes ethisches Problem von immenser Bedeutung ist der Einsatz von körperlicher Fixierung als Form der Analgesie bei schmerzhaften tierärztlichen Eingriffen, eine Praxis, die der verstorbene Bernie Rollin als Einsatz von „Bruticain" bezeichnete. Glücklicherweise und vor allem dank der Arbeit von Dr. Rollin wird der Schmerz von Tieren heute viel ernster genommen als früher, auch wenn wir noch einen langen Weg vor uns haben, bevor wir behaupten können, eine humane Spezies zu sein. Siehe Rollin, „Veterinary Medical Ethics".

54 Beghi et al., „Prevalence and Risk Factors", zitiert in Lin, „Who Should Implement Force?"

55 Haug, „Improving Patient Restraint".

56 Lin, „Wer sollte Gewalt anwenden?", 313. Siehe auch Tingleff et al., „Treat Me with Respect" (Behandle mich mit Respekt), eine systematische Überprüfung und thematische Analyse der von Psychiatriepatienten berichteten Wahrnehmungen von Situationen, die mit dem Prozess der Nötigung verbunden sind.

57 Lin, „Who Should Implement Force?," 312.

58 Haug, „Improving Patient Restraint".

59 Zur Maximierung des Mitgefühls siehe Trestman und Nagaraja, „How Should Clinicians Execute Critical Force?".

60 McMillan, „Mental Health and Well-Being Benefits", 67.

61 Yeates, „Why Keep a Dog and Bark Yourself?"

62 Yeates, „Why Keep a Dog and Bark Yourself?", 170.

63 Zur Verwendung infantilisierender Sprache siehe Vineland Sanctuary's blog by Bravebird, „Meet the Cow Who Jumped Over the Moon", VINE Sanctuary News, 27. Mai 2018, http://blog.bravebirds.org/archives/3242.

## Kapitel 4

64 Puurunen et al., „Inadequate Socialisation," 1.

65 „Deutscher Schäferhund gegen T-REX! [versuchen Sie, nicht zu lachen]", 24. April 2021, YouTube-Video, 2:43, https://www.youtube.com/watch?v=28QenrKMxXU.

66 Grigg et al., „Stress-Related Behaviors.".

67 Siehe z. B. Blackwell, Bradshaw und Casey, „Fear Responses to Noises".

68 Roy, „Something to Chew On".

69 „Creating a Sensory Garden for Your Dog: A Step-By-Step Guide", RuffleSnuffle (Website), https://www.rufflesnuffle.co.uk/creating-a-sensory-garden-for-your-dog-step-by-step-guide/; „How to Create a Sensory Garden for Your Dog", Australian Dog Lover (Website), https://www.australiandoglover.com/2018/12/how-to-create-sensory-garden-for-your.html.

70 „Mieten Sie sichere und private Hundeparks, die von Einheimischen betrieben werden", Sniffspot (Website), https://www.sniffspot.com/.

71 Zum Effekt der sicheren Basis bei Hunden siehe Horn, Huber und Range, „Bedeutung des Effekts der sicheren Basis".

72 Miklósi, *Hunde*, 138.

73 Über die Kunst, gut angepasste Welpen aufzuziehen, siehe Rousseau und Rugaas, *How to Raise a Puppy*.

74 World Health Organization, „Social Isolation and Loneliness."

75 See, e.g., Paul and Bhadra, „Great Indian Joint Families of Free-Ranging Dogs." For an overview of the social lives of free-ranging dogs, see Pierce and Bekoff, *A Dog's World*, chap 5.

76 McMillan, „Psychobiology of Social Pain."

77 See, e.g., Heys and Dombeck, „Evidence for a Subcircuit."

78 Stephan, Leidhold, and Hammerschmidt, „Pet Dogs Home Alone."

79 Haraway, *When Species Meet*, 26. Haraway refers to Barbara Smuts's „Embodied Communication in Nonhuman Animals."

80 On lexical capacities, see Magyari et al., „Event-Related Potentials."

81 Clear, *Atomic Habits*; Duhigg, *Power of Habit*.

82 „We Surprised the Dogs," January 3, 2020, YouTube video, 6:48, https://www.youtube.com/watch?v=8ioA-6l3EFI&t=31s.

83 See, e.g., Meehan and Mench, „Challenge of Challenge."

84 McGowan et al., „Positive Affect and Learning."

85 Dukas and Ratcliffe, *Cognitive Ecology II*, 3.

86 Todd, „How to Pet Cats and Dogs."

87 Kuhne, Hößler, and Struwe, „Effects of Human-Dog Familiarity."

88 Overall, *Manual of Clinical Behavioral Medicine for Dogs and Cats*, 584.

89 But see Mariti et al., „Effects of Petting."

90 Bekoff, „When Dogs Play." See also Allen and Bekoff, „Animal Play"; and Bekoff and Pierce, *Wild Justice.*

91 Lindsay, *Handbook of Applied Dog Behavior*, 3:322.

92 Darwin, *On the Origin of Species* (*Über die Entstehung der Arten*), 189.

## Kapitel 5

93 „Effektivität ist nicht genug" ist ein Thema in den Arbeiten der Psychologieprofessorin und Verhaltensforscherin Susan Friedman. Siehe z. B. „What's Wrong with This Picture? Effectiveness Is Not Enough" (Wirksamkeit ist nicht genug), https://www.behaviorworks.org/files/articles/What%27s%20Wrong%20With%20this%20Picture-General.pdf.

94 Overall, *Manual of Clinical Behavioral Medicine for Dogs and Cats*, 741.

95 Carter, McNally und Roshier, „Canine Collars".

96 Overall, *Manual of Clinical Behavioral Medicine for Dogs and Cats*, 740.

97 Siehe dazu Derr, „Politics of Dogs".

98 Mark Derr, persönliche Mitteilung / Gespräch mit Zoom, September 2021. Die Veränderungen in der Art und Weise, wie sich Hunde in menschlichen Gemeinschaften, insbesondere in Großstädten, bewegen, begannen sogar noch früher. Zwischen dem späten neunzehnten Jahrhundert und etwa 1930 konnten sich Hunde nicht mehr relativ frei in Mensch-Hund-Gemeinschaften bewegen, sondern wurden in menschlichen Behausungen eingeengt. Siehe Pearson, *Dogopolis*; Robichaud, *Animal City*; und Brown, *The City Is More Than Human.*

99 Lily Velez, „States with the Most Obedient Dogs", 20. April 2022, https://www.veterinarians.org/most-obedient-dogs/.

100 r/reactivedogs/ (Reddit-Community), „Muzzle Shaming/Guilt by Pet Store Employee" (Kommentar wurde inzwischen vom Poster gelöscht), https://www.reddit.com/r/reactivedogs/comments/mf7nnv/muzzle_shamingguilt_by_pet_store_employee/.

101 „Muzzled Dogs Aren't Bad Dogs," Muzzle Up Project (Website), https://muzzleup project.com/.

102 Arhant et al., „Owner Reports on the Use of Muzzles".

103 Beerda et al., „Chronic Stress in Dogs".

104 Hier die Formel des USDA, und viel Glück beim Rechnen: Jedem Hund, der in einem primären Haltungsbereich untergebracht ist (einschließlich abgesetzter Welpen), muss ein Mindestmaß an Bodenfläche zur Verfügung stehen, das wie folgt berechnet wird: Ermitteln Sie das mathematische Quadrat der Summe aus der Länge des Hundes in Zoll (gemessen von der Nasenspitze bis zum Schwanzansatz) plus 6 Zoll; teilen Sie dann das Produkt durch 144. Die Berechnung lautet: (Länge des Hundes in Zoll + 6) × (Länge des Hundes in Zoll + 6) = erforderliche Bodenfläche in Quadratzoll. Erforderliche Bodenfläche in Zoll/144 = erforderliche Bodenfläche in Quadratfuß („Code of Federal Regulations. Title 9. Animals and Animal

Products," Animal Legal and Historical Center [Website], Michigan State University, zuletzt aktualisiert im Februar 2022, https://www.animallaw.info/administrative/us-awa-subpart-specifications-humane-handling-care-treatment-and-transportation-dogs #s6.)

105 Keehn, *Animal Models for Psychiatry*, 66.

106 Für einige repräsentative Studien siehe Masson et al., „Electronic Training Devices"; Blackwell et al., „Use of Electronic Collars for Training Domestic Dogs"; Blackwell et al., „Relationship between Training Methods"; China, Mills, and Cooper, „Efficacy of Dog Training"; Vieira De Castro et al., „Does Training Method Matter?"

107 „Schockhalsbänder versus Elektrostimulationshalsbänder", Hidden Fences (Website), https://hiddenfence.com.au/shock-collars-versus-electrical-stimulation-collars/.

108 „Drahtloser Hundezaun und GPS-Hundehalsband für ultimative Hundesicherheit", Halo (Web-site), https://www.halocollar.com/.

109 „How to Stop Dog from Jumping on Counter," Acme Canine (Website), 23. Juni 2018, https://acmecanine.com/how-to-stop-a-counter-surfering-dog-from-stealing-you-blind/.

110 Cimarelli et al., „Partial Rewarding during Clicker Training", 107.

## Kapitel 6

111 In Anbetracht der Komplexität der durch das Training (oder Nicht-Training) aufgeworfenen Fragen und der physischen und psychischen Auswirkungen auf die Hunde ist es überraschend, dass das Thema nicht mehr Aufmerksamkeit erregt hat. Die Literatur ist zwar klein, aber es gibt einige interessante Überlegungen zu der Form der Interaktion, die üblicherweise als „Training" bezeichnet wird. Besonders nützliche Einsichten habe ich in Justine Włodarczyks *Genealogy of Obedience*, Donna Haraways *When Species Meet* und Vicki Hearnes *Adam's Task* gefunden. Steven Lindsays umfangreiches dreibändiges *Handbook of Applied Dog Behavior and Training* ist unter anderem eine ethische Abhandlung, insbesondere sein Kapitel über Cynopraxis. Und in den beiden großen Lehrbüchern von Karen Overall, *Manual of Clinical Behavioral Medicine for Dogs and Cats* und *Clinical Behavioral Medicine for Small Animals*, geht es zwar nicht ausdrücklich um Ethik, aber es werden bestimmte moralische Parameter für die Mensch-Hund-Beziehung aufgestellt.

112 Die Art und Weise, wie ich dies formuliert habe, legt nahe, dass das menschliche Zuhause nicht der natürliche Lebensraum von Hunden ist, was natürlich dem Volksglauben und der Wissenschaft widerspricht. Aber sowohl der Volksglaube als auch die Wissenschaft haben das menschliche Zuhause allzu unkritisch als den natürlichen Lebensraum des Hundes bezeichnet. Fast nie wird spezifiziert, welche Art von menschlichem Zuhause wir als den so genannten natürlichen Lebensraum der Hunde betrachten. Jedes Zuhause ist anders, und der „heimische Lebensraum" ist heute ein ganz anderer als vor fünfzig Jahren, geschweige denn vor zwanzigtausend Jahren, als sich Hunde und Menschen in den frühen Stadien unserer gemeinsamen evolutionären Reise befanden. Es ist vielleicht zutreffender zu sagen, dass ein menschliches Zuhause einen von vielen möglichen Lebensräumen für Haushunde darstellt und dass einige Lebensräume den heutigen Konturen der Verhaltensevolution von Hunden besser entsprechen als andere.

113 Das Buch *Genetics and the Social Behaviour of the Dog* von Scott und Fuller ist ein klassischer Text über die kritische Sozialisationsphase von Welpen.

114 In *How to Raise a Puppy* (Wie man einen Welpen aufzieht) plädieren Rousseau und Rugaas nachdrücklich dafür, Welpen frühestens im Alter von zwölf Wochen von ihren Müttern zu nehmen.

115 Advertisement, Your Dog (Website), Tufts University, abgerufen am 2. Oktober 2022, https:// www.tuftsyourdog.com/product/the-big-book-of-tricks-for-the-best-dog-ever/.

116 Lisa Tenzin-Dolma, persönliche Mitteilung / Gespräch, September 2021.

117 Barrie Finger, persönliche Mitteilung, 3. Oktober 2022.

118 Turid Rugaas, „When, Where, and How Do Dogs Sit?", Turid Rugaas (Website), http:// en.turid-rugaas.no/sit.html.

119 Tenzin-Dolma, persönliche Mitteilung / Zoom-Gespräch, September 2021.

120 Gruen, *Ethics of Captivity*, 161.

121 Gruen, *Ethics of Captivity*, 162.

122 Lauren Yapalater, „This Dog Can Literally Play Jenga and Also Do a Million Other Things Expertly", BuzzFeed, 7. Juni 2019, https://www.buzzfeed.com/lyapalater/im-obsessed-with-this-dog-that-plays-jenga-and-does. Sie können Secret hier beim Jenga-Spielen zusehen: „Dog Playing Jenga," June 6, 2019, YouTube video, 1:28, https://www.youtube.com/ watch?v=1kl3Y82qRDg&t=2s.

123 Overall, *Manual of Clinical Behavioral Medicine for Dogs and Cats*, 560.

124 Hearne, *Adam's Task*, 93.

125 Hearne, *Adam's Task*, 97.

126 Hearne, *Adam's Task*, 100.

127 Lindsay, *Handbook of Applied Dog Behavior*, 222.

128 Siehe z. B. Fukuzawa und Hayashi, „Comparison of 3 Different Reinforcements"; Feuerbacher und Wynne, „Relative Efficacy of Human Social Interaction"; Feuerbacher und Wynne, „Most Domestic Dogs".

129 Rousseau und Rugaas erörtern die ethischen Aspekte des Futterentzugs beim Training (*How to Raise a Puppy*, 58-59).

130 Overall, *Manual of Clinical Behavioral Medicine for Dogs and Cats*, 67; Hervorhebung im Original.

131 Siehe Martin, „The Top 10 Behaviors". Siehe auch Friedman und Haug, „From Parrots to Pigs".

132 Lindsay, *Handbook of Applied Dog Behavior*, Bd. 1, Adaptation and Learning, 222.

133 Lindsay, *Handbook of Applied Dog Behavior*, Bd. 1, Adaptation and Learning, 223.

134 International Association for Animal Behavior Consultants, „IAABC Statement on LIMA", https://m.iaabc.org/about/lima/.

135 International Association for Animal Behavior Consultants, „IAABC Statement on LIMA", IAABC (Website), https://m.iaabc.org/about/lima/.

136 International Association of Animal Behavior Consultants, „Hierarchy of Procedures for Humane and Effective Practice", IAABC (Website), https://m.iaabc.org/about/lima/hierarchy/.

137 „LIMA Beings: Cultivating Conditions for Compassion", LIMA Beings (Website), https://limabeings.com/.

138 Finger, persönliche Mitteilung, 3. Oktober 2022.

139 Hearne, *Adam's Task*, 41.

140 Hearne, *Adam's Task*, 43.

141 Lindsay, *Handbook of Applied Dog Behavior*, Bd. 1, Adaptation and Learning, 285.

142 London, *Treat everyone like a dog* (dt.: *Andere Spezies - gleiches Prinzip*), 19.

143 Reeve und Jacques, „Reaktionen auf gesprochene Worte von Haushunden".

144 estaff, „Is it a Command or a Cue?", Your Dog (Website), Tufts University, 18. Mai 2021, https://www.tuftsyourdog.com/dogtrainingandbehavior/is-it-a-command-or-a-cue/.

145 Mitchell und Edmonson, "Functions of Repetitive Talk to Dogs."

146 Eine aufschlussreiche Diskussion über Dominanz – was sie ist, was sie nicht ist und wie sie ihren Weg in die Hundeerziehung fand – finden Sie in „Why Dogs Were – Unfortunately – Turned Back into Wolves", Kap. 3 in Bradshaws Buch *Defence of Dogs*.

147 Finger, persönliche Mitteilung, 3. Oktober 2022.

148 McAuliffe, *Mindful Dog Teaching*, 20.

149 Jones, *Cooperative Care*, 15.

150 Miller, *Cooperative Care*.

# Kapitel 7

151 Jules Masserman, dessen Forschungen in den 1940er und 1950er Jahren die Entwicklung von Tiermodellen für Neurosen umfassten, trug dazu bei, Licht in den Motivationskonflikt zu bringen. Wie die Historikerin Alison Winters in einem Artikel aus dem Jahr 2016 darlegt, löste Masserman bei Tieren, insbesondere bei Katzen und Affen, einen „Nervenzusammenbruch" aus und versuchte dann (mit zweifelhaftem Erfolg), eine Art Katzenpsychoanalyse durchzuführen, um „die universelle Natur der Ich-Psychologie zu demonstrieren" (Winter, „Cats on the Couch"). Ein häufiger experimenteller „Motivationskonflikt" bestand zwischen Hunger und Angst. In einem repräsentativen Versuch, der von Masserman und zwei Kollegen in der Zeitschrift Psychosomatic Medicine beschrieben wurde, wurden Affen sorgfältig darauf trainiert, auf eine Reihe von Hinweisen zu reagieren, um eine Futterbelohnung zu erhalten. Irgendwann tauschten die Versuchsleiter den Apparat aus, und als der Affe nach „seiner eigentlich frühzeitigen Futterbelohnung" griff, wurde er „stattdessen mit dem Kopf einer Spielzeug-Gummischlange konfrontiert, die in die Futterbox hineinragt". Nach 12-15 solcher „psychologisch traumatischen" Erfahrungen „entwickelten die Tiere eine schwere experimentelle Neurose, die sich durch Überempfindlichkeit gegenüber fast allen Reizen, häufige Schreck- und phobische Reaktionen, Hemmungen beim Fressen, Spielen und bei Erkundungsaktivitäten, chronische neuromuskuläre und organische Störungen auszeichnet, deutlich gesteigerte Homoerotik, Masturbation und andere sexuelle Abweichungen, halluzinatorische und wahnhafte Muster und anhaltende Veränderungen in sozialen Beziehungen, die parallel zu denen bei menschlichen Neurosen und Psychosen auftreten" (Masserman, Techtel und Schreiner, „Role of Olfaction in Normal and Neurotic Behavior in Animals").

152 Erhebungen unter Hundehaltern sind die Methode, mit der fast alle Forschungen zum Verhalten von Begleithunden durchgeführt werden. Es ist anzumerken, dass Umfragen unter Hundehaltern eine problematische Datenquelle sind, und vieles von dem, was wir angeblich über Hunde und Hundehaltung wissen, beruht auf nichts anderem als auf diesen in Umfragen erhobenen Daten. Die Antworten der Hundehalter sind höchst subjektiv, ebenso wie die Interpretation dieser Antworten durch die Forscher.

153 Salonen et al., „Prevalence, Comorbidity, and Breed Differences". Die Forscher verwendeten in der veröffentlichten Studie die Begriffe „problematische Verhaltensweisen" und „Verhaltensprobleme". Hannes Lohi verwendete in dem Interview mit ScienceDaily den Begriff „unerwünscht". Es ist unklar, wie „unerwünscht" definiert wird: ist es „vom Besitzer unerwünscht" oder „als ein Problem für das Wohlergehen des Hundes angesehen"?

154 Kim Brophey, Zoom-Interview, 17. Mai 2021.

155 Yamada et al., „Prevalence of 25 Canine Behavioral Problems", 1090.

156 Overall, *Manual of Clinical Behavioral Medicine for Dogs and Cats*, 172.

157 Tamara Peco und Petfood Team, „Different Dog Behaviors and What They Mean", Petfeed, abgerufen am 20. Oktober 2022, https://petcube.com/blog/pet-behavior-problems/.

158 Overall, *Clinical Behavioral Medicine for Small Animals*, 511.

159 Overall, *Manual of Clinical Behavioral Medicine for Dogs and Cats*, 306.

160 Overall, *Manual of Clinical Behavioral Medicine for Dogs and Cats*, 558.

161 Overall, *Manual of Clinical Behavioral Medicine for Dogs and Cats*, 56.

162 Williams und Blackwell, „Managing the Risk of Aggressive Dog Behavior", 2529.

163 Bekoff und Angilly, „Perils of Mislabeling Dog-Appropriate Behavior".

164 „Welcome to the Official Home of DINOS: Dogs in Need of Space!", Dogs in Need of Space (Web-site), https://dogsinneedofspace.com/.

165 Mills, „Medical Paradigms".

166 Frank, „Separation Anxiety".

167 Mills, „Medical Paradigms", 267.

168 Mills, „Medical Paradigms", 272.

169 Mills, „Medical Paradigms", 270.

170 Morris, „Does Your Pooch Really Need Prozac?"

171 Craven et al., „Veterinary Drug Therapies", 3.

172 Davis, „Risperidone and Dogs".

173 Ich untersuche dieses Narrativ in *Run, Spot, Run.*

174 McGreevy et al., „Behavioural Risks in Male Dogs", 14 - 15. Siehe auch Zink, „Gonadectomy – Rethinking Long-Held Beliefs".

175 Siehe z. B. Oberbauer, Belanger und Famula, „A Review of the Impact of Neuter Status on Expression of Inherited Conditions in Dogs".

176 McGreevy et al., „Behavioural Risks in Male Dogs". Siehe auch Urfer und Kaeberlein, „Desexing Dogs".

177 Hart et al., „Joint Disorders, Cancers, and Urinary Incontinence".

178 Pachel, „Bringing the Conversation Out of the Shadows".

179 Dinwoodie, Zottola und Dodman, „An Investigation into the Effectiveness of Various Professionals".

180 Für einen Überblick siehe Camps et al., „A Review of Medical Conditions".

181 Mills, „Pain and Problem Behavior".

182 Harvey et al., „Behavioural Differences in Dogs".

183 Der „Helsinki Chronic Pain Index" (Hielm, Rita und Tulamo, „Psychometric Testing of the Helsinki Chronic Pain Index") ist hier zu finden: https://www.fourleg.com/media/Helsinki%20Chronic%20Pain%20Index.pdf. Das „Comfort Diary for Dogs" von Tufts ist hier zu finden: https://yourfamilydogpodcast.com/wp-content/uploads/sites/46/2019/05/Tufts-Comfort-Diary-for-Dogs.pdf.

## Kapitel 8

184 Kind, *Who Wants to Be a Poodle, I Don't,* Text von hinterer Schutzumschlagklappe.

185 Gray, *Feline Philosophy*, 65.

186 Pierce und Bekoff, *A Dog's World*.(dt. *Hunde ohne Menschen*)

187 Vendler, Dickinson, 222-23.

188 Buber, *I and Thou*.

189 Abram, *Becoming Animal*, 272.

190 Abram, *Spell of the Sensuous*, 22.

# Literaturverzeichnis


Abram, David. *Becoming Animal: An Earthly Cosmology.* New York: Vintage Books, 2010.

Abram, David. *The Spell of the Sensuous: Perception and Language in a More-Than-Human World.* New York: Vintage Books, 1996.

Abrantes, Roger. *Dog Language: An Encyclopedia of Canine Behavior.* Naperville, IL: Wakan Tanka Publishers, 1997.

Allen, Colin, and Marc Bekoff. „Animal Play and the Evolution of Morality: An Ethological Approach." *Topoi* 24 (2005): 125–35. https://doi.org/10.1007/s11245-005-5050-8.

Aloff, Brenda. *Canine Body Language: A Photographic Guide Interpreting the Native Language of Dogs.* Wenatchee, WA: Dogwise, 2005.

American College of Veterinary Behaviorists. *Decoding Your Dog: Explaining Common Dog Behaviors and How to Prevent or Change Unwanted Ones.* Edited by Debra F. Horwitz and John Ciribassi. New York: Houghton Mifflin Harcourt, 2014.

Arhant, Christine, Claudia Schmied-Wagner, Ursula Aigner, and Nadja Affenzeller. „Owner Reports on the Use of Muzzles and Their Effects on Dogs: An Online Survey." *Journal of Veterinary Behavior* 41 (2021): 73–81. https://doi.org/10.1016/j.jveb.2020.07.006. Arhant, Christine, Rebecca Winkelmann, and Josef Troxler. „Chewing Behaviour in Dogs – A Survey-Based Exploratory Study." *Applied Animal Behaviour Science* 241 (2021):105372. https://doi.org/10.1016/j.applanim.2021.105372.

Beerda, B., M. B. Schilder, W. Bernadina, J. A. van Hooff, H. W. de Vries, and J. A. Mol. „Chronic Stress in Dogs Subjected to Social and Spatial Restriction. II. Hormonal and Immunological Responses." *Physiology and Behavior* 66, no. 2 (1999): 243–54. https:// doi.org/10.1016/ S0031-9384(98)00290-X.

Beerda, B., M. B. Schilder, J. A. van Hooff, H. W. de Vries, and J. A. Mol. „Chronic Stress in Dogs Subjected to Social and Spatial Restriction. I. Behavioral Responses." *Physiology and Behavior* 66, no. 2 (1999): 233–42. https//doi.org/10.1016/s0031-9384(98)00289-3.

Beghi, M., F. Peroni, P. Gabola, A. Rossetti, and C. M. Cornaggia. „Prevalence and Risk Factors for the Use of Restraint in Psychiatry: A Systematic Review." 48, no. 1 (2013): 10–22.

Bekoff, Marc. *Canine Confidential: Why Dogs Do What They Do.* Chicago: University of Chicago Press, 2018. (Dt. *Feldstudien auf der Hundewiese*)

Bekoff, Marc. „Observations of Scent-Marking and Discriminating Self from Others by a Domestic Dog (Canis familiaris): Tales of Displaced Yellow Snow." *Behavioural Processes* 55, no. 2 (2001): 75–79.

Bekoff, Marc. „Play Signals as Punctuation: The Structure of Social Play in Canids." *Behaviour* 132, no. 5 (1995): 419–29.

Bekoff, Marc. „When Dogs Play, They Follow the Golden Rules of Fairness." *Psychology Today*, November 15, 2019. https://www.psychologytoday.com/us/blog/animal-emotions/201911/when-dogs-play-they-follow-the-golden-rules-fairness.

Bekoff, Marc, and Mary Angilly. „The Perils of Mislabeling Dog-Appropriate Behavior." *Psychology Today*, May 13, 2021. https://www.psychologytoday.com/us/blog/animal-emotions/202105/the-perils-mislabeling-dog-appropriate-behavior.

Bekoff, Marc, and Jessica Pierce. *Unleashing Your Dog: A Field Guide to Freedom.* Novato, CA: New World Library, 2019.

Bekoff, Marc, and Jessica Pierce. *Wild Justice: The Moral Lives of Animals.* Chicago: University of Chicago Press, 2010.

Bender, Allie, and Emily Strong. *Canine Enrichment for the Real World: Making It Part of Your Dog's Daily Life.* Wenatchee, WA: Dogwise Publishing, 2019.

Benson, Kristi. „The Essence of a Dog." Kristi Benson Dog Training Resources (blog), May 13, 2020. http://www.kristibenson.com/blog/2020/5/13/the-essence-of-a-dog.

Blackwell, Emily J., C. Bolster, G. Richards, B. A. Loftus, and R. A. Casey. „The Use of Electronic Collars for Training Domestic Dogs: Estimated Prevalence, Reasons and Risk Factors for Use, and Owner Perceived Success as Compared to Other Training Methods." *BMC Veterinary Research* 8 (2012): 93.

Blackwell, Emily J., John W. S. Bradshaw, and Rachel A. Casey. „Fear Responses to Noises in Domestic Dogs: Prevalence, Risk Factors and Co-occurrence with Other Fear Related Behaviour." *Applied Animal Behaviour Science* 145, nos. 1–2 (2013): 15–25. https:// doi.org/10.1016/j.applanim.2012.12.004.

Blackwell, Emily J., C. Twells, A. Seawright, and R. A. Casey. „The Relationship between Training Methods and the Occurrence of Behaviour Problems in a Population of Domestic Dogs." *Journal of Veterinary Behavior* 3 (2008): 207–17.

Bland, I. M., A. Guthrie-Jones, R. D. Taylor, and J. Hill. „Dog Obesity: Owner Attitudes and Behaviour." *Preventive Veterinary Medicine* 92, no. 133 (2009): 333–40. https//doi.org/10.1016/j.prevetmed.2009.08.016.

Boitani, L., and P. Ciucci. „Comparative Social Ecology of Feral Dogs and Wolves." *Ethology, Ecology and Evolution* 7 (1995): 49–72.

Bradshaw, John. *Dog Sense: How the New Science of Dog Behavior Can Make You a Better Friend to Your Pet.* New York: Basic Books, 2012. (dt.: *Hundeverstand*)

Bradshaw, John. *In Defence of Dogs.* New York: Penguin, 2011.

Brophey, Kim. *Meet Your Dog: The Game-Changing Guide to Understanding Your Dog's Behavior.* San Francisco: Chronicle Books, 2018.

Brown, Frederick L. *The City Is More Than Human: An Animal History of Seattle.* Seattle: University of Washington Press, 2016.

Buber, Martin. *I and Thou.* New York: Touchstone Press, 1971.

Burt, William Henry. „Territoriality and Home Range Concepts as Applied to Mammals." *Journal of Mammalogy* 24 (1943): 346–52.

Camps, Tomas, Marta Amat, and Xavier Manteca. „A Review of Medical Conditions and Behavioral Problems in Dogs and Cats." *Animals* 9, no. 12 (2019): 1133. https//doi.org/10.3390/ani9121133.

Canguilhem, Georges. *The Normal and the Pathological.* Translated by Carolyn R. Fawcett in collaboration with Robert S. Cohen. New York: Zone Books, 1991.

Canguilhem, Georges. *Knowledge of Life.* New York: Fordham University Press, 2008.

Carter, Anne, Donal McNally, and Amanda Roshier. „Canine Collars: An Investigation of Collar Type and the Forces Applied to a Simulated Neck Model." *Veterinary Record* 187, no. 7 (2020): e52. https://doi.org/10.1136/vr.105681.

Chapman, Gary. *The Five Love Languages: How to Express Heartfelt Commitment to Your Mate.* Chicago: Northfield Publishing, 1992,

Child, Lauren. *Who Wants to Be a Poodle, I Don't.* Somerville, MA: Candlewick Press, 2009.

Chin, Lily. Doggie Language: *A Dog Lover's Guide to Understanding Your Best Friend.* Chichester, UK: Summersdale, 2020.

China, L., D. S. Mills, and J. J. Cooper. „Efficacy of Dog Training with and without Remote Electronic Collars vs. a Focus on Positive Reinforcement." *Frontiers in Veterinary Science* 22 (2020). https://doi.org/10.3389/fvets.2020.00508.

Chödrön, Pema. *Practicing Peace in Times of War.* Boulder, CO: Shambala Press, 2007.

Chödrön, Pema. *Start Where You Are: A Guide to Compassionate Living.* Boulder, CO: Shambala Press, 2018.

Cimarelli, G., J. Schoesswender, R. Vitiello, L. Huber, and Z. Virányi. „Partial Rewarding during Clicker Training Does Not Improve Naïve Dogs' Learning Speed and Induces a Pessimistic-like Affective State." *Animal Cognition* 24 (2021): 107–19. https://doi.org/10.1007/s10071-020-01425-9.

Clear, James. Atomic Habits: *An Easy and Proven Way to Build Good Habits and Break Bad Ones.* New York: Avery, 2018.

Craven, Annabel J., Camilla Pegram, Rowena M. A. Packer, Susan Jarvis, Paul D. McGreevy, Caroline Warnes, David B. Church, Dave C. Brodbelt, and Dan G. O'Neill. „Veterinary Drug Therapies Used for Undesirable Behaviours in UK Dogs under Primary Veterinary Care." *PLoS ONE* 17, no. 1 (2022): e0261139. https://doi.org/10.1371/journal.pone.0261139.

Darwin, Charles. *On the Origin of Species.* New York: Modern Library, 1957. (Dt.: *Über die Entstehung der Arten*)

De Frenne, Pieter, Mathias Cougnon, Geert P. J. Janssens, and Pieter Vangansbeke. „Nutrient Fertilization by Dogs in Peri-Urban Ecosystems." *Ecological Solutions and Evidence* 3 (2022): e12128. https://doi.org/10.1002/2688-8319.12128.

Derr, Mark. *A Dog's History of America: How Our Best Friend Explored, Conquered, and Settled a Continent.* New York City: Abrams Books, 2013.

Derr, Mark. „The Politics of Dogs." *The Atlantic,* March 1990.

DeSilva, Jeremy. First Steps: *How Upright Walking Made Us Human.* New York: Harper, 2021.

Dinwoodie, Ian R., Barbara Dwyer, Vivian Zottola, Donna Gleason, and Nicholas H. Dodman. „Demographics and Comorbidity of Behavior Problems in Dogs." *Journal of Veterinary Behavior* 32 (2019): 62–71.

Dinwoodie, Ian R., Vivian Zottola, and Nicholas H. Dodman. „An Investigation into the Effectiveness of Various Professionals and Behavior Modification Programs, with or without Medication, for the Treatment of Canine Aggression." *Journal of Veterinary Behavior* 43 (2021): 46–53. https://doi.org/10.1016/j.jveb.2021.02.002.

Dinwoodie, Ian R., Vivian Zottola, and Nicholas H. Dodman. „An Investigation into the Impact of Preadolescent Training on Canine Behavior." *Animals* 11 (2021): 1298. https://doi.org/10.3390/ ani11051298.

Döring, D., A. Roscher, F. Scheipl, H. Küchenhoff, and M. H. Erhard. „Fear-Related Behaviour of Dogs in Veterinary Practice." *Veterinary Journal* 182, no. 1 (2009): 38–43. https//doi.org/10.1016/j.tvjl.2008.05.006.

Duhigg, Charles. *The Power of Habit: Why We Do What We Do in Life and Business.* New York: Random House, 2012.

Dukas, Reuven, and John M. Ratcliffe, eds. *Cognitive Ecology II.* Chicago: University of Chicago Press, 2009.

Edwards, P. T., S. J. Hazel, M. Browne, J. A. Serpell, M. L. McArthur, and B. P. Smith. „Investigating Risk Factors That Predict a Dog's Fear during Veterinary Consultations." *PLoS ONE* 14, no. 7 (2019): e0215416.

Feilberg, Erika, Claire Lorraine Corridan, and Louise Anne Buckley. „A Cross-Sectional Survey of UK Veterinary Practices to Determine Prevalence of Patient Stress-Reducing and Welfare-Enhancing Approaches Believed to Be Undertaken in Companion Animal Practice." *Journal of Veterinary Behavior* 43 (2021): 14–23. https://doi.org/10.1016/j.jveb.2021.01.001.

Feuerbacher, Erica N., and Clive D. L. Wynne. „A History of Dogs as Subjects in North American Experimental Psychological Research." *Comparative Behavior and Cognition Reviews* 6 (2011): 46–71.

Feuerbacher, Erica N., and Clive D. L. Wynne. „Most Domestic Dogs (*Canis lupus familiaris*) Prefer Food to Petting: Population, Context, and Schedule Effects in Concurrent Choice." *Journal of the Experimental Analysis of Behavior* 101, no. 3 (2014): 385–405. https//doi.org/10.1002/jeab.81.

Feuerbacher, Erica N., and Clive D. L. Wynne. „Relative Efficacy of Human Social Interaction and Food as Reinforcers for Domestic Dogs and Hand-Reared Wolves." *Journal of the Experimental Analysis of Behavior* 98 (2012): 105–29. https//doi.org/10.1901/jeab.2012.98-105.

Foucault, Michel. *Discipline and Punish: The Birth of the Prison.* New York: Vintage Books, 1995.

Frank, Diane. „Separation Anxiety in Dogs: Are We All Talking about the Same Cases?" In *World Small Animal Veterinary Association World Congress Proceedings.* Veterinary Information Network, 2007. https://www.vin.com/apputil/content/defaultadv1.aspx?pId=11242&id=3860725&.

Friedman, Susan G. „What's Wrong with This Picture? Effectiveness Is Not Enough." Accessed October 3, 2022. https://www.behaviorworks.org/files/articles/What%27s%20 Wrong%20 With%20this%20Picture-General.pdf.

Friedman, Susan G. „Why Animals Need Trainers Who Adhere to the Least Intrusive Principle: Improving Animal Welfare and Honing Trainers' Skills." March 27, 2022. https://www.behaviorworks.org/files/articles/Why%20Animals%20Need%20Trainers%20 Who%20Adhere%20to%20a%20Procedural%20Hierarchy.pdf.

Friedman, Susan G., and Lore I. Haug. „From Parrots to Pigs to Pythons: Universal Principles and Procedures of Learning." In *The Behavior of Exotic Pets,* edited by Valerie V. Tynes, 190–205. Hoboken, NJ: Blackwell Publishing, 2016.

Fukuzawa, M., and N. Hayashi. „Comparison of 3 Different Reinforcements of Learning in Dogs (*Canis familiaris*)." *Journal of Veterinary Behavior* 8 (2013): 221–24. https//doi.org/10.1016/j.jveb.2013.04.067.

Galaxy, Jackson, with Mikel Delgado. *Total Cat Mojo: The Ultimate Guide to Life with Your Cat.* New York: TarcherPerigee, 2017.

Gardner, Mary. *It's Never Long Enough: A Practical Guide to Caring for Your Geriatric Dog.* Coppel, TX: Rolled Toe Publishing, 2021.

Gardner, Mary. *Geriatric Dog Health and Care Journal: A Complete Toolkit for the Geriatric Dog Caregiver.* Coppel, TX: Rolled Toe Publishing, 2022.

Gompper, Matthew E. *Free-Ranging Dogs and Wildlife Conservation.* Oxford: Oxford University Press, 2014.

Gorvett, Zaria. „The Hidden Reason Processed Pet Foods Are So Addictive." BBC Future, May 20, 2021. https://www.bbc.com/future/article/20210519-the-hidden-reason-processed-pet-foods-are-so-addictive.

Gray, John. *Feline Philosophy: Cats and the Meaning of Life.* New York: Farrar, Straus and Giroux, 2020.

Gray, John. *The Silence of Animals: On Progress and Other Modern Myths.* New York: Farrar, Straus and Giroux, 2013.

Gray, John. *Straw Dogs: Thoughts on Humans and Other Animals.* New York: Farrar, Straus and Giroux, 2007.

Grigg, Emma K., Juliann Chou, Emily Parker, Anwyn Gatesy-Davis, Sara T. Clarkson, and Lynette A. Hart. „Stress-Related Behaviors in Companion Dogs Exposed to Common Household Noises, and Owners' Interpretations of Their Dogs' Behaviors." *Frontiers in Veterinary Science* 8 (2021). https//doi.org/10.3389/fvets.2021.760845.

Griss, Silja, Stefanie Riemer, Charlotte Warembourg, Filipe Maximiano Sousa, et al. „If They Could Choose: How Would Dogs Spend Their Days? Activity Patterns in Four Populations of Domestic Dogs." *Applied Animal Behaviour Science* 243 (2021): 105449. https://doi.org/10.1016/j.applanim.2021.105449.

Gruen, Lori. „Incarceration, Liberty, and Dignity." In *The Ethics of Captivity*, edited by Lori Gruen, 153–63. New York: Oxford University Press, 2014.

Handelman, Barbara. *Canine Behavior: A Photo Illustrated Handbook*. Norwich, VT: Woof and Word Press, 2008. Distributed by Dogwise.

Haraway, Donna. *The Companion Species Manifesto*. Chicago: Prickly Paradigm Press, 2003.

Haraway, Donna. *When Species Meet*. Minneapolis: University of Minnesota Press, 2007.

Hare, Brian. *The Genius of Dogs: How Dogs Are Smarter Than You Think*. New York: Plume Press, 2013.

Hart, B. L., L. A. Hart, A. P. Thigpen, and N. H. Willits. „Assisting Decision-Making on Age of Neutering for 35 Breeds of Dogs: Associated Joint Disorders, Cancers, and Urinary Incontinence." *Frontiers of Veterinary Science* 7 (2020): 388. https//doi.org/10.3389/fvets.2020.00388.

Hart, Benjamin L., Lynette A. Hart, Abigail P. Thigpen, and Neil H. Willits. „Neutering of German Shepherd Dogs: Associated Joint Disorders, Cancers and Urinary Incontinence." *Veterinary Medicine and Science*, 2, no. 3 (2016): 191–99. https://doi.org/10.1002/vms3.34.

Harvey, N. D., P. J. Craigon, S. C. Shaw, S. C. Blott, and G. C. W. England. „Behavioural Differences in Dogs with Atopic Dermatitis Suggest Stress Could Be a Significant Problem Associated with Chronic Pruritus." *Animals* 9, no. 10 (2019): 813. https//doi.org/10.3390/ani9100813.

Haug, Lore. „Improving Patient Restraint in the Veterinary Clinic." DVM360, September 30, 2008. https://www.dvm360.com/view/improving-patient-restraint-veterinary-clinic-proceedings.

Hearne, Vicki. *Adam's Task: Calling Animals by Name*. Pleasantville, NY: Akadine Press, 2000.

Hepper, Peter G., and Deborah L. Wells. „How Many Footsteps Do Dogs Need to Determine the Direction of an Odour Trail?" *Chemical Senses* 30 (2005): 291–98. https//doi.org/10.1093/chemse/bji023.

Heys, J. G., and D. A. Dombeck. „Evidence for a Subcircuit in Medial Entorhinal Cortex Representing Elapsed Time during Immobility." *Nature Neuroscience* 21 (2018): 1574–82.

Hielm-Bjorkman, H. K., H. Rita, and R.-M. Tulamo. „Psychometric Testing of the Helsinki Chronic Pain Index by Completion of a Questionnaire in Finnish by Owners of Dogs with Chronic Signs of Pain Caused by Osteoarthritis." *American Journal of Veterinary Research* 70 (2009): 727–34.

Höglin, Amanda, Enya Van Poucke, Rebecca Katajamaa, Per Jensen, Elvar Theodorsson, and Lina S. V. Roth. „Long-Term Stress in Dogs Is Related to the Human-Dog Relationship and Personality Traits." *Scientific Reports* 11, no. 1 (2021). https//doi.org/10.1038/s41598-021-88201-y.

Horn L., L. Huber, and F. Range. „The Importance of the Secure Base Effect for Domestic Dogs – Evidence from a Manipulative Problem-Solving Task." *PLoS ONE* 8, no. 5 (2013): e65296. https://doi.org/10.1371/journal.pone.0065296.

Horowitz, Alexandra. *Inside of a Dog: What Dogs See, Smell, and Know*. New York: Scribner, 2010.

Howell, Alicea, and Monique Feyrecilde. *Cooperative Veterinary Care*. Hoboken, NJ: John Wiley & Sons, 2018.

Jones, Deborah A. *Cooperative Care: Seven Steps to Stress-Free Husbandry.* Self-published, 2018.

Kasanen, I. H. E., Dorte Sørensen, Björn Forkman, and Peter Sandøe. „Ethics of Feeding: The Omnivore Dilemma." *Animal Welfare* 19, no. 1 (2010): 37–44.

Kelly, Shay. *Canine Enrichment: The Book Your Dog Needs You to Read.* Self-published, 2019.

Keehn, J. D. *Animal Models for Psychiatry.* London: Routledge, Kegan, and Paul, 1986.

Knight, Andrew, Eason Huang, Nicholas Rai, and Hazel Brown. „Vegan versus MeatBased Dog Food: Guardian-Reported Indicators of Health." *PLoS ONE* 17, no. 4 (2022): e0265662. https//doi.org/10.1371/journal.pone.0265662.

Knight, Andrew, and Liam Satchell. „Vegan versus Meat-Based Pet Foods: Owner-Reported Palatability Behaviours and Implications for Canine and Feline Welfare." *PLoS ONE* 16, no. 6 (2021): e0253292. https://doi.org/10.1371/journal.pone.0253292.

Kohn, Eduardo. *How Forests Think: Toward an Anthropology beyond the Human.* Berkeley: University of California Press, 2013.

Kuhne, F., J. Hößler, and R. Struwe. „Effects of Human-Dog Familiarity on Dogs' Behavioural Responses to Petting." *Applied Animal Behaviour Science* 142, nos. 3–4 (2012): 176–81. https//doi.org/10.1016/j.applanim.2012.10.003.

Landsberg, Gary, Wayne Hunthausen, and Lowell Ackerman. *Behavior Problems of the Dog and Cat.* 3rd ed. Philadelphia: Saunders, 2012.

Lee, Jee, Jenny Tan, Aman Gill, and Krista McGuire. „Evaluating the Effects of Canine Urine on Urban Soil Microbial Communities." *Urban Ecosystems* 22 (2019). https//doi.org/10.1007/s11252-019-00842-0.

Lin, Matthew. „Who Should Implement Force When It's Needed and How Should It Be Done Compassionately?" *AMA Journal of Ethics* 23, no. 4 (2021): E311–17. https//doi.org/10.1001/amajethics.2021.311.

Linder, Deborah. „How Often Should I Feed My Pet?" Tufts University, „Petfoodology," February 8, 2021. https://vetnutrition.tufts.edu/2021/02/how-often-should-i-feed-my-pet/.

Lindsay, Steven R. *Handbook of Applied Dog Behavior and Training.* Vol. 1, Adaptation and Learning. Ames: Iowa State University Press, 1999.

Lindsay, Steven R. *Handbook of Applied Dog Behavior and Training.* Vol. 2, Etiology and Assessment of Behavior Problems. Ames: Iowa State University Press, 2001.

Lindsay, Steven R. *Handbook of Applied Dog Behavior and Training.* Vol. 3, Procedures and Protocols. Hoboken, NJ: Wiley-Blackwell, 2005.

London, Karen. *Treat Everyone Like a Dog: How a Dog Trainer's World View Can Improve Your Life.* Flagstaff, AZ: Animal Point Press, 2020. (dt.: *Andere Spezies, gleiches Prinzip*)

Macdonald, D. W., and G. M. Carr. „Variation in Dog Society: Between Resource Dispersion and Social Flux." *In The Domestic Dog,* 2nd ed., edited by James Serpell, 319–41. Cambridge: Cambridge University Press, 2017.

Magyari, L., Z. Huszár, A. Turzó, and A. Andics. „Event-Related Potentials Reveal Limited Readiness to Access Phonetic Details during Word Processing in Dogs." *Royal Society Open Science* 7 (2020): 200851. https://doi.org/10.1098/rsos.200851.

Mall, Amy. *Dog Gone Missing: Why Dogs Go Missing and How to Find Them.* N.p.: Oh Street Press, 2017.

Mariti, Chiara, Beatrice Carlone, Massimiliano Protti, Silvana Diverio, and Angelo Gazzano. „Effects of Petting before a Brief Separation from the Owner on Dog Behavior and Physiology: A Pilot Study." *Journal of Veterinary Behavior* 27 (2018): 41–46. https:// doi.org/10.1016/j.jveb.2018.07.003.

Martin, Steve. „The Top 10 Behaviors of Expert Animal Trainers." Accessed October 3, 2022. https://naturalencounters.com/wp-content/uploads/2020/04/Top-10-Behaviors-of-an-Expert-Animal-Trainer.pdf.

Masserman, Jules H., Curtis Pechtel, and Leon Schreiner. „The Role of Olfaction in Normal and Neurotic Behavior in Animals: Preliminary Report." Psychosomatic Medicine 15, no. 5 (1953): 396–404.

Masson, Sylvia, Silvia de la Vega, Angelo Gazzano, Chiara Mariti, Gonçalo Da Graça Pereira, Christine Halsberghe, Anneli Muser Leyvraz, Kevin McPeake, and Barbara Schoening. „Electronic Training Devices: Discussion on the Pros and Cons of Their Use in Dogs as a Basis for the Position Statement of the European Society of Veterinary Clinical Ethology." *Journal of Veterinary Behavior* 25 (2018): 71–75. https://doi.org/10.1016/j.jveb.2018.02.006.

McAuliffe, Claudeen E. *Mindful Dog Teaching: Reflections on the Relationships We Share with Our Dogs.* Oconomowoc, WI: Kindness Canine Behavior Consultants, 2006.

McGowan, R. T., T. Rehn, Y. Norling, and L. J. Keeling. „Positive Affect and Learning: Exploring the 'Eureka Effect' in Dogs." *Animal Cognition* 17, no. 3 (2014): 577–87. https//doi.org/10.1007/s10071-013-0688-x.

McGreevy, Paul, Bethany Wilson, Melissa Starling, and James Serpell. „Behavioural Risks in Male Dogs with Minimal Lifetime Exposure to Gonadal Hormones May Complicate Population-Control Benefits of Desexing." *PLoS ONE* 13, no. 5 (2018): e0196284. https:// doi.org/10.1371/journal.pone.0196284.

McMillan, Frank D. „The Mental Health and Well-Being Benefits of Personal Control in Animals." *In Mental Health and Well-Being in Animals,* 2nd ed., edited by Frank D. McMillan, 67–81. Wallingford, Oxfordshire: CABI, 2019.

McMillan, Frank D. „The Psychobiology of Social Pain: Evidence for a Neurocognitive Overlap with Physical Pain and Welfare Implications for Social Animals with Special Attention to the Domestic Dog (Canis familiaris)." *Physiology and Behavior* 167 (2016): 154–71. https://doi.org/10.1016/j.physbeh.2016.09.013.

Meehan, C. L., and J. A. Mench. „The Challenge of Challenge: Can Problem Solving Opportunities Enhance Animal Welfare?" *Applied Animal Behaviour Science* (2007): 246–61.

Mikkola, Salla, Milla Salonen, Jenni Puurunen, Emma Hakanen, Sini Sulkama, César Araujo, and Hannes Lohi. „Aggressive Behaviour Is Affected by Demographic, Environmental and Behavioural Factors in Purebred Dogs." *Scientific Reports* 11, no. 1 (2021). https//doi.org/10.1038/s41598-021-88793-5.

Miklósi, Ádám. *The Dog: A Natural History.* Princeton, NJ: Princeton University Press, 2018.

Miklósi, Ádám. *Dog Behaviour, Evolution, and Cognition.* 2nd ed. New York: Oxford University Press, 2016.

Miller, Pat. *Play with Your Dog.* Wenatchee, WA: Dogwise, 2008.

Miller, Pat. „Intelligence Disobedience." *Whole Dog Journal*, July 21, 2021. https://www.whole-dog-journal.com/behavior/intelligent-disobedience/.

Mills, Daniel S. „Medical Paradigms for the Study of Problem Behaviour: A Critical Review." *Applied Animal Behaviour Science* 81, no. 3 (2003): 265–77. https://doi.org/10.1016/S0168-1591(02)00286-1.

Mills, Daniel S. „Pain and Problem Behavior: Putting Animal Welfare First!" Presentation at the 2021 Lemonade Conference sponsored by the International Association for Animal Behavior Consultants and Denise Fenzi Sports Academy, May 9, 2021.

Mitchell, Robert W., and Elizabeth Edmonson. „Functions of Repetitive Talk to Dogs during Play: Control, Conversation, or Planning?" *Animals and Society* 7, no. 1 (1999): 55–81.

Morris, Nathaniel. „Does Your Pooch Really Need Prozac?“ *Washington Post*, April 28, 2018. https://www.washingtonpost.com/national/health-science/does-your-pooch-really-need-prozac/2018/04/27/e6128470-2963-11e8-b79d-f3d931db7f68_story.html.

Noddings, Nel. Caring: *A Feminine Approach to Ethics and Moral Education.* Berkeley: University of California Press, 1984.

Oberbauer, Anita M, Janelle M. Belanger, and Thomas R. Famula. „A Review of the Impact of Neuter Status on Expression of Inherited Conditions in Dogs.“ *Frontiers In Veterinary Science* 6, no. 397 (2019). https://doi.org/10.3389/fvets.2019.00397.

O'Neill, Dan G., Hannah James, Dan C. Brodbelt, David B. Church, and Camilla Pegram. „Prevalence of Commonly Diagnosed Disorders in UK Dogs under Primary Veterinary Care: Results and Applications.“ *BMC Veterinary Research* 17, no. 1 (2021): 1–14.

Overall, Karen L. *Clinical Behavioral Medicine for Small Animals.* Maryland Heights, MO: Mosby, 1997.

Overall, Karen L. *Manual of Clinical Behavioral Medicine for Dogs and Cats.* Amsterdam: Elsevier, 2013.

Pachel, Christopher. „Bringing the Conversation Out of the Shadows: Behavioral Euthanasia Considerations.“ Presentation at the 2021 Lemonade Conference sponsored by the International Association for Animal Behavior Consultants and Denise Fenzi Sports Academy, May 7, 2021.

Paul, Manabi, and Anindita Bhadra. „The Great Indian Joint Families of Free-Ranging Dogs.“ *PLoS ONE* 15, no. 5 (2008). https:/journals.plos.org/plosone/article?id=10.1371/journal.pone.0197328.

Pearson, Chris. Dogopolis: *How Dogs and Humans Made Modern New York, London, and Paris.* Chicago: University of Chicago Press, 2021.

Petty, Michael. *Dr. Petty's Pain Relief for Dogs: The Complete Medical and Integrative Guide to Treating Pain.* New York: Countryman Press, 2016.

Pierce, Jessica. *The Last Walk: Reflections on Our Pets at the Ends of Their Lives.* Chicago: University of Chicago Press, 2012.

Pierce, Jessica. *Run, Spot, Run: The Ethics of Keeping Pets.* Chicago: University of Chicago Press, 2016.

Pierce, Jessica, and Marc Bekoff. *A Dog's World: Imagining the Lives of Dogs in A World without Humans.* Princeton, NJ: Princeton University Press, 2021. (dt.: *Hunde ohne Menschen - Ein Gedankenexperiment*)

Puurunen, Jenni, Emma Hakanen, Milla K. Salonen, Salla Mikkola, Sini Sulkama, César Araujo, and Hannes Lohi. „Inadequate Socialisation, Inactivity, and Urban Living Environment Are Associated with Social Fearfulness in Pet Dogs.“ *Scientific Reports* 10, no. 1 (2020): 3527. https//doi.org/10.1038/s41598-020-60546-w.

Reeve, Catherine, and Sophie Jacques. „Responses to Spoken Words by Domestic Dogs: A New Instrument for Use with Dog Owners.“ *Applied Animal Behaviour Science* (2021): 105513. https://doi.org/10.1016/j.applanim.2021.105513.

Robichaud, Andrew A. Animal City: *The Domestication of America.* Cambridge, MA: Harvard University Press, 2019.

Rollin, Bernard E. „Veterinary Medical Ethics.“ *Canadian Veterinary Journal* 51, no. 7 (2010): 685–88.

Rousseau, Stephanie, and Turid Rugaas. *How to Raise a Puppy: A Dog-Centric Approach.* Boca Raton, FL: CRC Press, 2023.

Roy, Eleanor Ainge. „Something to Chew On: New Zealand Man Sets Up 'Stick Library' for Dogs," *Guardian*, December 18, 2019. https://www.theguardian.com/world/2019/dec/19/new-zealand-stick-library-for-dogs.

Rugaas, Turid. *On Talking Terms with Dogs: Calming Signals.* 2nd ed. Wenatchee, WA: Dogwise, 2005.

Salonen, M., S. Sulkama, S. Mikkola, et al. „Prevalence, Comorbidity, and Breed Differences in Canine Anxiety in 13,700 Finnish Pet Dogs." *Scientific Reports* 10 (2020): 2962. https://doi.org/10.1038/s41598-020-59837-z.

Scalia, B., D. Alberghina, and M. Panzera. „Influence of Low Stress Handling during Clinical Visit on Physiological and Behavioural Indicators in Adult Dogs: A Preliminary Study." *Pet Behavior Science* 4 (2017): 20–22.

Scott, John Paul, and John L. Fuller. *Genetics and the Social Behavior of the Dog.* Chicago: University of Chicago Press, 1965.

Sdao, Kathy. *Plenty in Life Is Free: Reflections on Dogs, Training and Finding Grace.* Wenatchee, WA: Dogwise, 2012. (dt: *... oder einfach so!*)

Sibley, David Allen. *What It's Like to Be a Bird.* New York: Alfred A. Knopf, 2020.

Smuts, Barbara. „Embodied Communication in Nonhuman Animals." *In Human Development in the Twenty-First Century: Visionary Ideas from Systems Scientists*, edited by Alan Fogel, Barbara J. King, and Stuart G. Shanker, 136–46. Cambridge: Cambridge University Press, 2007.

Spotte, Stephen. *Societies of Wolves and Free-Ranging Dogs.* Oxford: Oxford University Press, 2012.

Stephan, Gerrit, Joachim Leidhold, and Kurt Hammerschmid. „Pet Dogs Home Alone: A Video-Based Study." *Applied Animal Behaviour Science* 244 (2021): 105463. https://doi.org/10.1016/j.applanim.2021.105463.

Suzuki, Shunryu. *Zen Mind, Beginner's Mind.* Boulder, CO: Shambala Press, 1970.

Tingleff, E. B., S. K. Bradley, F. A. Gildberg, G. Munksgaard, and L. Hounsgaard. „'Treat Me with Respect.' A Systematic Review and Thematic Analysis of Psychiatric Patients' Reported Perceptions of the Situations Associated with the Process of Coercion." *Journal of Psychiatric and Mental Health Nursing* 24, no. 9–10 (2017): 681–98.

Todd, Zazie. „How to Pet Cats and Dogs." *Companion Animal Psychology*, May 2, 2018. https://www.companionanimalpsychology.com/2018/05/how-to-pet-cats-and-dogs.html.

Todd, Zazie. Wag: The Science of Making Your Dog Happy. Vancouver, BC: Greystone Books, 2020.

Todes, Daniel P. *Pavlov's Physiology Factory: Experiment, Interpretation, Laboratory Enterprise.* Baltimore: Johns Hopkins University Press, 2002.

Trestman, Robert L., and Kishore Nagaraja. „How Should Clinicians Execute Critical Force Interventions with Compassion, Not Just Harm Minimization, as a Clinical and Ethical Goal?" *AMA Journal of Ethics* 23, no. 4 (2021): E292–97. https//doi.org/10.1001/amajethics.2021:292.

Tsing, Anna Lowenhaupt. *The Mushroom at the End of the World.* Princeton, NJ: Princeton University Press, 2015.

Uexküll, J. *A Foray into the Worlds of Animals and Humans with a Theory of Meaning.* Minneapolis: University of Minnesota Press, 2010.

University of Helsinki. „Unwanted Behavior in Dogs Is Common, with Great Variance between Breeds." *ScienceDaily.* March 6, 2020. www.sciencedaily.com/releases/2020/03/200306122500.htm.

Urfer, S. R., and M. Kaeberlein. „Desexing Dogs: A Review of the Current Literature." *Animals* 9, no. 12 (2019): 1086. https//doi.org/10.3390/ani9121086.

van der Borg, Joanne, M. B. H. Schilder, Claudia Vinke, and Han De Vries. „Dominance in Domestic Dogs: A Quantitative Analysis of Its Behavioural Measures." *PLoS ONE* 10 (2015). https//doi.org/10.1371/journal.pone.0133978.

Vendler, Helen. Dickinson: *Selected Poems and Commentaries.* Cambridge, MA: Belknap Press of Harvard University Press, 2010.

Vieira De Castro, A. C., D. Fuchs, G. Munhoz Morello, S. Pastur, L. de Sousa, and I. A. S. Olsson. „Does Training Method Matter? Evidence for the Negative Impact of Aversive Based Methods on Companion Dog Welfare." *PLoS ONE* 15, no. 12 (2020): e0225023. https://doi.org/10.1371/journal.pone.0225023.

Vinícius, Miguel Carrieri-Rocha, Marina Henriques Lage Duarte, and Angélica da Silva Vasconcellos. „Acoustic Stress in Domestic Dogs (*Canis familiaris*) Living around Football Stadiums." *Journal of Veterinary Behavior* 37 (2020): 27–35. https://doi.org/10.1016/j.jveb.2020.04.002.

Wegner, Daniel, and Kurt Gray. *The Mind Club: Who Thinks, What Feels, and Why It Matters.* New York: Penguin Books, 2016.

Williams, E. J., and E. Blackwell. „Managing the Risk of Aggressive Dog Behavior: Investigating the Influence of Owner Threat and Efficacy Perceptions." *Risk Analysis* 39 (2019): 2528–42. https://doi.org/10.1111/risa.13336.

Williams, Krista, and Lynn Buzhardt. „The Benefits of Walking Your Dog." VCA Animal Hospitals (website). https://vcahospitals.com/know-your-pet/the-benefits-of-walking-your-dog.

Winter, Alison. „Cats on the Couch: The Experimental Production of Neurosis." *Science in Context* 29, no. 1 (2016): 77–105.

Włodarczk, Justine. *Genealogy of Obedience: Reading North American Pet Dog Training Literature, 1850s–2000s.* Leiden: Brill, 2018.

World Health Organization. „Social Isolation and Loneliness." Accessed October 19, 2022. https://www.who.int/teams/social-determinants-of-health/demographic-change-and-healthy-ageing/social-isolation-and-loneliness.

Yamada R., S. Kuze-Arata, Y. Kiyokawa, and Y. Takeuchi. „Prevalence of 25 Canine Behavioral Problems and Relevant Factors of Each Behavior in Japan." *Journal of Veterinary Medical Science* 81, no. 8 (2019): 1090–96. https//doi.org/10.1292/jvms.18-0705.

Yeates, James W. „Why Keep a Dog and Bark Yourself? Making Choices for Non-human Animals." *Journal of Applied Philosophy* 35, no. 1 (2018): 168–85. https://doi.org/10.1111/japp.12155.

Yeh, Yu-Min, Xin-Ying Lye, Han-You Lin, Jia-Yi Wong, Chien-Chen Wu, Chin-Lin Huang, Ying-Chieh Tsai, and Lih-Chiann Wang. „Effects of Lactiplantibacillus plantarum PS128 on Alleviating Canine Aggression and Separation Anxiety." *Applied Animal Behaviour Science* (2022): 105569. https://doi.org/10.1016/j.applanim.2022.105569.

Zink, Chris. „Gonadectomy – Rethinking Long-Held Beliefs." 2018. https://1vv.ba6.myftpupload.com/wp-content/uploads/2021/05/CSP-Gonadectomy-Rethinking.pdf.

# Index

## A



## B



## C



## D



## E

## T



## U



## V



## W



## Z

## Das könnte Sie auch interessieren:

Jessica Pierce & Marc Bekoff

# Hunde ohne Menschen

Ein Gedankenexperiment

Was würde wohl mit den Hunden geschehen, wenn wir Menschen einfach verschwinden würden? Könnten sie ohne uns existieren? Hunde ohne Menschen spielt dieses Gedankenexperiment durch, erklärt, wie Hunde nicht nur überleben, sondern vielleicht sogar gut gedeihen würden und zeigt auf, wie diese neue Perspektive unseren jetzigen Umgang mit Hunden verändern kann. Auf den Grundlagen von Biologie, Ökologie und den neuesten Forschungserkenntnissen zu Hunden und ihren wilden Verwandten gehen Jessica Pierce und Marc Bekoff, zwei der innovativsten Vordenker in Sachen Hunde, der Frage nach, wie sich Hunde ohne menschliche Zuchtsteuerung, arrangierte Spieltreffs im Park, regelmäßige Fütterung und tierärztliche Betreuung sehr wahrscheinlich entwickeln würden. Sie zeigen, wie schnell Hunde lernen, wie anpassungsfähig und opportunistisch sie sind und legen uns schlagende Beweise dafür vor, dass Hunde schon jetzt ohne uns überleben und es auch in einer Welt ganz ohne Menschen könnten. Dieses Buch stellt die Auffassung infrage, dass Hunde ohne ihre menschlichen Partner nicht zurechtkämen und hilft uns so, diese unabhängigen und bemerkenswert intelligenten Lebewesen um ihrer selbst willen besser zu verstehen.

Hardcover, 208 Seiten
ISBN 978-3-95464-280-9

Katja Krauß & Gabi Maue

# Emotionen bei Hunden sehen lernen

Eine Blickschule

Hunde-Körpersprache einmal anders: Dieser einzigartige, in vielen Jahren des Beobachtens entstandene Bildband konzentriert sich weniger auf die wissenschaftlich detaillierte Beschreibung von Ausdrucksverhalten als vielmehr auf eine echte Blickschulung für Hundehalter und -trainer: Wie kann denn ein unsicherer, ängstlicher, neugieriger oder aggressiver Hund aussehen? Wie unterscheidet sich die Mimik bei schlapp-oder stehohrigen, lang- oder kurzhaarigen Hunden und wie lerne ich, die gezeigten Äußerungen im Kontext der Situation richtig zu deuten?
Nachdem zunächst die einzelnen „kommunizierenden" Körperteile des Hundes und deren Signale unter die Lupe genommen werden, schließt sich ein ausführlicher Teil zu den einzelnen Grundemotionen an, beleuchtet das Thema also von der anderen Seite aus. So ergibt sich ein umfassendes Gesamtbild, das hilft, Hunde künftig besser „lesen" zu können.

Lernen Sie, hinzusehen und Hunde besser zu verstehen!

„Ohne Übertreibung kann man von einem monumentalen Werk sprechen." (Linda Tellington-Jones)

Hardcover, 624 Seiten, über 1300 Farbfotos
ISBN 978-3-95464-302-8

Marc Bekoff

# Feldstudien auf der Hundewiese

So sehr wir unsere Hunde auch mögen und umsorgen: Vieles von ihrem Verhalten bleibt uns oft rätselhaft. Warum wälzen sie sich gern in stinkendem Unrat? Warum spielen sie mit dem einen Kumpel ausgelassen Nachjagen, während sie sich vor dem anderen ängstlich auf den Rücken werfen? Warum spiegeln Hunde so oft das Verhalten ihrer Besitzer? Was geht in den Köpfen unserer Hunde vor – und wie viel davon können wir verstehen?
Fast alle Antworten auf diese und viele weitere Fragen finden sich auf Marc Bekoffs liebstem Beobachtungsgebiet – der Hundewiese. Der preisgekrönte Wissenschaftler und Autor lädt uns ein, mit ihm zusammen einmal Feldforschung vor der eigenen Haustür zu betreiben und das genaue Hinsehen zu lernen – auf die Hunde, aber auch auf die Menschen, die mit ihnen umgehen. In augenzwinkerndem Plauderton bringt er uns mühelos komplexe Zusammenhänge und die neuesten Erkenntnisse aus der Forschung zu Verhalten und Intelligenz von Hunden nah.
So viel Spaß hat Verhaltensforschung noch nie gemacht: Werden Sie unter Bekoffs erfahrener Anleitung selbst einmal zum Hobby-Ethologen und lernen Sie Ihren Hund noch besser verstehen, respektieren und schätzen!

Hardcover, 296 Seiten
ISBN 978-3-95464-167-3

John Bradshaw

# Hundeverstand

Hunde sind seit Zehntausenden von Jahren unsere engsten Begleiter. Und obwohl wir noch nie so viel Geld für sie ausgegeben haben wie heute, fehlt es doch häufig am grundlegenden Verständnis für ihre Bedürfnisse.

Höchste Zeit, dass jemand einmal ganz eindeutig die Partei der Hunde ergreift. Nicht die der Karikatur vom Wolf im Hundepelz, der seinen Besitzer bei erstbester Gelegenheit dominieren möchte, und auch nicht die des Modeaccessoires oder Showtieres, das Schleifen und Pokale für seinen Besitzer sammelt, sondern die des wahren Hundes, der ganz einfach Teil der Familie sein möchte.

Biologen wissen heute weit mehr darüber, wie Hunde wirklich „ticken", als noch vor zwanzig Jahren, und John Bradshaw war an dieser Forschung maßgeblich beteiligt. Mit diesem Buch möchte er die neuen und zum Teil erstaunlichen wissenschaftlichen Erkenntnisse dem Hundehalter nahebringen und damit für ein besseres Verständnis unseres besten Freundes werben.

Hardcover, 320 Seiten
ISBN 978-3-942335-80-5